授業、校務に役立つ！

はじめての Google for Education

あんしんガイド

埼玉県公立小学校教諭
NPO法人タイプティー代表
鈴谷大輔／著

ナツメ社

ご利用の前に必ずお読みください。

- 本書は、Chromebook もしくは Windows OS 搭載のノートパソコンを使用しています。タブレット端末では画面表示や操作手順が異なる場合があります。
- 本書で解説している手順や画面表示は 2024 年 1 月時点のものです。
- 本書に記載されている内容は情報の提供のみを目的としており、著者独自の調査結果や見解が含まれています。
- 本書の運用は、お客様自身の責任と判断により行ってください。運用の結果や影響に関して、ナツメ社及び著者は責任を負いかねますのでご了承ください。
- その他に記載されている商品名、システム名などは、各社の各国における商標または登録商標です。
- 本書では、™、®、© の表示を省略しています。
- 本書では、登録商標などに一般に使われている通称を用いている場合があります。

はじめに

この本をお手にとってくださり、ありがとうございます。

埼玉県の公立小学校で教員として働いている鈴谷と申します。この本が出た令和5年度は、拠点校指導教員という立場で6人の初任者のために4校を回っています。

コロナ禍でオンライン授業を先んじて行ったことから、市内でも「ICT 活用がそれなりにできる人」として認知されている私は、それぞれの学校で学習者用端末の活用方法について質問を受けることが多くありました。

たくさんの質問に答えるうちに、ある一つの真実が私の頭に浮かび上がりました。「苦手でやらないと思われている、年配の先生方や、苦手意識を持っている先生方だって、本当はやってみたい。でも、わからないから一歩を踏み出せないだけなんだ」ということです。

今、どんどんICT 活用を進める先生は、活用がうまくできない先生に対して、「どうしてやらないのか」「こうすればできるのに」と否定的な意見を呈することがあります。しかし、前述の事実に気がついたとき、私はこの「ICT 活用をうまく進められない教師たち」こそ、GIGA スクール構想を推し進める鍵だという思いに至りました。

本書のコンセプトは、多くの先生方に勇気を出してICT 活用の第一歩を踏み出してほしい、ということです。本書では、ICT 活用の導入に積極的な先生が求める刺激的な実践方法の解説ではなく、誰もがほんの少し学べばできるICT の導入事例を、私の経験からのアドバイスを少し入れて解説しています。少し検索すれば出てくるようなことが多く載っているかもしれません。しかし、その「大切な一歩目」を丁寧に解説することを本書では心がけました。

そして、紙面だけではわかりにくいと感じた際には映像で理解できるよう、すべての項目に対して、解説動画を用意しました。

この本の執筆にあたっては、私に質問をしてくださったすべての方々に感謝を申し上げます。そして前多先生、林先生、鍋谷先生、豊福先生、五十嵐さんには、実践や用語の使用、中身の検討などでご協力を頂きました。ありがとうございます。
また、編集の山口さんは辛抱強くお付き合いくださり、共に良い本作りの為に伴走してくださいました。深く御礼申し上げます。

最後に、この本を手に取ってくださった皆さんが、自信をもって「大切な一歩目」を歩み、「この本に載っている事なんて基礎レベルだよ。もう私には必要無い」と言ってくださることを心から願っています。

令和6年　3月

鈴谷大輔

【本書の特徴と使い方】

本書は、小学校教諭が授業でGoogle for Education を運用するための情報を、次の構成でわかりやすく解説しています。

本書の解説では、 教師用に配布される学校アカウントを利用しています。

動画／解説 QR コード

解説動画の閲覧、 サンプルデータのダウンロードができます。

声かけ

授業で利用する際に、 児童にかけるお勧めの「声かけ」を提案しています。

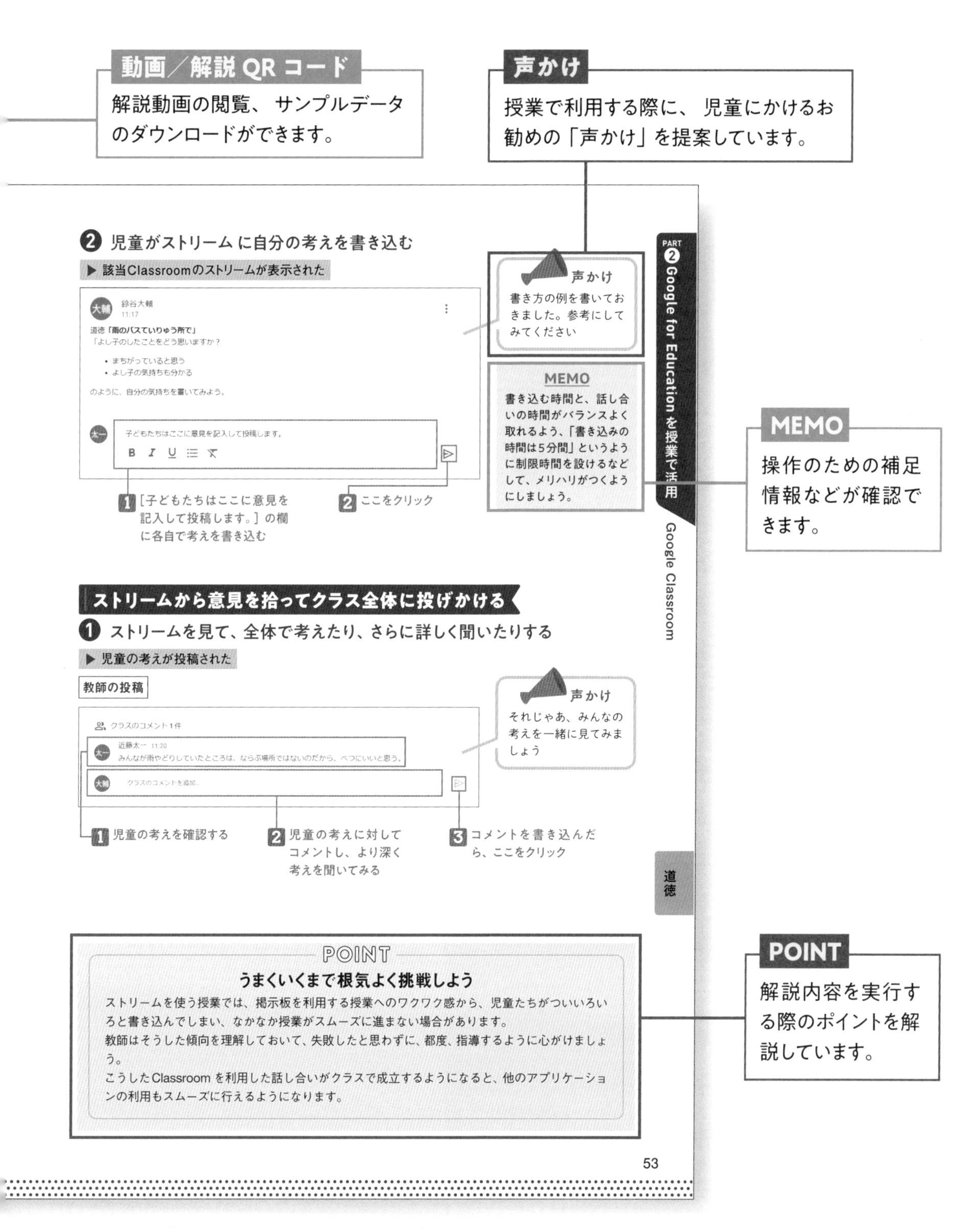

MEMO

操作のための補足情報などが確認できます。

POINT

解説内容を実行する際のポイントを解説しています。

※本文中の「右クリック」は、Chromebook では、「2本指でタップ」となります。

動画の閲覧方法

本書で解説されているアプリの操作方法、事例の活用方法はすべて、
動画で解説を見ることができます。また、事例内で紹介されている
アプリの素材なども特設サイトからダウンロードすることができます。
閲覧方法は、各ページのQRコードを利用する方法と、
特設サイトから閲覧する方法の2種類があります。

Google ドキュメント

作文の課題を出して提出、添削を行う

▶ 動画／解説

児童がタイピングに慣れてきたら、Google Classroom からドキュメントで作文を書くような課題を出してみましょう。①教師が課題を出す、②児童が課題を作成して提出する、③教師が添削して児童に返却する、という流れになります。添付する課題には「権限」の設定を行います。

QRコードから解説
動画を視聴できる

〈 動画の例 〉

Googleのアプリ、
Classroomの解説。

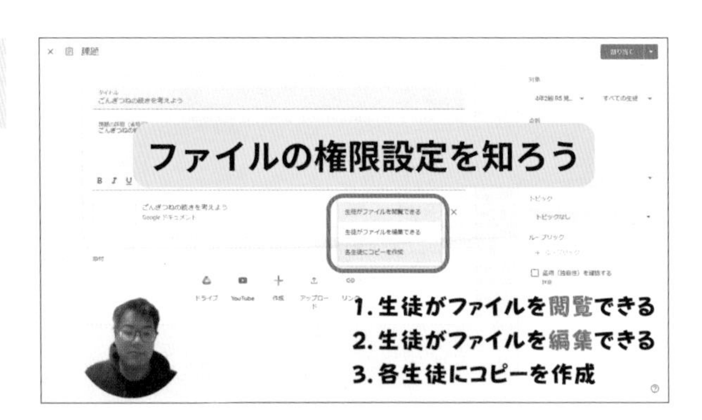

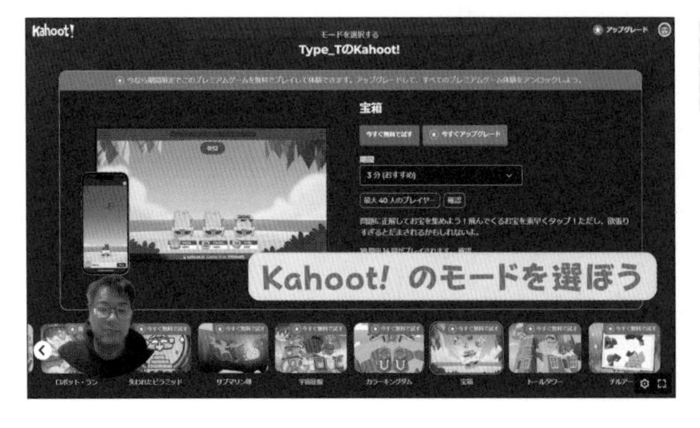

定番アプリ、
kahoot!の解説。

本書の特設サイトは、 以下のURL からアクセスできます。
動画による操作解説でしっかり理解して、
素材をダウンロードして授業に役立てましょう。

特設サイト URL **https://books.gigabc.com/**

〈トップページ〉

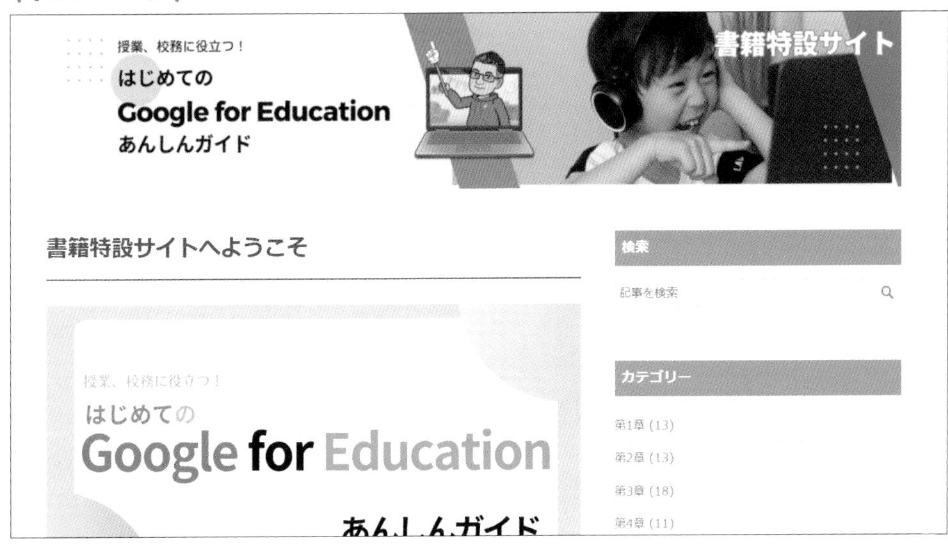

教師が知っておきたい著作権

この書籍では、 学校の授業の過程で利用するという前提で、 公表された著作物の複製を行っている場面があります。 電子媒体の複製については、 授業における利用であっても、授業目的公衆送信補償金を支払う必要があります。 詳しくは文化庁のウェブサイトをご覧ください。

授業目的公衆送信補償金制度の概要
https://www.bunka.go.jp/seisaku/chosakuken/pdf/92728101_03.pdf

サンプルデータの使い方

特設サイトからサンプルデータをダウンロードして利用する方法を解説します。

特設サイトのファイルをGoogle ドライブにコピーする

▶ ダウンロードしたファイルを使う「Google アカウント」でログインしている

▶ 特設サイトにアクセスしている

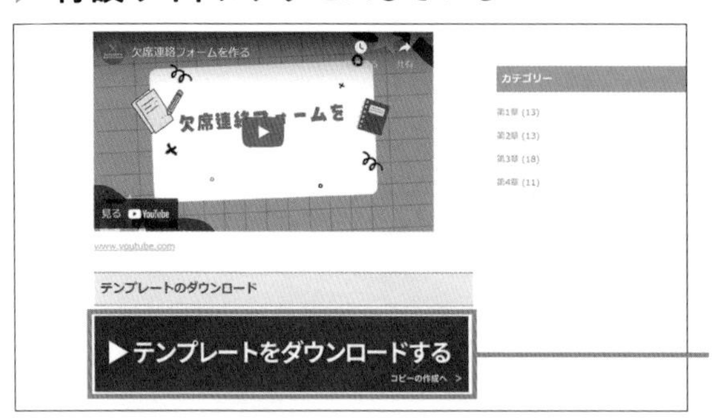

❶［テンプレートをダウンロードする］をクリック

▶ 該当のファイルが読み込まれている

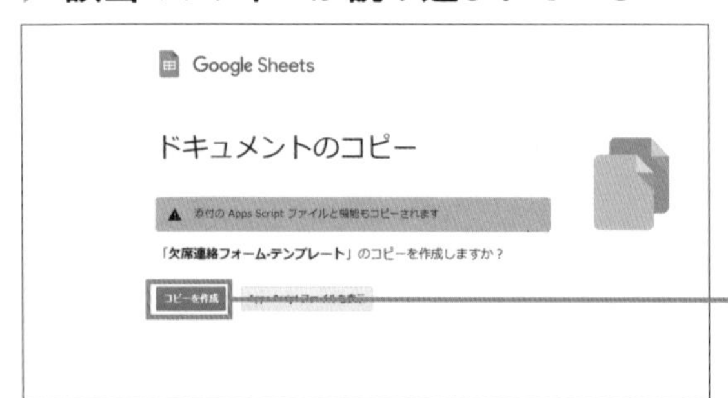

❷［コピーを作成］をクリック

▶ Googleドライブにファイルがコピーされ自動で開かれた

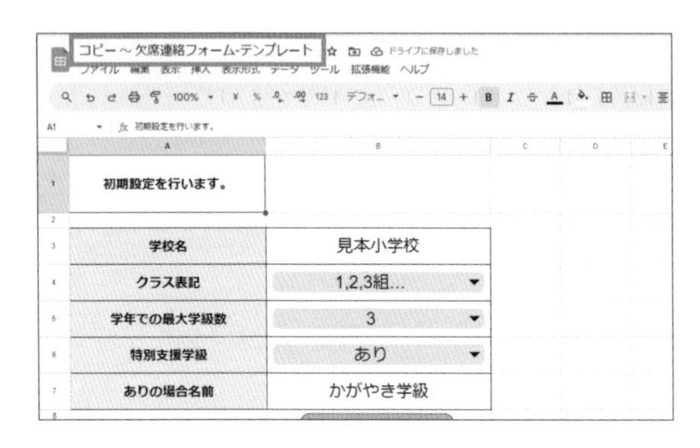

MEMO

ファイル名の先頭に「コピー～」が付与されているので、適宜修正します。

Scratchのプロジェクトを読み込む

▶ 特設サイトからScratch のサンプルデータがダウンロードされている

▶ Scratch のサイト（https://scratch.mit.edu）が表示されている

❶［作る］をクリック

▶ 新規プロジェクト作成画面が表示された

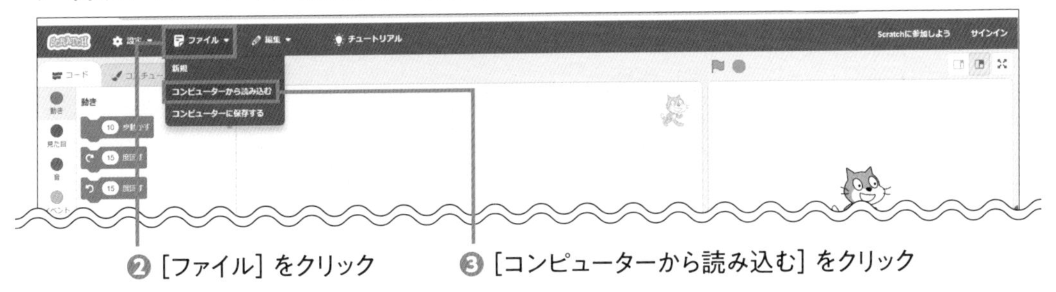

❷［ファイル］をクリック

❸［コンピューターから読み込む］をクリック

▶ ファイルの選択画面が表示された

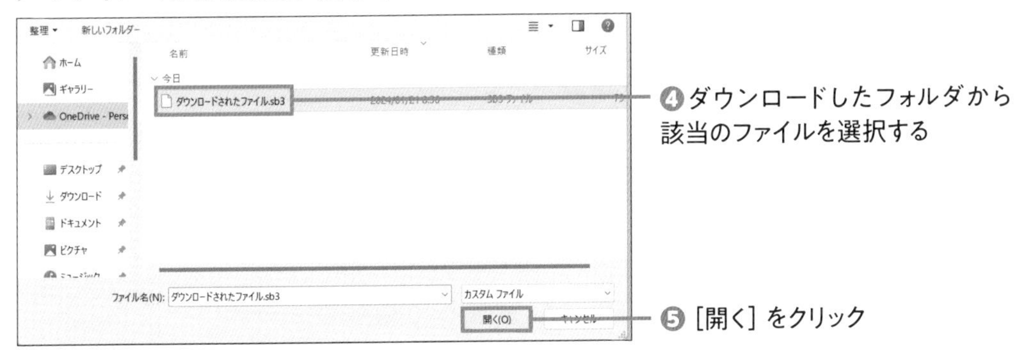

❹ダウンロードしたフォルダから該当のファイルを選択する

❺［開く］をクリック

▶ 該当のファイルが読み込まれている

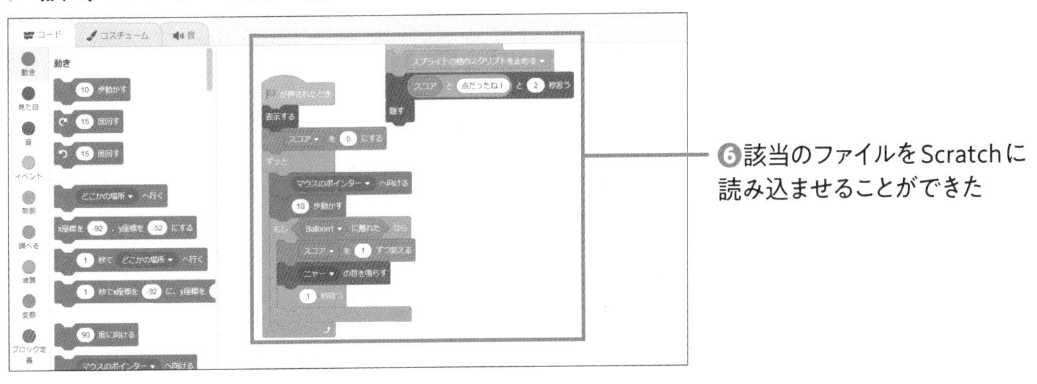

❻該当のファイルをScratchに読み込ませることができた

Contents

PART 1

Google for Education の基本的な使い方

PART 2
Google for Education を授業で活用

PART 3
定番アプリを授業で活用

PART 4
校務でアプリを活用

※★は難易度を表しています。

PART 1

Google for Education の基本的な使い方

この章では、Google for Education で利用できる主なアプリケーションについて、基本的な操作方法を解説します。Google Classroom を利用した資料の配布、Google フォームでのアンケートなど、すぐに実践できる事例をもとに解説しています。

▶ 動画／解説

Google Workspace for Educationとは

概要

Google Workspace for Education（旧称 G Suite for Education）は、Googleが教育機関向けに提供しているコミュニケーション、コラボレーションツールの総称です。基本的な機能はすべて無料で利用でき、GIGAスクール構想における端末導入でChromebookを選択した自治体に多く導入されています。本書では、Chromebookでの操作を前提にして書かれていますが、基本的にはブラウザベースで動作するため、WindowsでもMacでもiPadでも操作はほとんど一緒です。

基本的なアプリケーションを確認しておこう

基本的にはすべてクラウド上で動作するため、端末側はインターネットにつながったブラウザがあれば同じように動作します。

- ●学習支援ツール　Google Classroom
- ●コミュニケーションツール　Google Meet、Gmail、Google チャット
- ●コラボレーションツール　Google ドキュメント、Google スプレッドシート、Google スライド、Google フォーム、Google Keep、Google カレンダー
- ●クラウドストレージ　Google ドライブ

それぞれのアプリケーションの簡単な解説

Google Classroom

学習における中核となるアプリケーションがClassroomです。まさに「教室」の役割をしており、連絡事項の伝達や課題の提示・回収などの機能を持ちます。児童はまずClassroomに入って活動をスタートさせることが多いでしょう。一緒に学びをスタートさせる場所として、Classroomを上手に使っていきましょう。

Google Meet

ビデオ会議システムです。研修もオンラインで行われるようになるなど、授業でも校務でも非常に有用なアプリケーションです。

Gmail

電子メールの送受信が行えるアプリケーションです。ドキュメントが共有された、Classroomにコメントがあった、などもメールで通知を受け取ることができます。

Google チャット

チャットアプリケーションです。一対一、グループ、スペースを作って組織的な話し合いなどが可能です。スタンプを送ったり絵文字でのリアクションをしたりできます。

Google ドキュメント

文章作成アプリケーションです。単に文章を作成するだけでなく、他者と共有、協力して文章を書いたり、議事録を作ったり、コメントで校閲したりという機能が充実しています。

Google スプレッドシート

表計算アプリケーションです。表やグラフを作ることができます。Google フォーム（後述）の回答をスプレッドシートに書き出したり、分析を行ったりすることも可能です。

Google スライド

プレゼンテーションを行うためのアプリケーションです。絵、図表、印象的なアニメーションなどを用いて、効果的なプレゼンテーションが作成できます。

Google フォーム

簡単にアンケートを行うことができるアプリケーションです。意見を把握する、勉強会の参加を募る、欠席連絡を行うといった使い方ができます。

Google Keep

メモを簡単に保存できるアプリケーションです。ToDo リストを作ることもでき、メモやリストは共有することが可能です。プリントの写真や手描きのメモも解析して検索対象にしてくれるので、とりあえずここにメモを入れるという運用がお勧めです。

Google カレンダー

その名の通り、カレンダーのアプリケーションです。予定表を共有することができます。Classroom を利用するとカレンダーが作成され、そのクラスの参加者全員で共有されます。

Googleのアプリケーションの起動方法

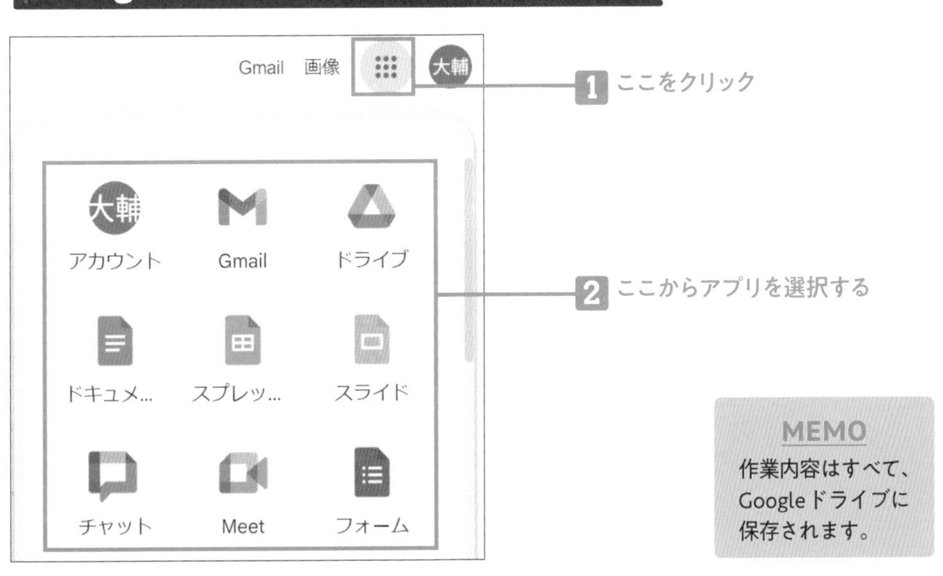

MEMO
作業内容はすべて、Googleドライブに保存されます。

クラスを作る

▶動画／解説

Google Classroom は、さまざまな活動の起点となる「クラス」が作れるアプリケーションです。ここでは、クラスの作成方法と、基本的な使用方法を説明します。

Classroom で主にできることは、以下の通りです。

- ●お知らせを投稿する
- ●投稿されたお知らせにコメントする
- ●クラスの参加者のみが入れるGoogle Meet を設定する
- ●課題を出したり回収したりする
- ●質問やテストを出す
- ●資料を提示する
- ●課題に対して成績をつける

なお、クラスを作成すると以下の内容も同時に作成されます。

・そのクラスに参加している教師・生徒全員をひとまとめにしたグループアドレス
・Google ドライブのClassroom フォルダの中にできるクラスごとのフォルダ
・クラス参加者全員で共有されるクラスごとのカレンダー

Classroomに「クラス」を作る

❶ [続行]を選択する

▶ Classroomの画面が表示されている

MEMO
初めて開いた際には、このような画面が表示されるので、[続行] を選択します。

❷「私は教師です」を選択する

▶「役割を選ぶ」画面が表示された

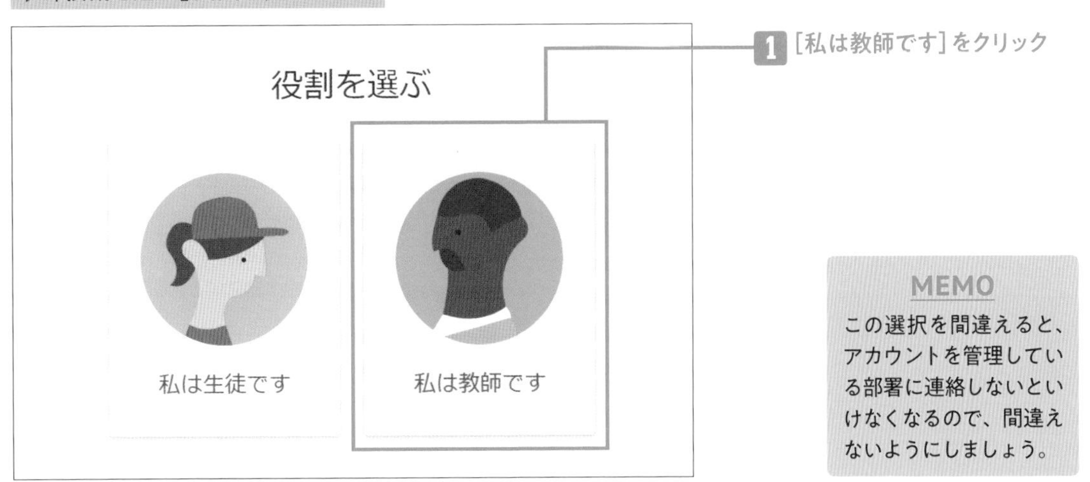

MEMO
この選択を間違えると、アカウントを管理している部署に連絡しないといけなくなるので、間違えないようにしましょう。

❸ 画面右上から[クラスを作成]をクリックしてクラスを作る

▶ [クラスを作成][クラスに参加]を選択する画面が表示された

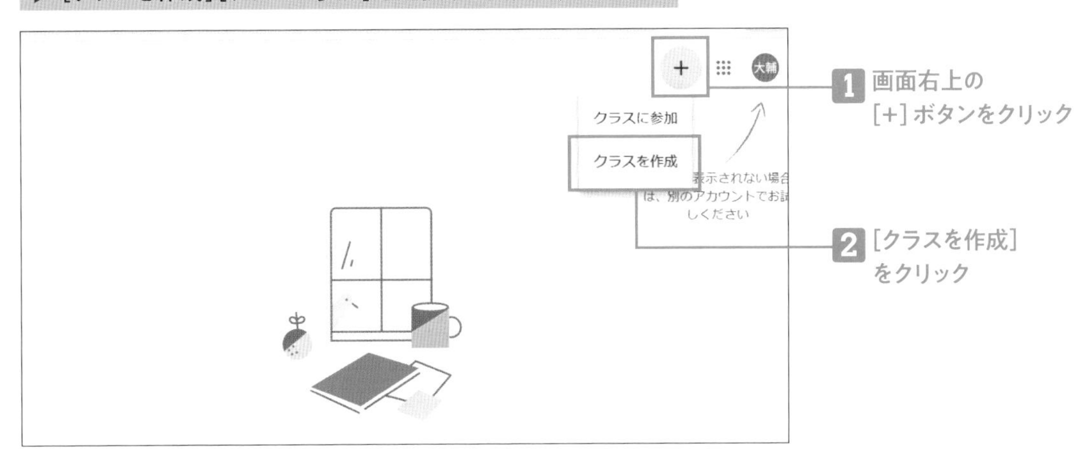

❹ クラス名を入力して、クラスコードを設定する

▶ [クラスを作成]画面が表示された

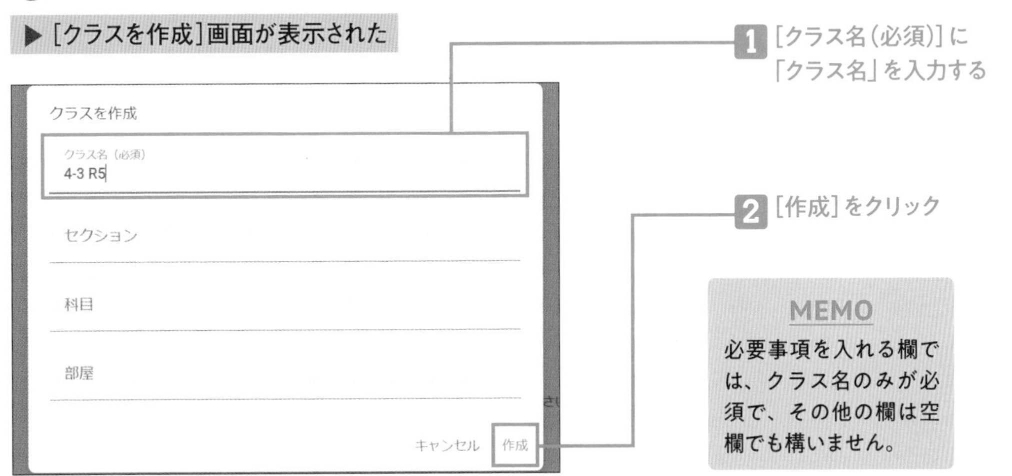

MEMO
必要事項を入れる欄では、クラス名のみが必須で、その他の欄は空欄でも構いません。

▶ Classroomにクラスが作成された

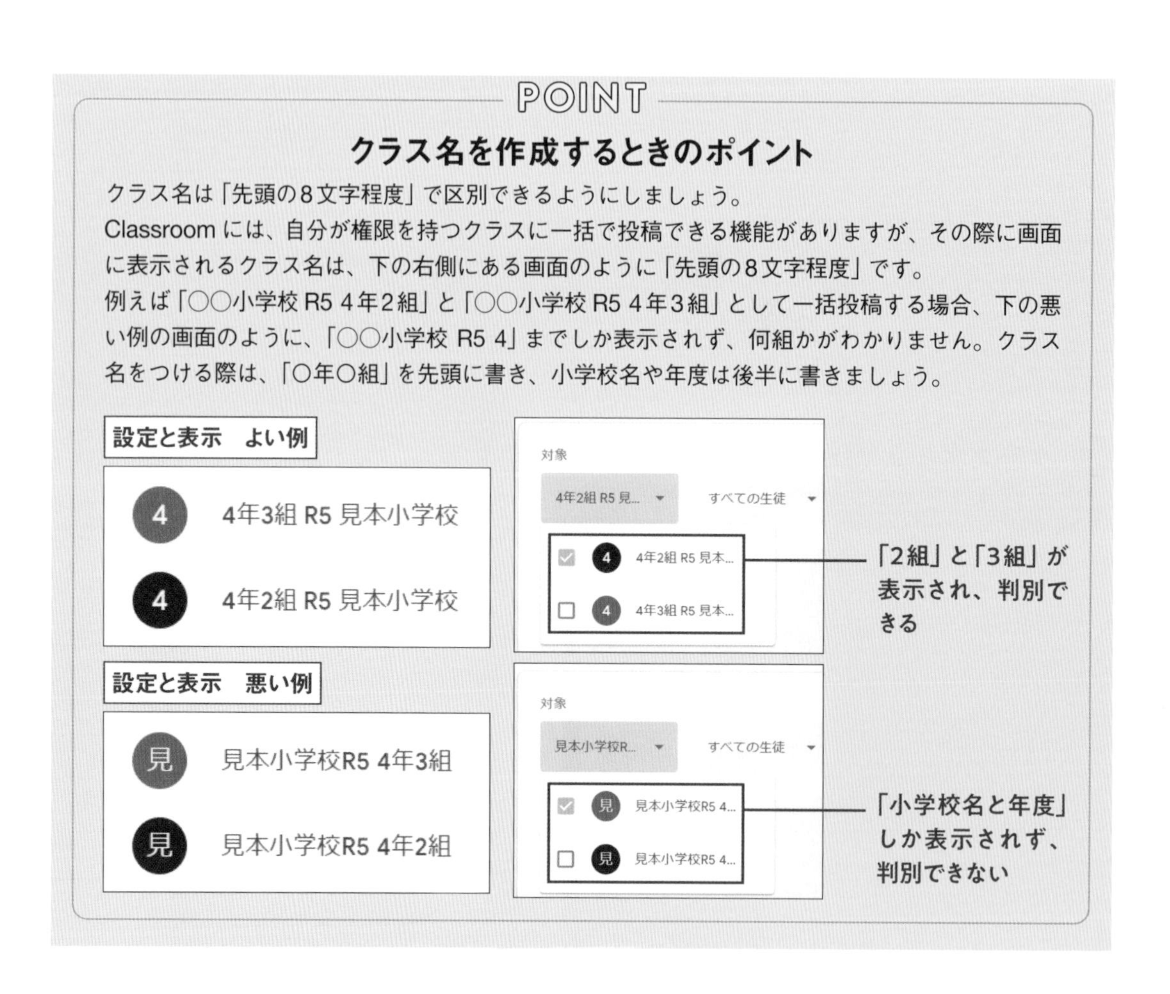

POINT

クラス名を作成するときのポイント

クラス名は「先頭の8文字程度」で区別できるようにしましょう。
Classroom には、自分が権限を持つクラスに一括で投稿できる機能がありますが、その際に画面に表示されるクラス名は、下の右側にある画面のように「先頭の8文字程度」です。
例えば「○○小学校 R5 4年2組」と「○○小学校 R5 4年3組」として一括投稿する場合、下の悪い例の画面のように、「○○小学校 R5 4」までしか表示されず、何組かがわかりません。クラス名をつける際は、「○年○組」を先頭に書き、小学校名や年度は後半に書きましょう。

ADVANCE

年度末には作成したクラスをアーカイブすることで、Classroom のページを開いたときの一覧から見えなくして、新しい活動もできないようになります。

クラスのアーカイブを行う

❶ アーカイブしたいクラスの[アーカイブ]を選択する

▶ クラスの一覧が表示されている

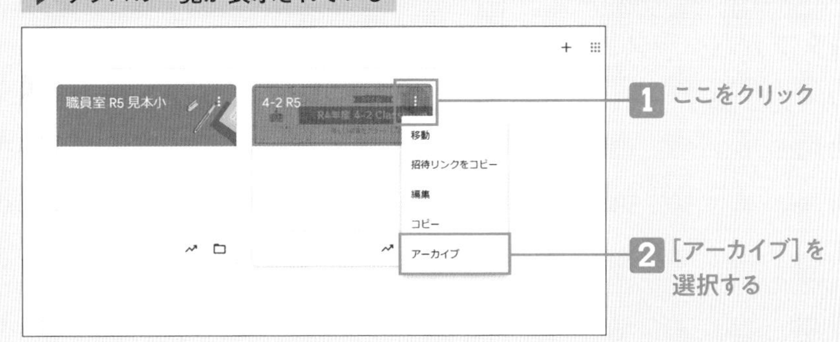

▶ 確認画面が表示された

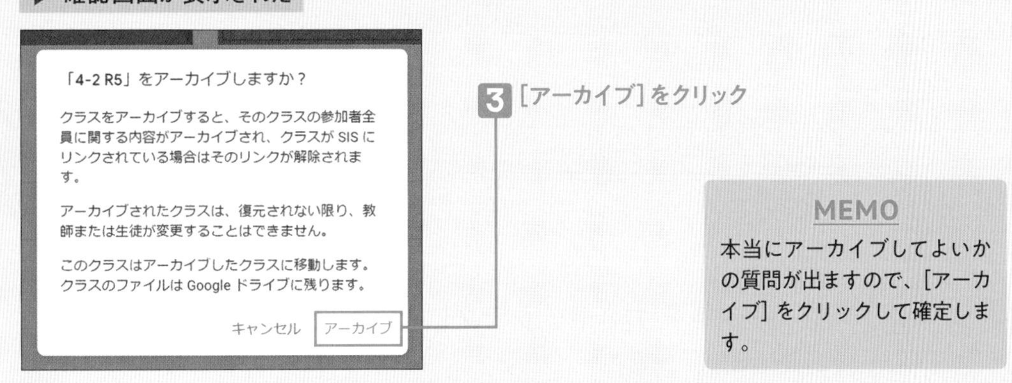

MEMO
本当にアーカイブしてよいかの質問が出ますので、[アーカイブ] をクリックして確定します。

❷ アーカイブしたクラスの内容を見たいときは

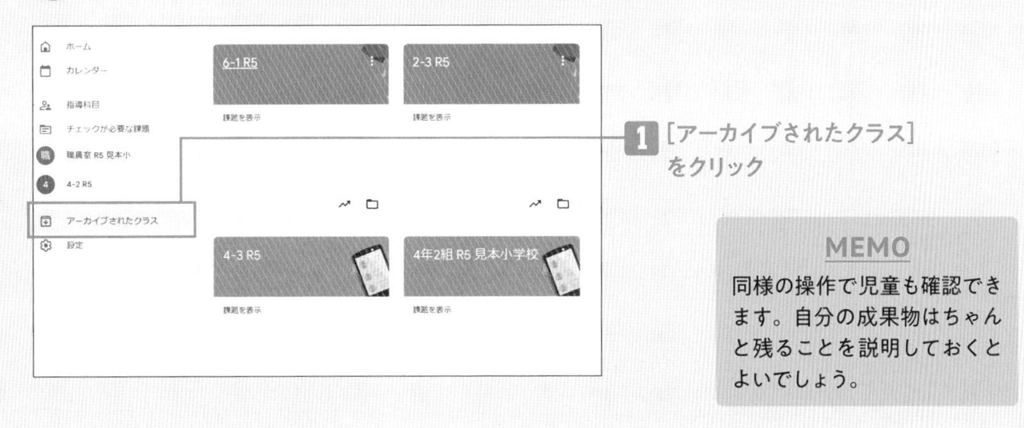

MEMO
同様の操作で児童も確認できます。自分の成果物はちゃんと残ることを説明しておくとよいでしょう。

クラスに参加してもらう

Google Classroom にクラスが作成できたら、クラスコードを児童に配布して、さっそく児童に参加してもらいましょう。

クラスコードを確認して、児童に参加してもらう

❶ [ストリーム]タブからクラスコードを確認する

▶ 作成したクラスに入室している

教師側の画面

声かけ
これからみんなをクラスに招待するよ

1 [ストリーム]タブを選択する

2 左側のメニューに表示されている「クラスコード」を確認する

MEMO
クラスコードは教師の側にしか表示されません。

❷ 児童にクラスコードを入力させ、クラスに参加させる

▶「クラスに参加」画面が表示されている

児童側の画面

1 教師に提示されたクラスコードを入力する

2 右上の参加ボタンをクリック

MEMO
児童がClassroomに初めて参加する際は、P19の手順②「役割を選ぶ」画面で［私は生徒です］を選択し、右上の「＋」ボタンを押すと、「クラスに参加」画面になります。

MEMO
クラスコードはアルファベットの小文字と数字の組み合わせです。Chromebookの場合はキーボードの刻印が小文字のため、児童が文字を読めなくても、同じものを選ぶように指示することができます。また、**「参加ボタン」を押さないケースが多いので、注意しましょう。**

ADVANCE

教師に表示されているクラスコードは、クラスコードの右側の ⛶ ボタンを押すことで、大きく表示することができます。(2段階で大きくなります)
電子黒板などに映す際にはクラスコードを拡大して表示してみましょう。

低学年などでClassroomへの参加が難しいときは、
①できた児童に教室内を自由に移動して、補助してもらう
②高学年の児童に5分だけ教室に来てもらい、補助してもらう
とよいでしょう。

教師が研修でClassroomを使う場合は、出張などで後から参加する教師がスムーズに入れるよう、「クラスコード」をストリームに書いておくとよいでしょう。そうすると、周囲の教師がサポートできます。

招待する／クラスに投稿する

▶ 動画／解説

Google Classroom の基本操作として、児童以外の例えば管理職など担任以外の教師を招待する方法を解説します。また、クラス内にお知らせを投稿する方法を解説します。

管理職を「教師」としてクラスに招待する

❶ [メンバー]タブから、管理職を招待する

▶ 管理職のメールアドレスを確認しておく

▶ 該当のクラスの画面が表示されている

1 ここをクリック

❷ 相手を招待し、招待された相手は承諾する

▶ [教師を招待]画面が表示された

1 メールアドレスを入力する

2 [招待する]をクリック

招待された相手の画面

3 [承諾]をクリック

MEMO

管理職以外にも学年の教師を招待しておくと、自習の際に情報共有ができて便利です。

クラスにお知らせを投稿する・コメント方法を設定する

❶ ［ストリーム］タブにお知らせを投稿する

▶［ストリーム］タブが表示されている

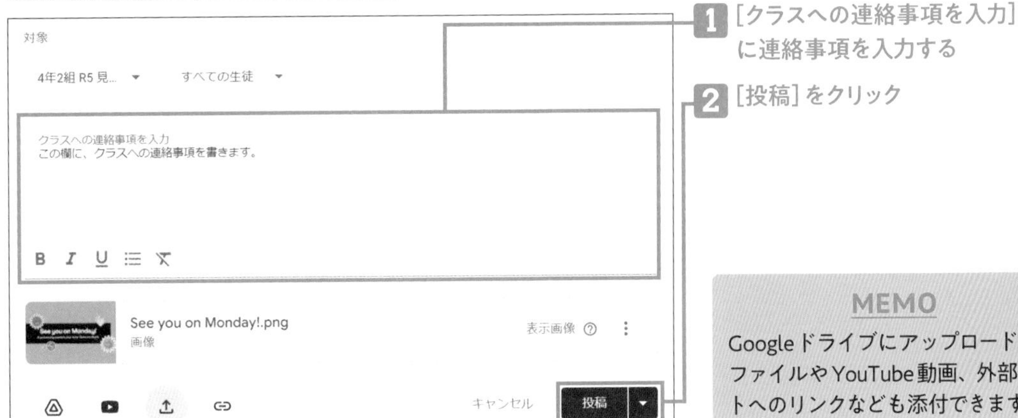

MEMO

Googleドライブにアップロードしたファイルや YouTube動画、外部サイトへのリンクなども添付できます。

❷ 投稿に対するコメントの設定を変更する

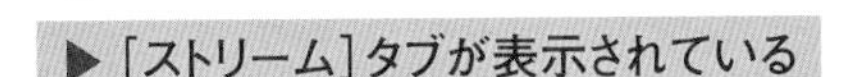

1 ここをクリック

MEMO

［ストリーム］タブは、お知らせ掲示板のような役割をしています。投稿は時系列に並び、内容も表示されます。

❸ ストリームの設定を変更する

▶ 設定画面が表示された

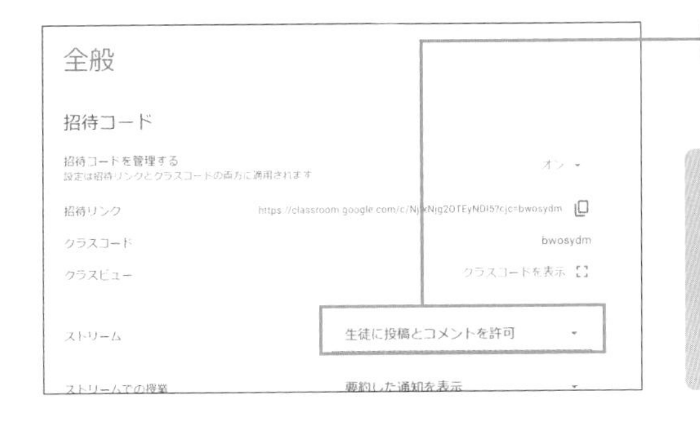

1 ここをクリックして選択する

MEMO

お知らせの投稿および、お知らせに対するコメントの権限はデフォルトの状態では児童にも付与されています。以下のストリームの設定から、教師からのお知らせのみ、児童にはコメントも許可しないなど、クラスごとに変更できます。

POINT

ストリームの設定の種類と生徒の権限

選択肢	お知らせの投稿	お知らせへのコメント
生徒に投稿とコメントを許可	○	○
生徒にコメントのみを許可	×	○
教師にのみ投稿とコメントを許可	×	×

投稿を分類・整理する／課題を出す／質問する

▶ 動画／解説

［授業］タブの機能を活用すると、よりスムーズに授業を進めることができます。情報を分類・整理したり、課題を出したり、質問をしたり、資料を提示したりなど、教師と児童でやり取りが発生する場面で活用できます。

［トピック］で分類整理する

❶［トピック］を設定する

▶［授業］タブが表示されている

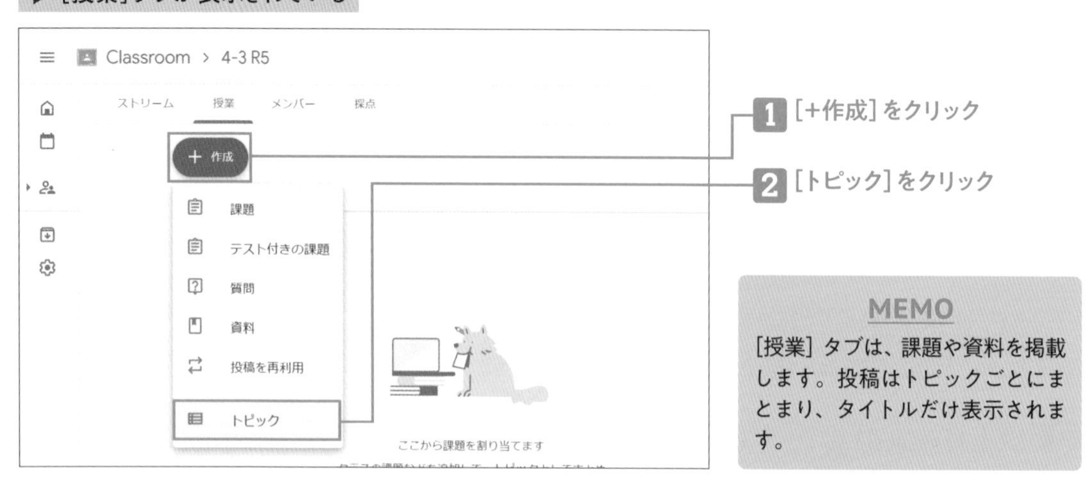

MEMO

［授業］タブは、課題や資料を掲載します。投稿はトピックごとにまとまり、タイトルだけ表示されます。

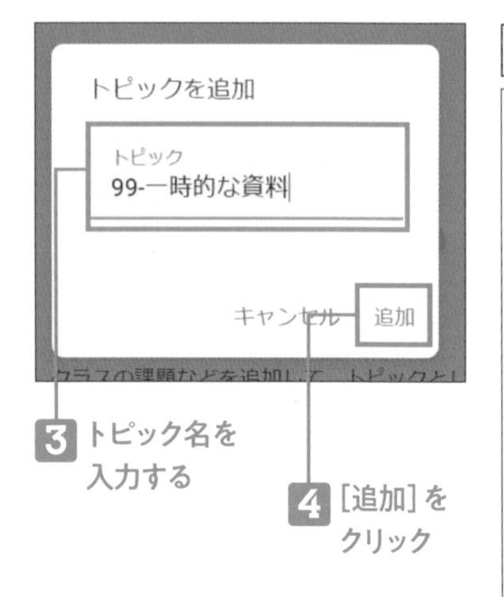

トピックが入力された

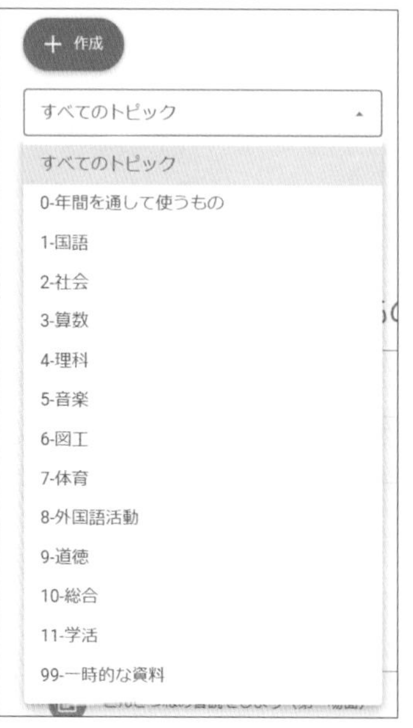

MEMO

左は著者の作成例です。児童に資料を提供する際などは、トピックの番号を伝えるだけでよいので、便利です。

- 頭に連番をつける
- 0は、外部サイトなどへのリンクなど、年間を通して使う資料
- 1からは教科名をつけたもの、99は一時的に掲出する資料など

ファイルを添付して課題を出す

❶ ［課題］の画面を表示する

▶［授業］タブが表示されている

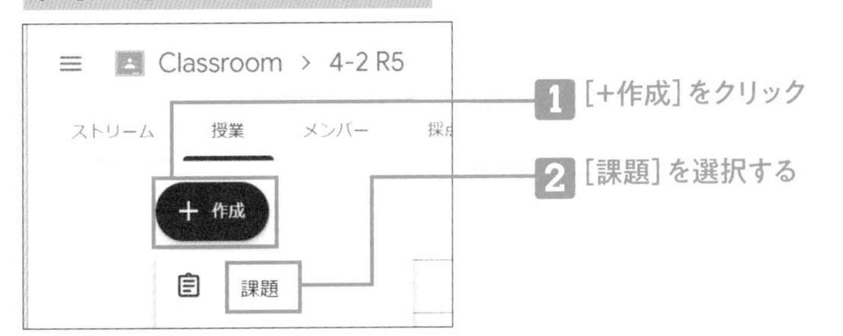

1 ［＋作成］をクリック

2 ［課題］を選択する

MEMO
見ればいいだけの資料などを載せるときは［資料］で掲載しましょう。

❷ 課題を作成する

▶［課題］画面が表示された

▶ 事前に課題に添付するファイルをGoogleドライブに用意しておく

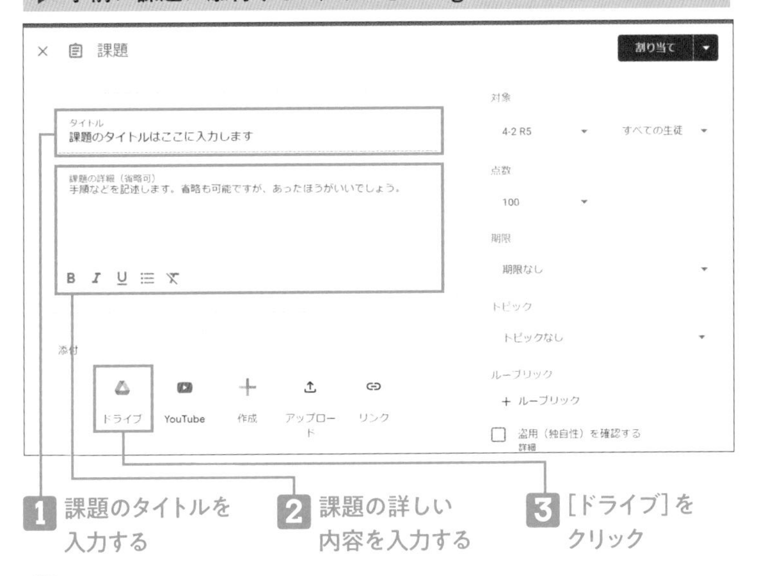

1 課題のタイトルを入力する

2 課題の詳しい内容を入力する

3 ［ドライブ］をクリック

MEMO
タイトルは、「一覧表示」や「通知」などで表示されるので、よくわかるタイトルにします。課題の詳細は、後で見直したときにわかるように書きましょう。

MEMO
YouTubeの動画、外部サイトへのリンクなどをつけることができます。

❸ 課題用のファイルを添付する

▶「Googleドライブを使用したファイルの挿入］画面が表示された

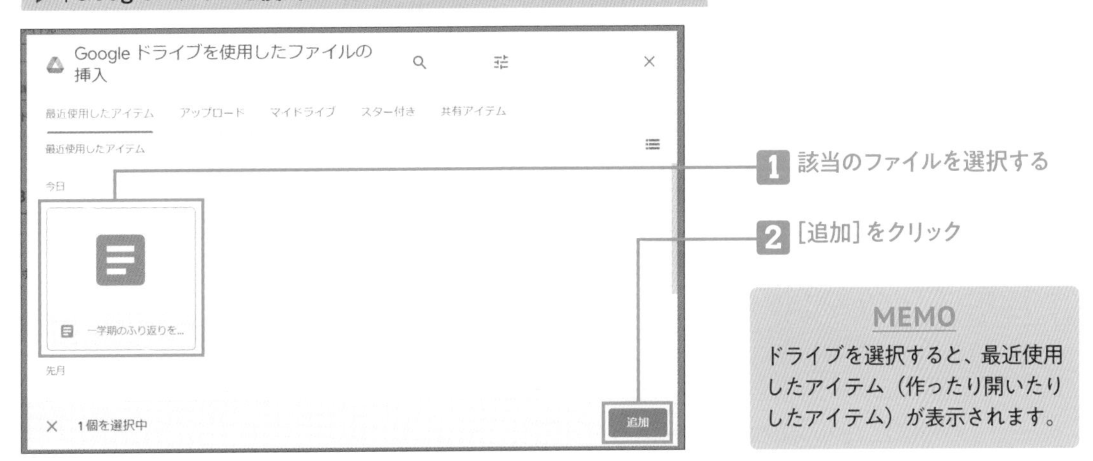

1 該当のファイルを選択する

2 ［追加］をクリック

MEMO
ドライブを選択すると、最近使用したアイテム（作ったり開いたりしたアイテム）が表示されます。

❹ 教師が児童に課題を割り当てる

▶ [課題]画面が表示された

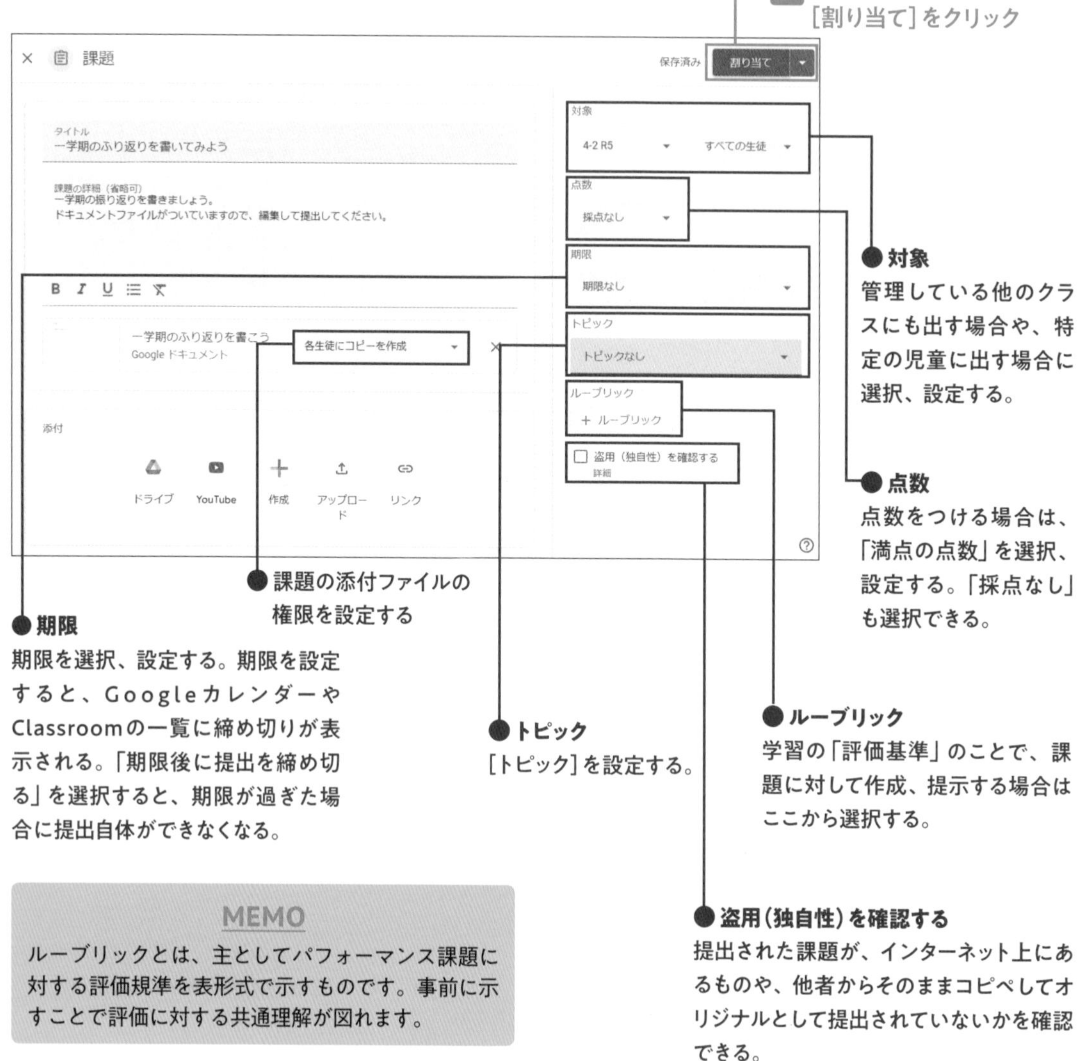

MEMO

ルーブリックとは、主としてパフォーマンス課題に対する評価規準を表形式で示すものです。事前に示すことで評価に対する共通理解が図れます。

POINT

課題の添付ファイルの権限を設定する

[課題] に添付するファイルの権限を以下の3つから選ぶことができます。用途に合わせて設定しましょう。

生徒がファイルを編集できる	1つのファイルを全員に提示し、クラス全体で1つのファイルを編集する。各自が書く場所をファイル内に明示する
生徒がファイルを閲覧できる	参考にするファイルを添付した際に使う。児童は編集することはできない
各生徒にコピーを作成	各自にファイルをコピーして配布する。各自の名前が付いたファイルが作成され、児童は配布されたファイルを編集する

❺ 児童が教師に課題を提出する

▶ 児童の[課題]画面が表示されている

▶ 教師から児童に添付ファイル付きの課題が出た

児童側の画面

MEMO
[×] ボタンを押して誤って添付ファイルを消してしまったら、[追加または作成] をクリックして元のファイルを再度添付します。

児童に質問する

❶ [質問]画面を表示する

▶ [授業]画面が表示されている

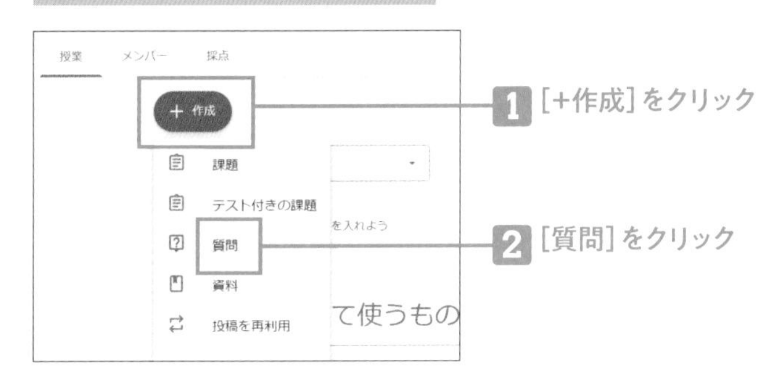

❷ 質問を作成する

▶ [質問]画面が表示された

MEMO
質問は2種あり、記述式は「今日楽しかったことは？」のようにオープンな質問、選択式は「熱や鼻水などの体調面での不安がある」「はい／いいえ」といった質問ができます。

MEMO
記述式を選ぶと「生徒はクラスメートに返信できます」、選択式を選ぶと「生徒にクラスの回答の概要の閲覧を許可する」という欄が出てきます。オンにすると、記述式ではお互いの答えが、選択式では集計結果の閲覧ができます。

資料を配布する／投稿の日時を予約する

▶ 動画／解説

Google ドキュメントやPDF などの書類、学習で使用するウェブページへのリンクなど児童に閲覧させたいデータは、「資料」としてGoogle Classroom に掲載するとよいでしょう。

資料を配布する

❶ [資料]画面を表示する

▶ [授業]タブが表示されている

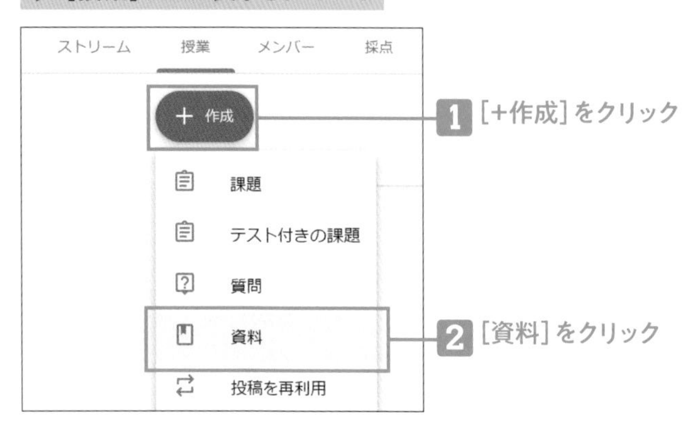

1 [+作成]をクリック

2 [資料]をクリック

MEMO
資料は「提出を求めず見てもらいたいものや、特定のサイトへの入り口」と考えましょう。例えば、タイピングサイトのリンクは資料で共有しておくと便利です。

❷ 資料を添付する

▶ [資料]画面が表示された

1 タイトル欄にタイトルを入力する

2 添付の欄で[YouTube]をクリック

▶ 動画を検索結果が表示された

3 [動画を追加]をクリック

MEMO
添付の欄から任意の項目を選んで資料を添付します。今回はYouTube動画を添付してみます。

❸ 資料を配布する

▶［資料］画面が表示された

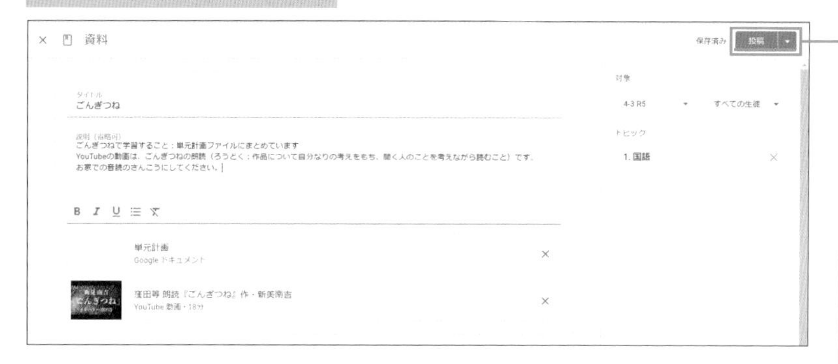

1［投稿］をクリック

> **MEMO**
> 基本的には課題の作成画面と同じですが、成績をつける部分の設定や、締め切りの設定などがないこと、添付したファイルはすべて閲覧のみとなることが留意点です。

> **MEMO**
> 課題の作成と同じように行いますが、資料では、共有したファイルの「閲覧者」の権限は、クラスの参加者に自動で付与されることだけ覚えておきましょう。

日時を予約して課題や質問を投稿する

❶［予定を設定］を選択する

▶［課題］［質問］［資料］などの画面が表示されている

1 ここから「▼」をクリック、［予定を設定］をクリック

> **MEMO**
> 課題・質問・資料を今すぐではなく、朝や放課後、あるいは、授業の後半に出したいというときに「予約投稿」を使うと便利です。

❷ 投稿の日時を設定して予約する

▶［設問のスケジュール設定］画面が表示された

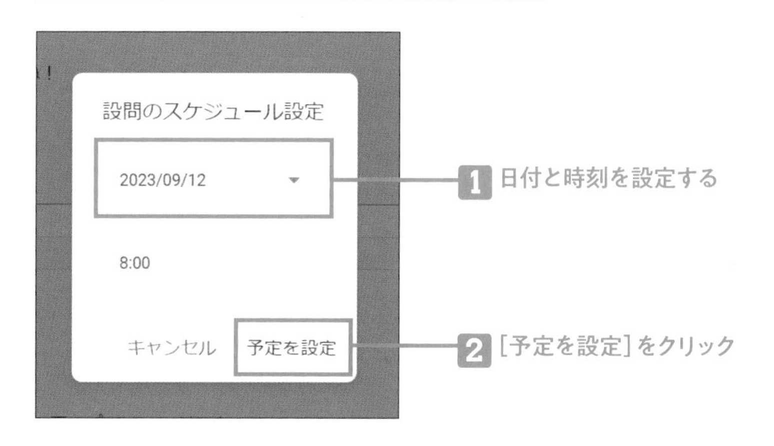

1 日付と時刻を設定する

2［予定を設定］をクリック

> **MEMO**
> 課題や質問を何時に出すのかを設定できます。実際の投稿時間と数分のズレが生じることもあるので気を付けてください。

ファイルの権限を変更する

Google ドライブはクラウドにデータが保存されるサービスです。そのため、いつでも、どこからでもデータにアクセスできる、共有がしやすいといったメリットがあります。しかし一方で、各アプリに設定する「権限変更」について知っておかないと無用なトラブルが発生する恐れもあります。ここでは、ファイルの権限変更について解説します。

ファイルの権限の変更方法（共有のしかた）

ファイルの権限の種類

閲覧者	ファイルとコメントを閲覧できる。ダウンロード、印刷をする権限も持つ
閲覧者（コメント可）	閲覧者に加え、コメントや提案を書き込むことができる
編集者	閲覧者（コメント可）に加え、編集、共有、削除などの権限を持つ

❶ ユーザーを指定してファイルを共有する

▶ ドライブ内の共有したいファイルが表示されている

1 [共有]をクリック

班ごとのMeetアドレス
ファイル 編集 表示 挿入 表示形式 ツール 拡張機能 ヘルプ
共有
1班 ： https://meet.google.com/bbr-mczv-tye
2班 ： https://meet.google.com/dnj-krcu-tur
3班 ： https://meet.google.com/xxx-xxxx-xxx

▶ 権限が付与されているメンバーの一覧とその権限の画面が表示された

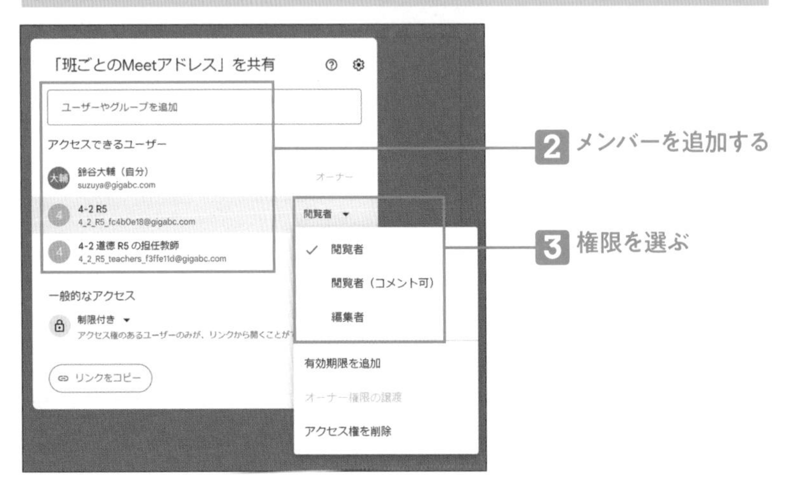

4 [完了]をクリック

すでに権限が付与されている場合

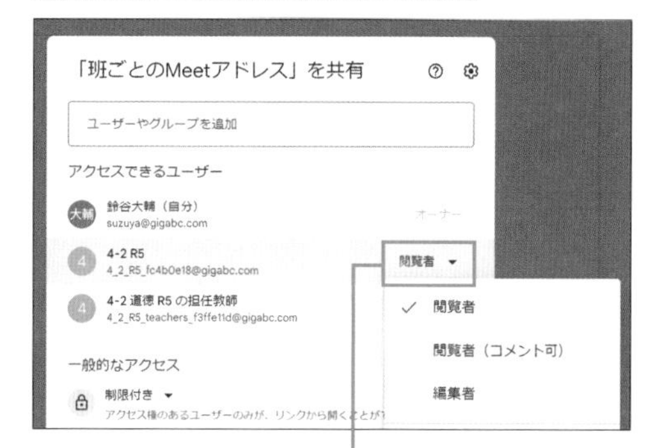

5 権限名をクリックして適切な権限を選択する

一時的に権限を付与したい場合

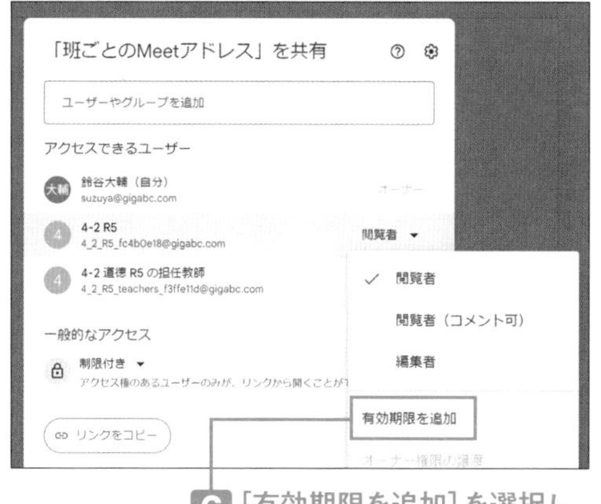

6 [有効期限を追加]を選択し、いつまで権限を与えるのかを設定する

「一般的なアクセス」権限を付与する場合

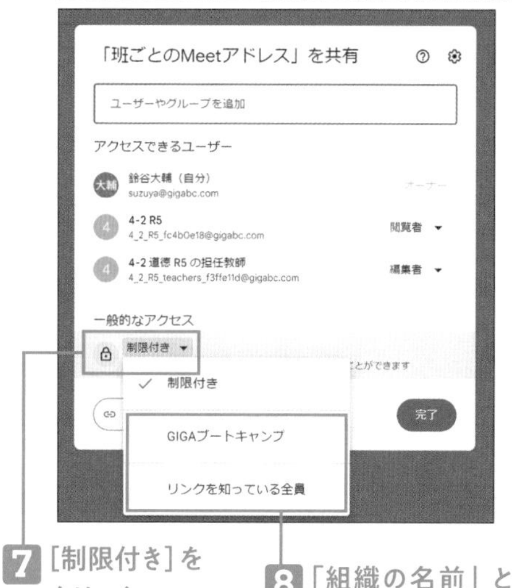

7 [制限付き]をクリック

8 「組織の名前」と「リンクを知っている全員」のどちらかをクリック

[制限付き]の種類

組織名を選んだ場合	その組織に属する誰でも、URL がわかれば権限を得られる
リンクを知っている全員を選んだ場合	誰でも、URL がわかれば権限を得られる

POINT

作業の途中で権限を変更する場合の注意

編集作業中に「編集権限」から「閲覧のみ」の権限に変更すると、その瞬間からファイルに対する編集は行えなくなります。しかし、画面上では、そうした変化に気づけないため、児童が困惑してしまうことがあるので、権限を変更する場合は、速やかにアナウンスするようにしましょう。Chromebook を使用している場合は、キーボードの「更新キー」(C) を押すことで、最新の状態が表示されます。編集権限を変更した場合も、最新の状態から、適切に編集が行えるようになります。

Google Meetの基本操作

▶ 動画／解説

Google Meet はビデオ会議システムです。オンライン授業やオンラインでの朝会などでよく使われています。ここでは、基本的な使い方を紹介します。

Meetで会議を設定して会議に参加する

❶ 新しい会議を作成する

▶ Meetの画面が表示されている

▶ 会議を今後行うか、すぐに行うかを選ぶ画面が表示された

「次回以降の会議を作成」では、会議に参加するためのアドレスが発行されます。「会議を今すぐ開始」では、会議が作成され、そのまま参加します。「Google カレンダーでスケジュールを設定」では、カレンダーの予定作成画面に移行して会議の予定を作ります。

▶「参加に必要な情報」画面が表示された

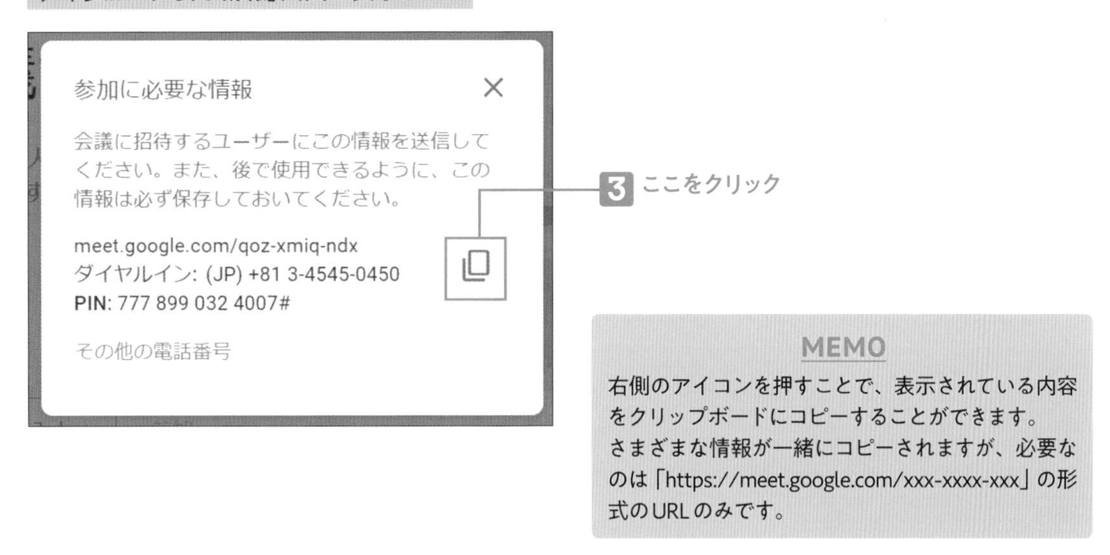

MEMO
右側のアイコンを押すことで、表示されている内容をクリップボードにコピーすることができます。
さまざまな情報が一緒にコピーされますが、必要なのは「https://meet.google.com/xxx-xxxx-xxx」の形式のURLのみです。

❷ 会議に参加する

やり方1

コピーしたMeetのURL「https://meet.google.com/xxx-xxxx-xxx」から参加する

やり方2

Classroomから会議のリンクを開く

ビデオ、マイク、ピン留めなどの機能を使いこなす

❶ ビデオ･マイクのON／OFFを切り替える

▶ Meetの画面が開いている

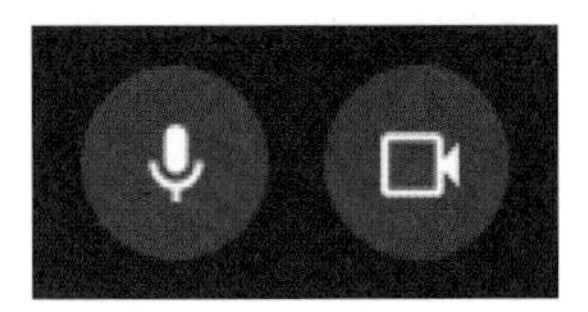

両方ONの状態

両方OFFの状態

声かけ
特に発言が無ければマイクはオフにしておきましょう

MEMO
児童に必要のないときには、音声をOFFにするよう伝えましょう。

誤ってマイクやカメラを許可しなかった場合の対処方法

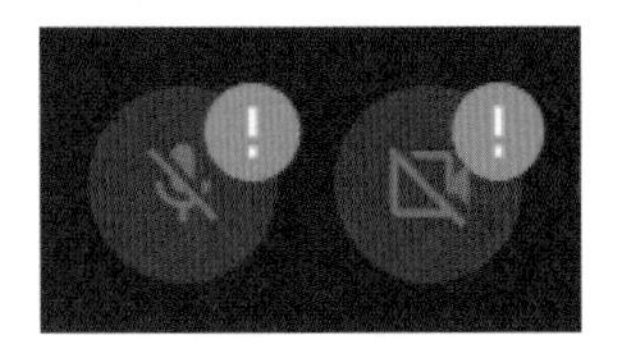

MEMO
マイクやカメラの許可をせずに「ブロック」してしまった場合、このような表示になっています。

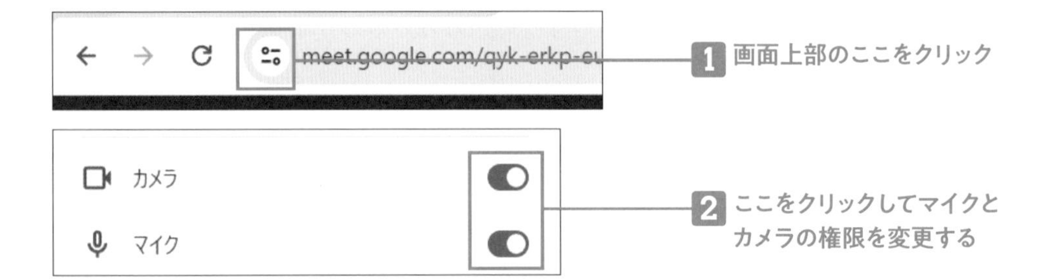

1 画面上部のここをクリック

2 ここをクリックしてマイクとカメラの権限を変更する

❷ ピン留めをして大きく映す

▶ 会議に参加している

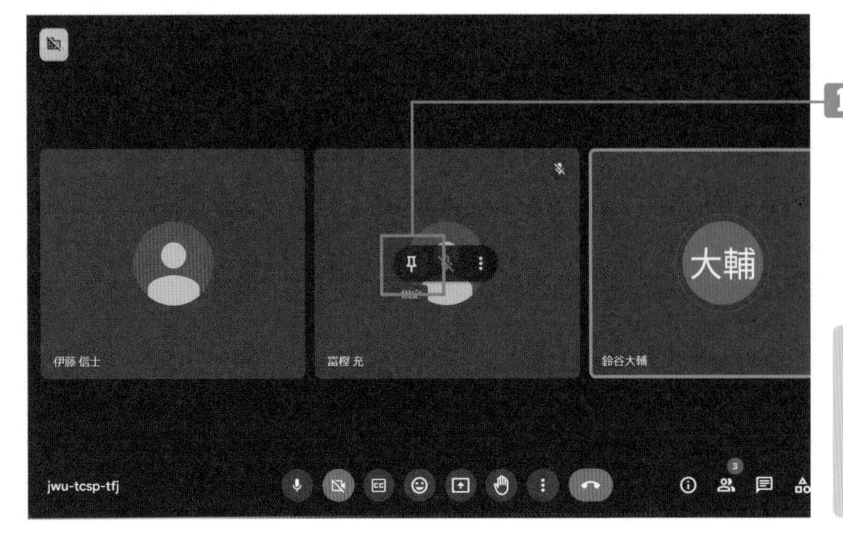

1 ピンを選択することで、その画面を大きく映すことができる

MEMO
大きくしたい画面にマウスポインタを持っていくと、ピンのマークが出てきます。

❸ 参加者の画像の並び（レイアウト）を変更する

▶ ビデオ会議に参加している

▶ ［レイアウト変更画面］が表示された

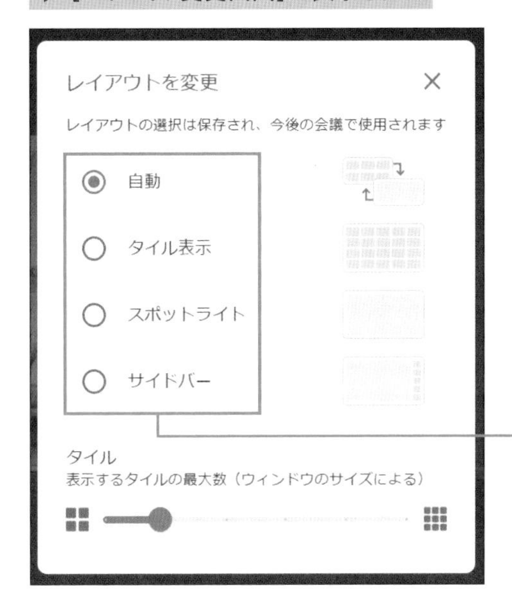

MEMO

児童みんなの顔が見たい場合は「タイル表示」に、それ以外は「自動」がよいでしょう。
下部のスライダーで画面の数を増減できますが、数が多いほど動作が遅くなるので注意しましょう。

文書を作成する／課題を添削する

Google ドキュメントは文書作成のアプリケーションです。一般的なワープロソフトと比べると凝った文書の作成には向きませんが、簡単な文書であれば十分作成できます。もちろん、共同編集も可能です。

文書を作成する

❶ 文字を入力する

▶ [無題のドキュメント] (文書の作成画面) が表示されている

MEMO
普段使っているワープロソフトと同様に、文字を打ち込んだり、表を挿入したりすることができます。

❷ 音声で入力する

▶ [無題のドキュメント] (文書の作成画面) が表示された

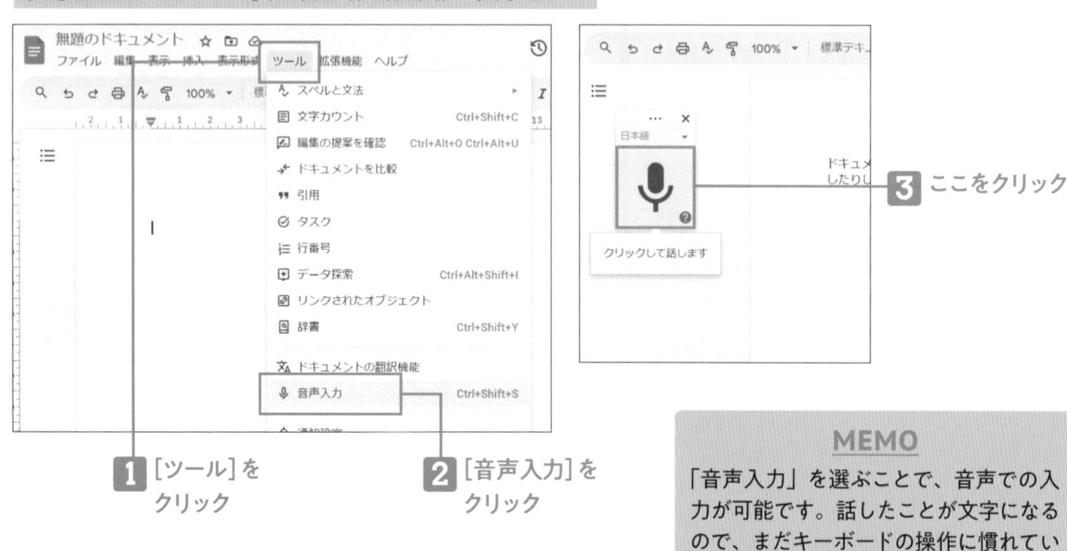

MEMO
「音声入力」を選ぶことで、音声での入力が可能です。話したことが文字になるので、まだキーボードの操作に慣れていない低学年の児童などでも楽しんで入力することができます。

課題を添削する

❶ ［提案モード］に切り替える

▶ Classroomで出した課題が児童から提出された

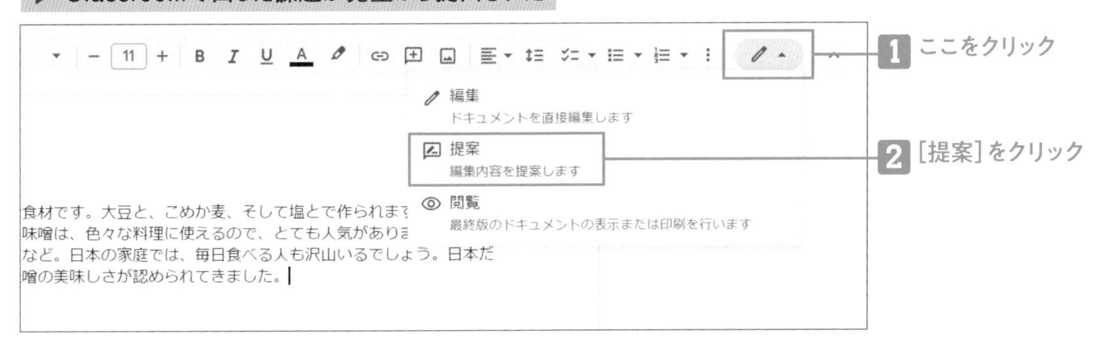

MEMO

［編集モード］：そのままドキュメントを編集します。
［提案モード］：添削の際に利用します。共同編集者がその編集を受け入れると反映されます。
［閲覧モード］：添削を終えたあとの最終版を表示したり印刷したりする時に使用します。

❷ ［提案モード］で添削する

▶ ［提案モード］が選択されている

教師側の画面

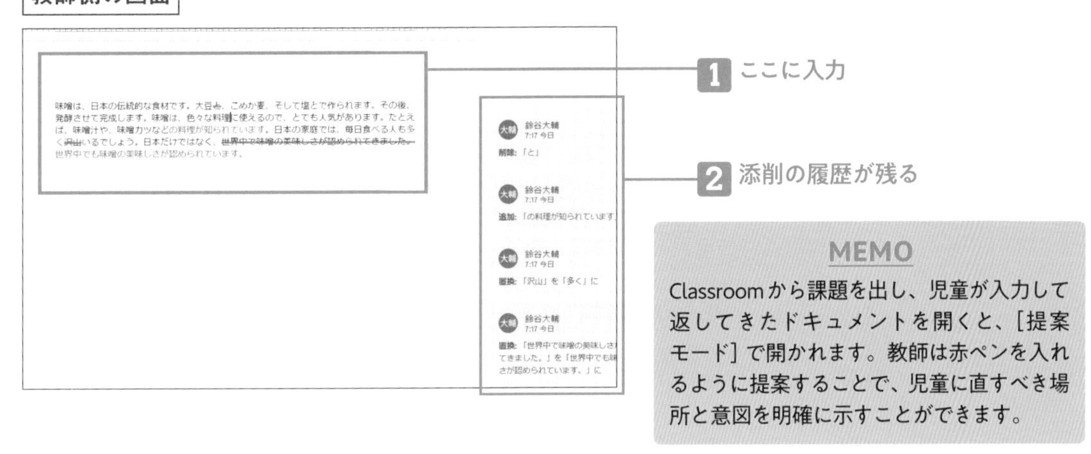

MEMO

Classroomから課題を出し、児童が入力して返してきたドキュメントを開くと、［提案モード］で開かれます。教師は赤ペンを入れるように提案することで、児童に直すべき場所と意図を明確に示すことができます。

❸ 児童が教師の添削結果を確認する

▶ 教師から添削された課題が戻った

児童側の画面

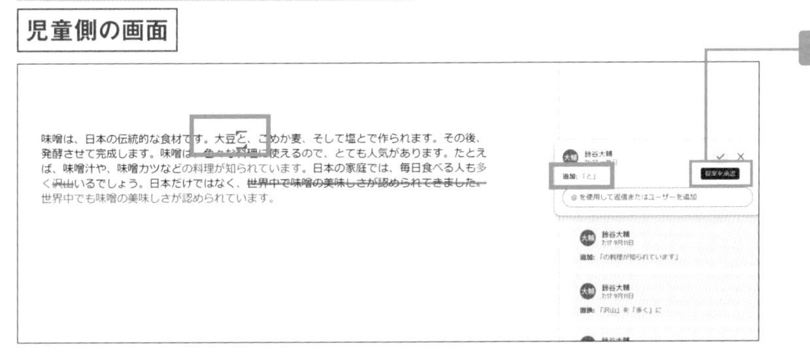

MEMO

児童は添削結果を承認するか、拒否するかを選ぶことができ、承認すると提案内容が反映されます。

サンプルあり

表を作成する／グラフを作成する

▶ 動画／解説

スプレッドシートは表計算を行うアプリケーションです。データを表にまとめるだけでなく、そこからグラフを作成したり、データを分析したりといろいろなことができます。

表とグラフを作成する

❶ 文字を入力する

▶［無題のドキュメント］（表の作成画面）が表示されている

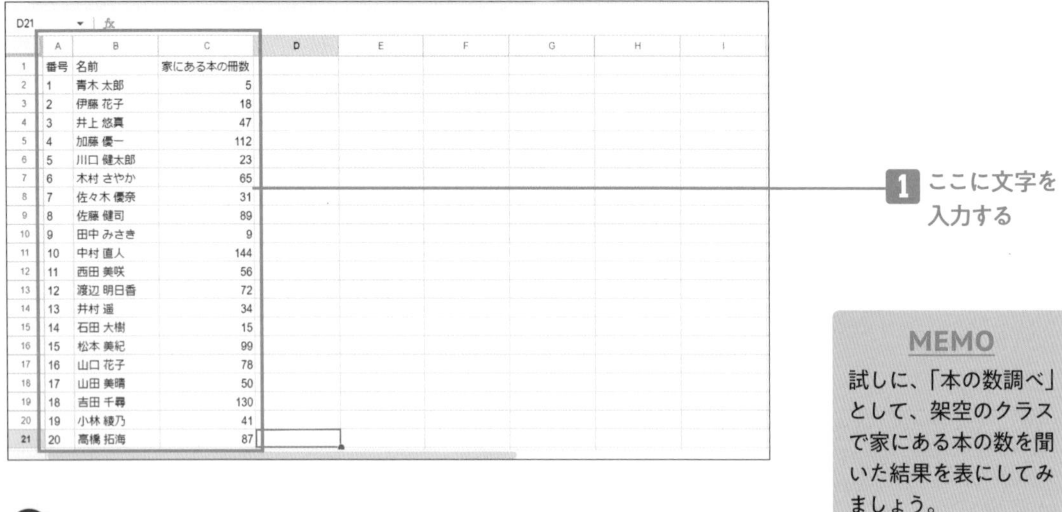

番号	名前	家にある本の冊数
1	青木 太郎	5
2	伊藤 花子	18
3	井上 悠真	47
4	加藤 優一	112
5	川口 健太郎	23
6	木村 さやか	65
7	佐々木 優奈	31
8	佐藤 健司	89
9	田中 みさき	9
10	中村 直人	144
11	西田 美咲	56
12	渡辺 明日香	72
13	井村 遥	34
14	石田 大樹	15
15	松本 美紀	99
16	山口 花子	78
17	山田 美晴	50
18	吉田 千尋	130
19	小林 綾乃	41
20	高橋 拓海	87

1 ここに文字を入力する

MEMO
試しに、「本の数調べ」として、架空のクラスで家にある本の数を聞いた結果を表にしてみましょう。

❷ グラフにしたいデータ部分を選択する

▶「家にある本の冊数と名前」の表が入力されている

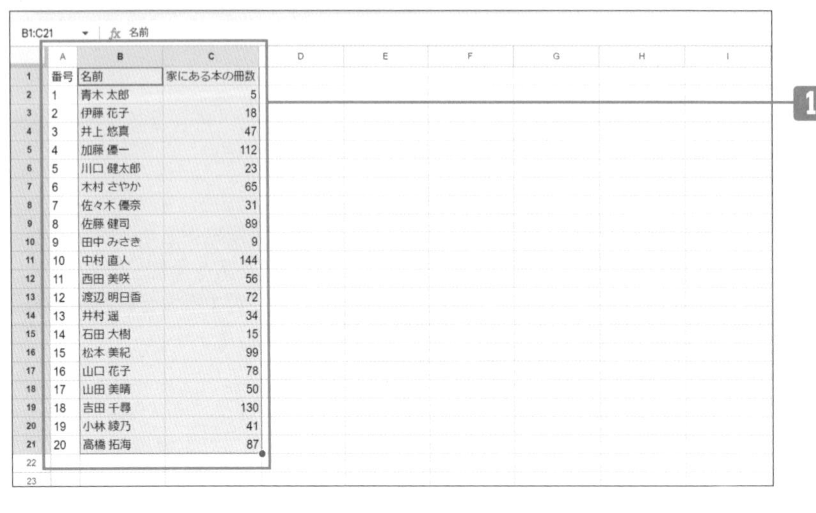

番号	名前	家にある本の冊数
1	青木 太郎	5
2	伊藤 花子	18
3	井上 悠真	47
4	加藤 優一	112
5	川口 健太郎	23
6	木村 さやか	65
7	佐々木 優奈	31
8	佐藤 健司	89
9	田中 みさき	9
10	中村 直人	144
11	西田 美咲	56
12	渡辺 明日香	72
13	井村 遥	34
14	石田 大樹	15
15	松本 美紀	99
16	山口 花子	78
17	山田 美晴	50
18	吉田 千尋	130
19	小林 綾乃	41
20	高橋 拓海	87

1［セルB1］から［セルC20］をドラッグして選択する

MEMO
特設サイトにサンプルデータを用意しました。「サンプルデータの使い方」（p.8）を参考にダウンロードし、コピーしてご利用ください。

❸ [グラフ]を選択する

▶ [セルA11]から[セルC20]が選択されている

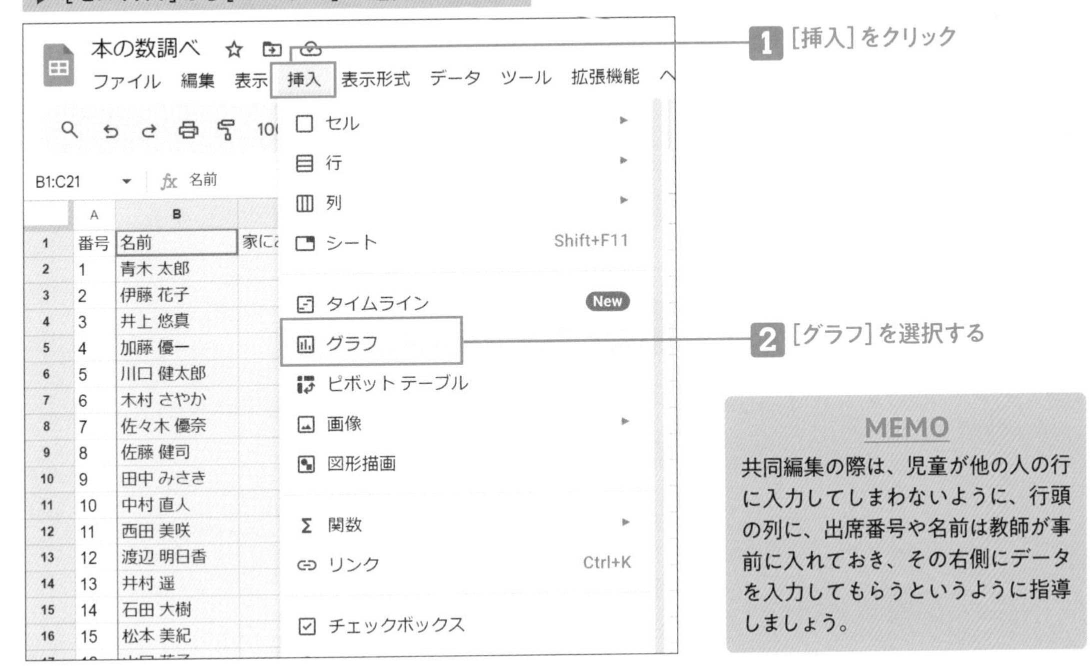

> **MEMO**
> 共同編集の際は、児童が他の人の行に入力してしまわないように、行頭の列に、出席番号や名前は教師が事前に入れておき、その右側にデータを入力してもらうというように指導しましょう。

❹ 詳細なグラフの設定をする

▶ グラフと[グラフエディタ]画面が表示された

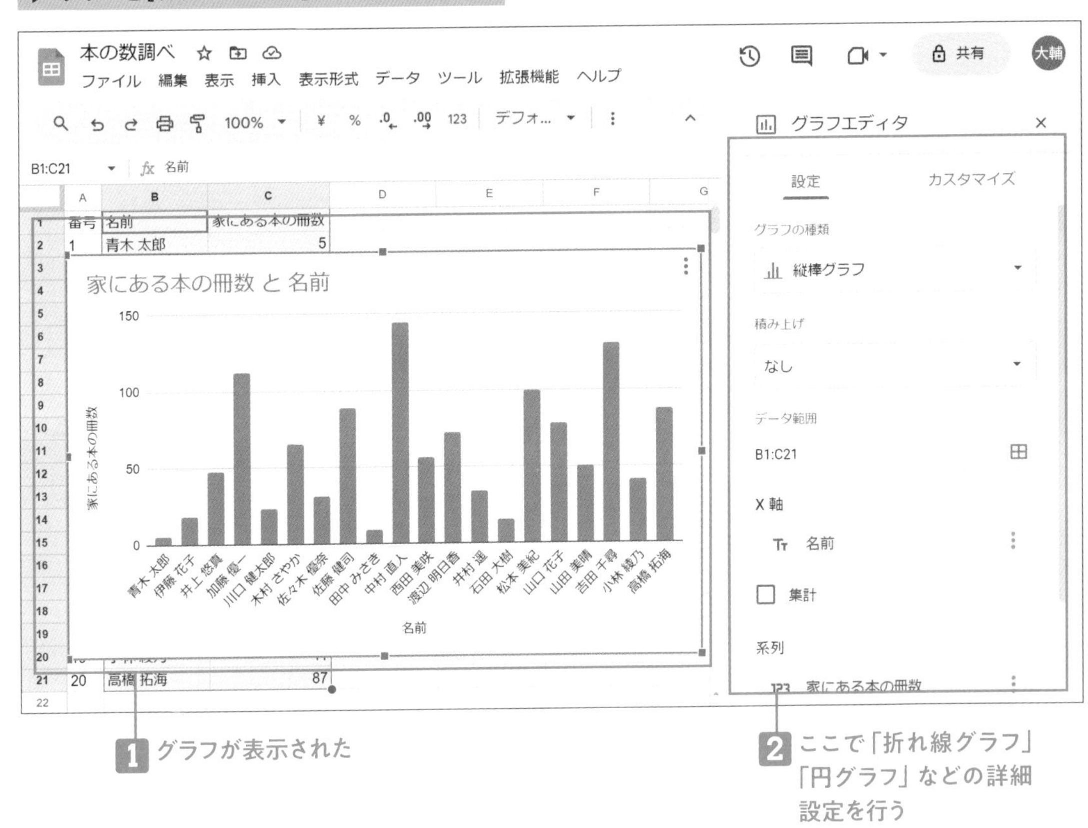

Googleスライドの基本操作

Google スライドはプレゼンテーションを作って発表することができるソフトウェアです。レイアウトが自由に決められ、ページがはっきり分かれているため、共同編集を行いやすいアプリケーションです。文字や写真の入れ方、プレゼンテーションの行い方を紹介します。

スライドに文字や写真を挿入してスライドを作る

❶ タイトルスライドを作成する

▶［無題のプレゼンテーション］画面が表示されている

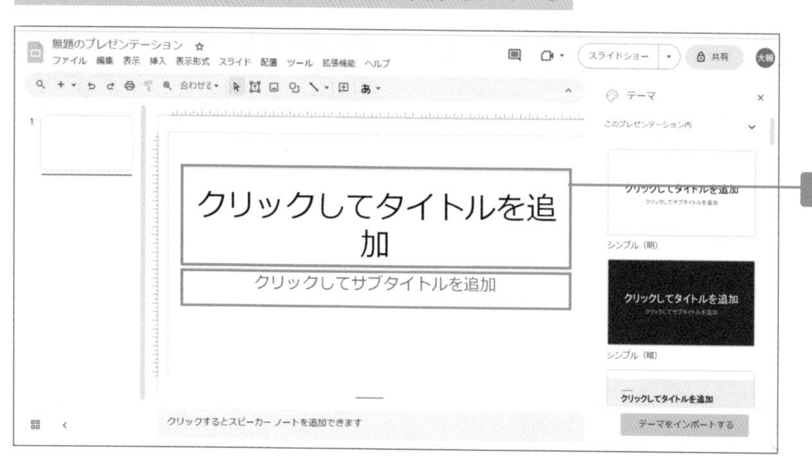

1 ［クリックしてタイトルを追加］や［クリックしてサブタイトルを追加］を選択して、文字を入力する。

❷ スライドを追加する

▶ スライド一覧が左側に表示されている

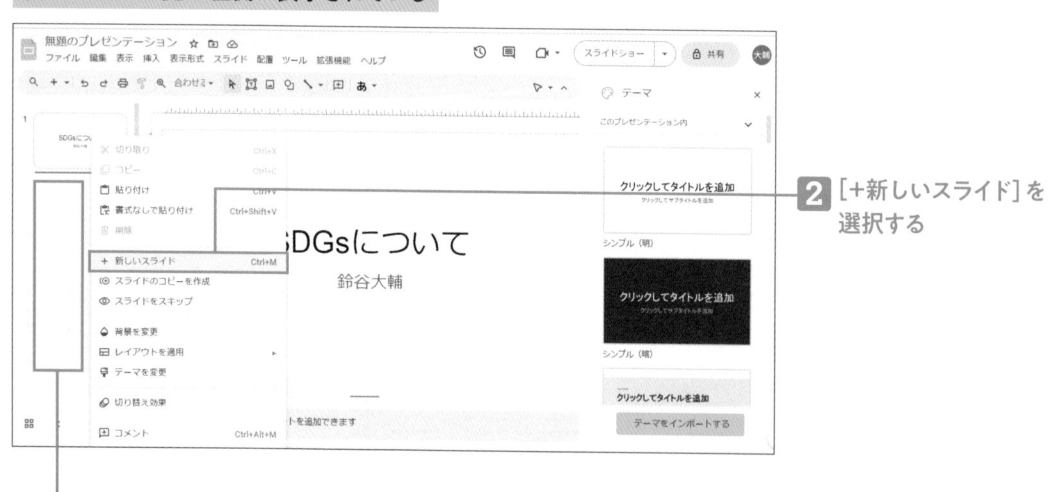

2 ［+新しいスライド］を選択する

1 左側のスライド一覧の何もないところを右クリックする

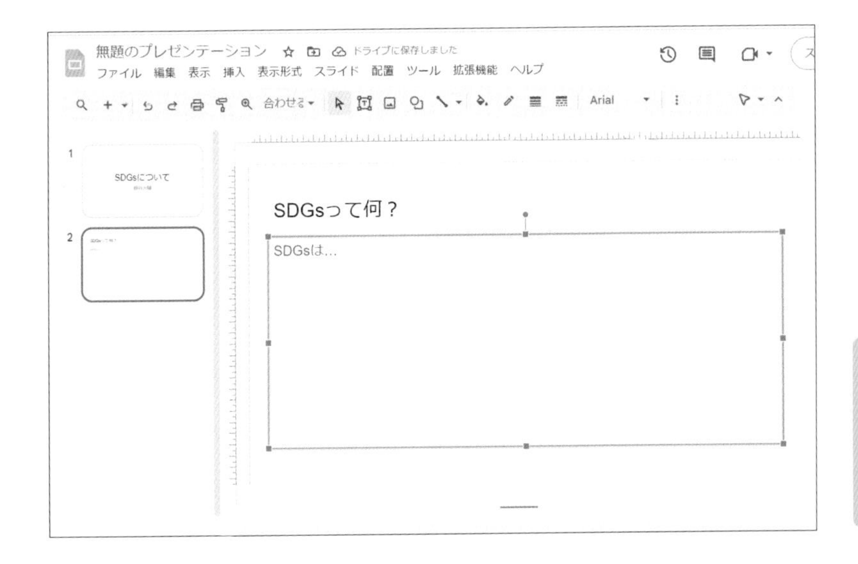

MEMO
2ページ目以降は ページのタイトルと本文が書けるようなレイアウトのスライドが追加されます。

❸ 写真を撮影して追加する

▶ スライドの編集画面が表示されている

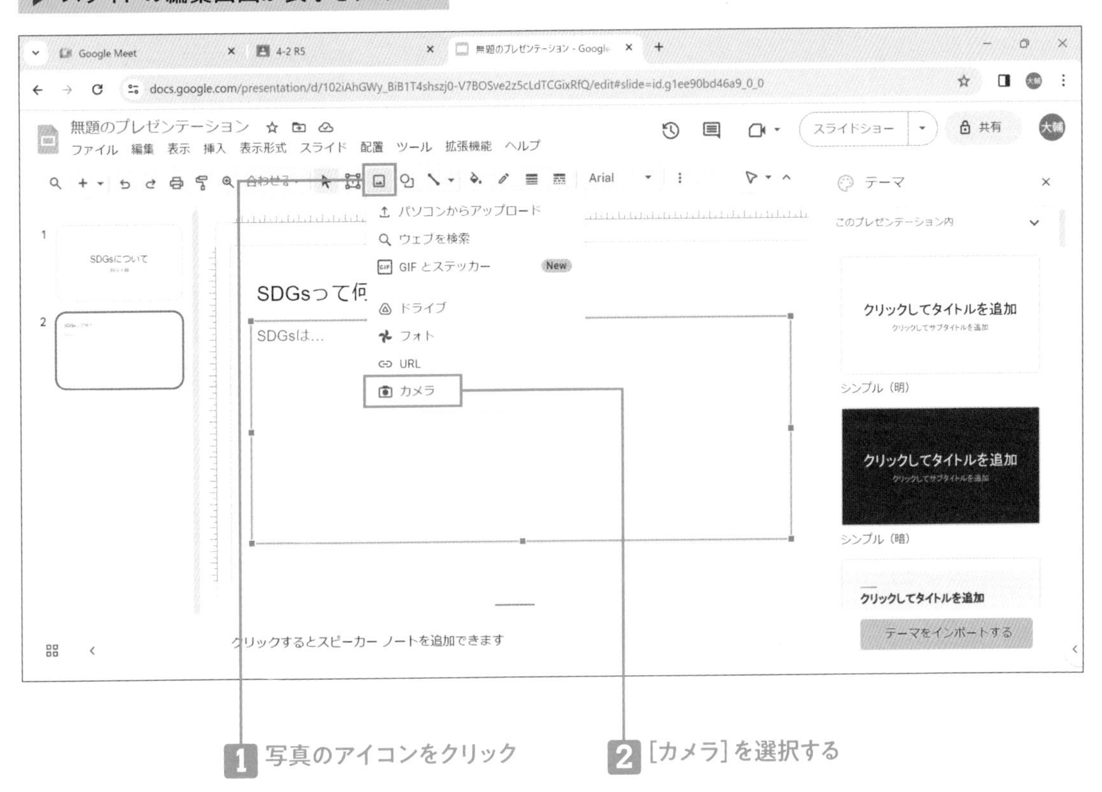

1 写真のアイコンをクリック

2 [カメラ] を選択する

MEMO
写真を撮影して追加するには、上に並んでいるアイコンのうち、写真のアイコンをクリックし、カメラを選びます。

▶ カメラが起動した

3 シャッターボタンをクリック

4 [挿入]をクリック

MEMO

シャッターボタンをクリックすると写真が撮影されます。挿入をクリックすると起動していたスライドに写真が挿入されます。

❹ レイアウトを変更する

▶ レイアウトを変更したいスライドが表示されている

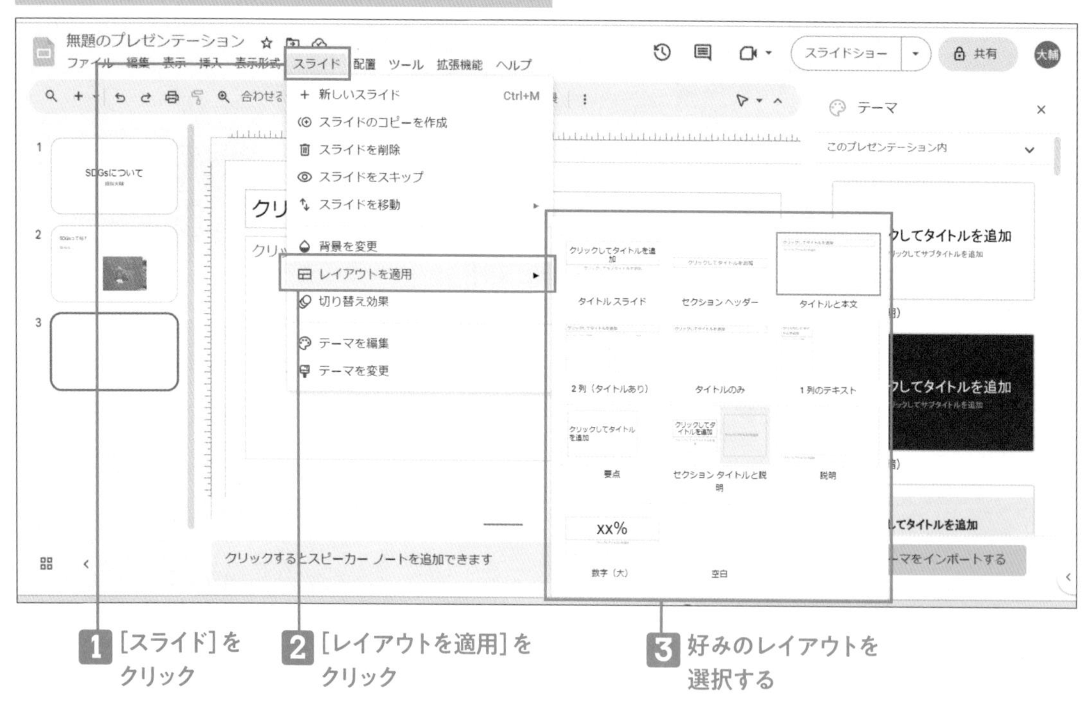

1 [スライド]をクリック

2 [レイアウトを適用]をクリック

3 好みのレイアウトを選択する

児童が作成したプレゼンテーションのスライドショーを行う

❶ スライドショーを開始する

▶ 児童からスライドショーが提出されている

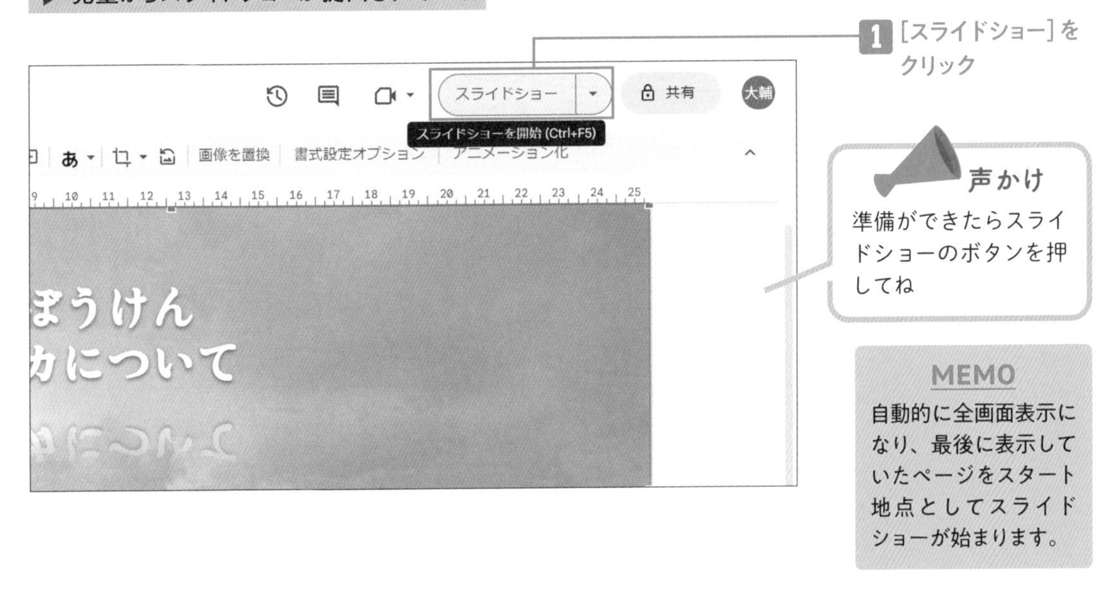

MEMO
自動的に全画面表示になり、最後に表示していたページをスタート地点としてスライドショーが始まります。

最初のスライドからスライドショーを行う

❷ [最初から開始]を選択する

▶ 途中からスライドショーが開始してしまう

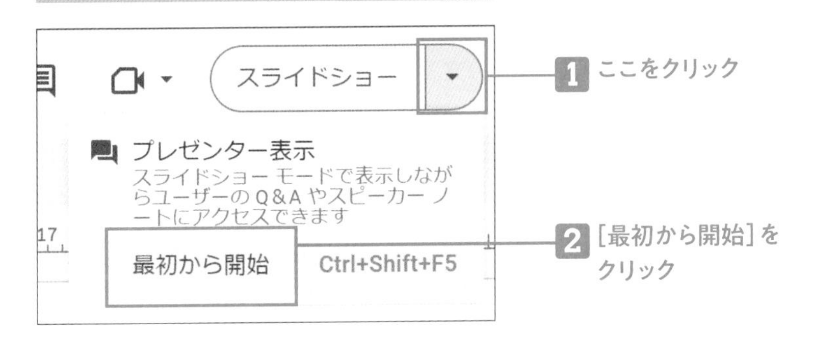

MEMO
スライドは、画像や文章を自由に配置ができることや、リンク、動画の挿入が可能なことから、活用用途が広いアプリケーションです。

POINT

スライドの特徴

スライドはプレゼンテーションの資料を作るためのアプリケーションですが、同じフォーマットのスライドを何枚も複製できるので、個人で情報を蓄積することや、「同じフォーマットを使って複数人で情報をやり取りする」という使い方もできます。
また、設定を変更することでA4縦サイズのスライドも作れるので、出力して掲示物などに利用することも可能です。非常に活用の幅が広いアプリケーションなので、ぜひ活用してみてください。

▶ 動画/解説

アンケートを配信する 回収する/書き出す

Googleフォームは、アンケートを簡単に採ることができるアプリです。簡単な集計も行え、授業中に結果を電子黒板に映すこともできます。また、アンケート結果をスプレッドシートに出力して、並べ替えたり、グラフ化したりして、授業で利用することもできます。

Googleフォームでできること

フォームでは、以下のような質問、答え方を設定することができます。

記述式	短文回答する(名前など)
段落	長文回答する(感想・振り返りなど)
ラジオボタン	一択回答する(学年・組など)
チェックボックス	複数選択回答する(好きな教科など)
プルダウン	一択回答する(項目数が多い場合。出席番号など)
ファイルのアップロード	ファイルを提出する(写真など)
均等目盛	特定の尺度から選択する(満足度や理解度など)
選択式(グリッド)	行と列から回答する(第1希望、第2希望など)
チェックボックス(グリッド)	行と列(複数)から回答する(月~金で都合よい時間など)
日付	カレンダーから日付を選択回答する
時刻	時刻を選択回答する

また、質問だけでは無く途中に画像を入れたり、説明の文章を入れたり、質問が長い場合にはいくつかのセクションに分けたり、回答によって移動するセクションを変えたりもできます。本書では基本的な使い方を扱いますが、セクションについては動画で説明しますのでご覧ください。

「名前を記述式で回答する」という質問を作成する

❶ 質問と答え方を設定する

▶ [無題のフォーム]([質問]画面)が表示されている

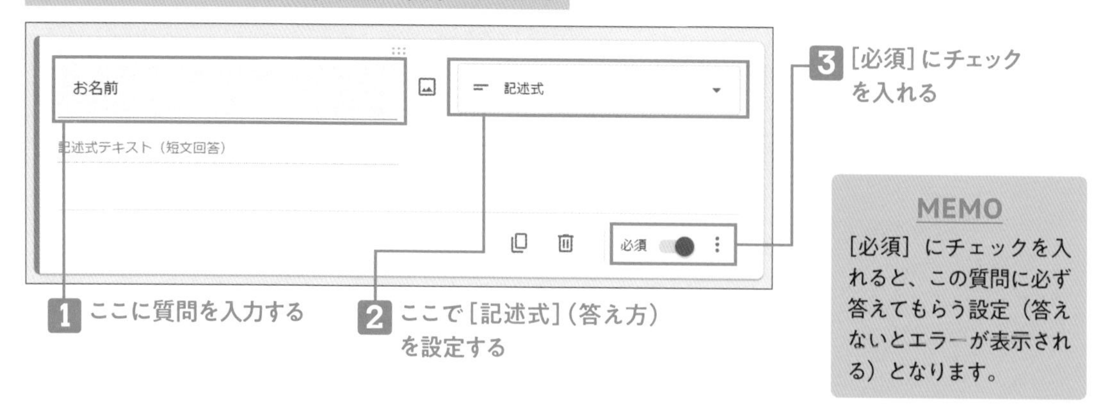

MEMO

[必須]にチェックを入れると、この質問に必ず答えてもらう設定(答えないとエラーが表示される)となります。

❷ 質問を追加して確認する

▶ [質問]画面が表示されている

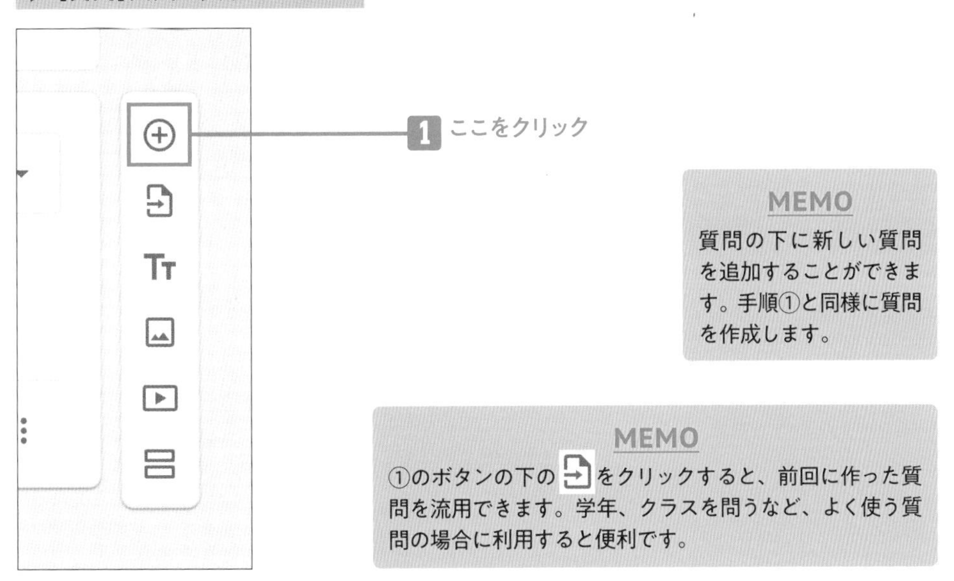

1 ここをクリック

> **MEMO**
> 質問の下に新しい質問を追加することができます。手順①と同様に質問を作成します。

> **MEMO**
> ①のボタンの下の をクリックすると、前回に作った質問を流用できます。学年、クラスを問うなど、よく使う質問の場合に利用すると便利です。

▶ [質問]画面が表示されている

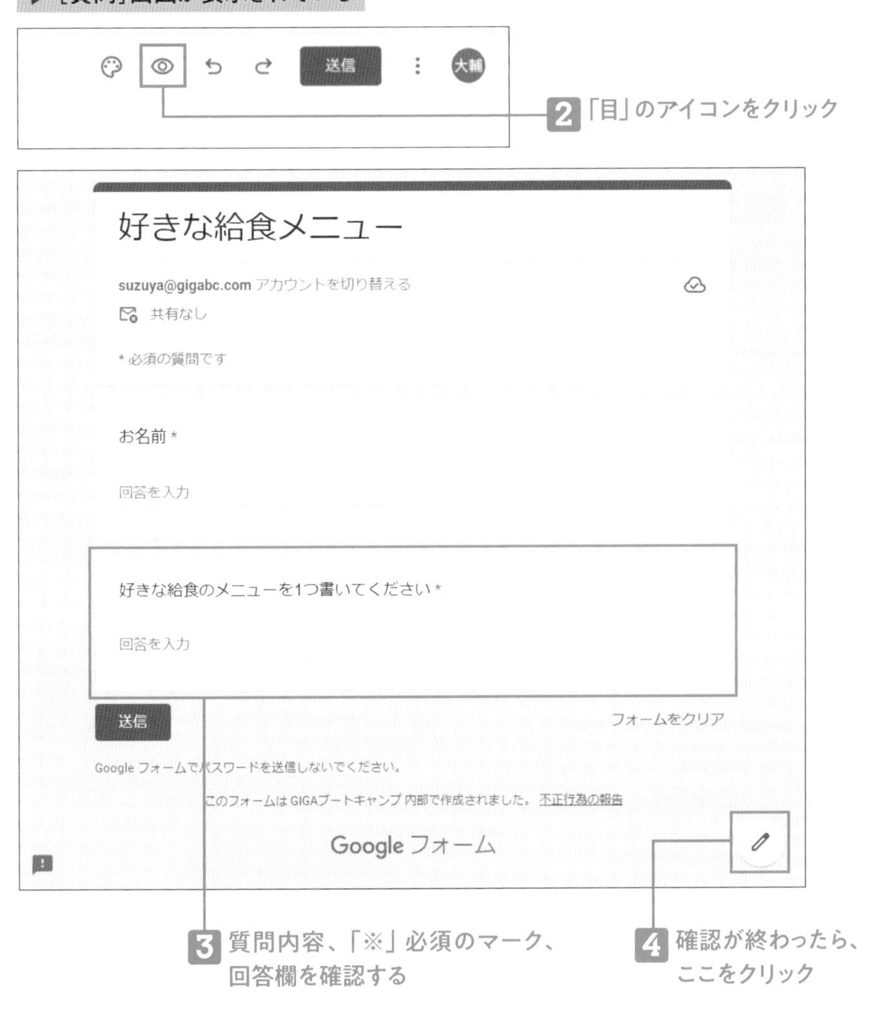

2 「目」のアイコンをクリック

3 質問内容、「※」必須のマーク、回答欄を確認する

4 確認が終わったら、ここをクリック

児童に回答してもらう

❶ 回答用のURLを取得する

▶ [質問]画面が表示されている

1 [送信]をクリック

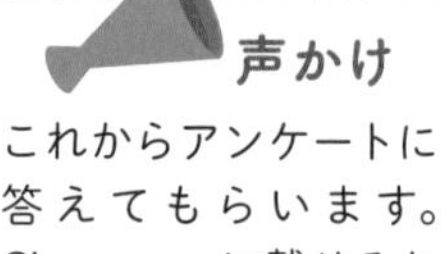

声かけ
これからアンケートに答えてもらいます。Classroomに載せるから見てね

▶ [フォームを送信]画面が表示された

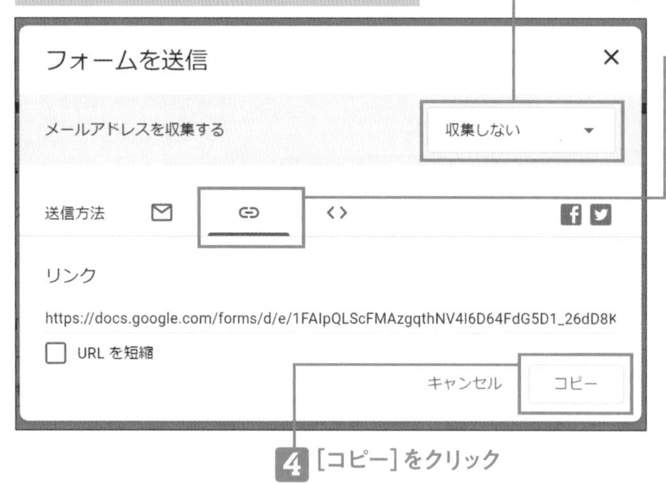

2 [収集しない]を選択する

3 リンクボタンを選択する

4 [コピー]をクリック

MEMO
コピーしたURLをClassroomで配信し、アンケートを実施します。[URLを短縮]にチェックを入れると、アドレスが短くなります。

MEMO
末尾がeditで終わっているURLは編集用のURLなので、誤って送ってしまわないように、注意しましょう。

回答と概要を確認する

❶ [回答]画面から[概要]画面を表示する

▶ [質問]画面が表示されている(「好きな教科」を質問している)

▶ 児童が回答している

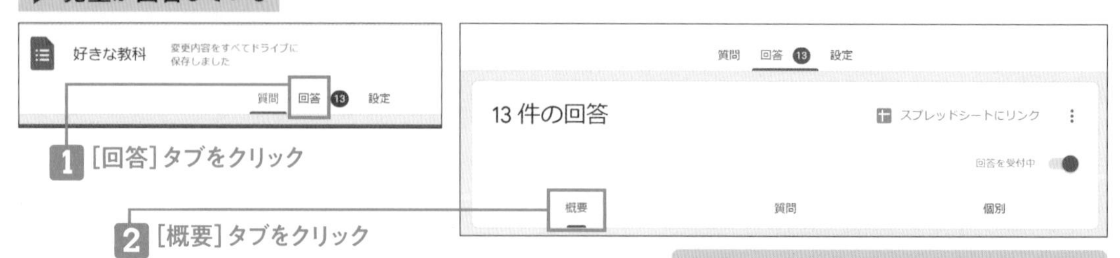

1 [回答]タブをクリック

2 [概要]タブをクリック

MEMO
[概要]はアンケート結果を俯瞰、「質問」は各質問に対する回答を1つずつ確認、「個別」は一人ずつ回答を確認できます。[回答]タブの右側の数字は、回答件数です。

▶ [概要]画面が表示された

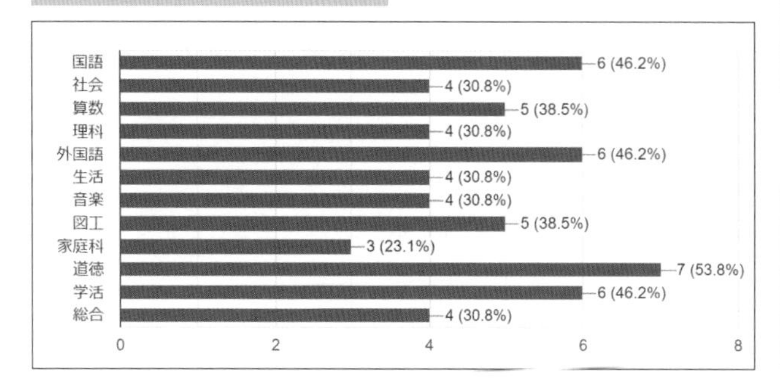

MEMO
グラフが作成されます。簡易的な集計が行われています。

回答結果をスプレッドシートに書き出す

❶ [回答の送信先選択]画面を表示する

▶ [回答]画面が表示されている

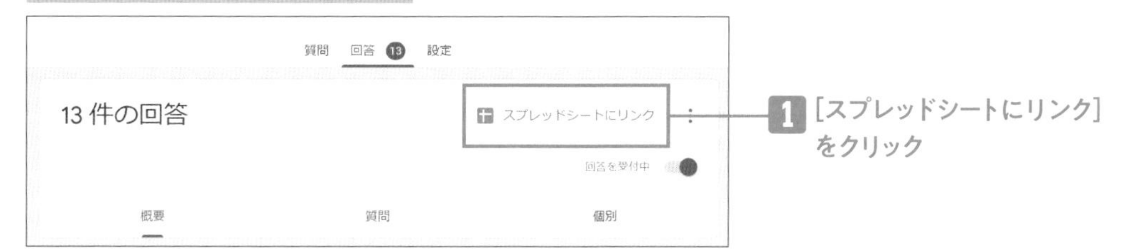

❷ スプレッドシートに書き出す

▶ [回答の送信先選択]画面が表示された

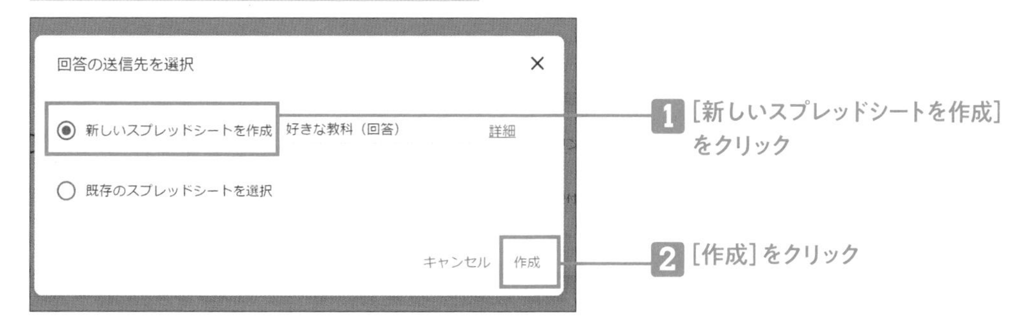

▶ 回答結果のスプレッドシートが作成された

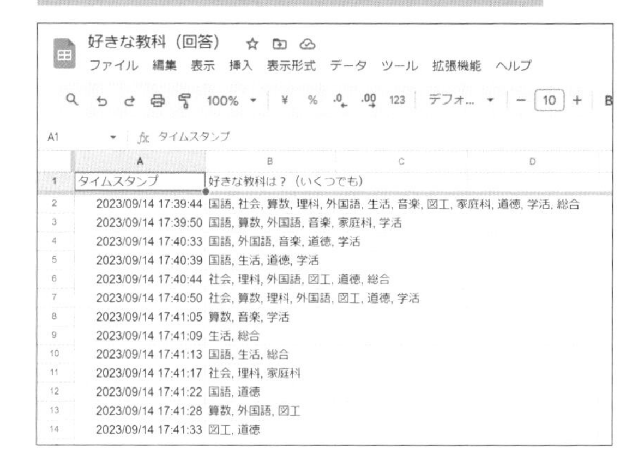

> **MEMO**
> シートには回答した順に1行ずつ回答の内容が追加されていきます。

> **MEMO**
> 回答が集約されたシートを編集する場合は、オリジナルは保管しておき、別にコピーして編集するようにしましょう。

アンケートの回答を停止する

回答タブの［回答を受付中］のチェックをオフにすると、以降の回答はできなくなります。

column

▶ 動画／解説

Chromebookを取り扱うときの『ちょっとしたポイント!』

はじめのうちに正しいChromebookの取り扱い方を習慣づけておくと、故障を防ぎ、運用がスムーズになります。基本的な取り扱い方については、一年生のときから教えるとよいでしょう。

◆持ち方のポイント!「赤ちゃんだっこ」

まず、必ず両手で保持するように指導します。そして、どちらかの手は下から支えるようにします。「赤ちゃんだっこ」という名前と一緒に教えると、「赤ちゃんだっこができてるかな？」と共通のキーワードとして使えるようになるのでお勧めです。

間違っても開いたまま片手で保持して持ち運ぶことがないようにしましょう。これは教師も同様です。

◆充電のポイント!「コネクタの抜き差し」

充電の際にはコネクタの根元をしっかりと持って抜き差しするように指導します。特に抜くときにケーブルをもって引っ張ると、コネクタの受け側の故障の原因になるので注意が必要です。

◆保管のポイント!「手提げ袋」

ぎゅうぎゅうに詰まった机の引き出しには入れないように指導します。
本体に対して荷重がかからず、すぐに使える場所への保管がベストです。机の左右のフックにかけた手提げ袋などがよいでしょう。

◆愛着が持てるポイント!「シール」

貸与されている端末が「自分のもの」だと愛着が持てるようにすると、大事に扱おうとします。児童がよく自分のゲーム機にシールを貼っていますが、弱粘着のシールを天板に貼ったり、壁紙をカスタマイズしたりすることは、自分の端末に愛着を持つための大事なポイントです。

※「赤ちゃんだっこ」は、合同会社かんがえるの五十嵐晶子さんの発案です。

PART 2

Google for Education を
授業で活用

この章では、Google for Education で利用できる主なアプリケーションの授業での活用方法を紹介します。実際の授業での活用事例をもとに解説しているので、すぐに実践することができます。

Google Classroom

友だちと意見交換をする

Google Classroom の「ストリーム」を使って、クラスの友だちと会話をしたり、意見交換をしたりします。グループでの話し合いで発言の苦手な児童も、このような手段で意見交流をすることで、話し合いに参加しやすく、また、声の大きな意見に左右されずにすべての意見をフラットに取り扱えるといった特徴があります。

教科用のClassroomを作成する

❶ ストリームを［生徒にコメントのみを許可］の設定に変更する

▶ Classroomが起動している　▶ 右上の（歯車のマーク）からの設定を開いている

保存

招待コード

招待コードを管理する　オン
設定は招待リンクとクラスコードの両方に適用されます

招待リンク　https://classroom.google.com/c/NjE3OTYwNTM2MDU5?cjc=3gm27hq

クラスコード　3gm27hq

クラスビュー　クラスコードを表示

ストリーム　生徒にコメントのみを許可

ストリームでの授業　要約した通知を表示

削除された投稿やコメントを表示
削除されたファイルは教師だけが閲覧できます。

Meet のリンクを管理

Classroom で生成された Meet のリンク
Classroom で生成された Meet のリンクには、セキュリティ機能が追加されています。詳細

https://meet.google.com/ifr-kiha-ctv

1 この設定を［生徒にコメントのみを許可］に変更する

2 ［保存］をクリック

MEMO

ストリームで話し合いをする際には、全体の連絡、共有すべきことなどが埋もれてしまうことが考えられるので、教科ごとのClassroom を作成することをお勧めします。

教師が話し合いの題を投稿し、児童が考えを投稿する

❶ 教師がストリームにこれから話し合いをする題を書き込む

▶［生徒にコメントのみを許可］が設定された。ストリームの画面が表示された

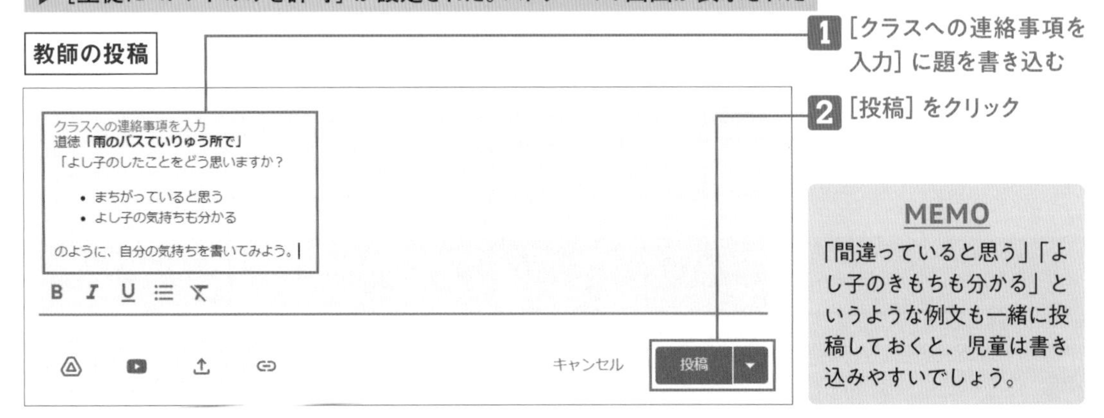

1 ［クラスへの連絡事項を入力］に題を書き込む

2 ［投稿］をクリック

MEMO

「間違っていると思う」「よし子のきもちも分かる」というような例文も一緒に投稿しておくと、児童は書き込みやすいでしょう。

❷ 児童がストリームに自分の考えを書き込む

▶ 該当Classroomのストリームが表示された

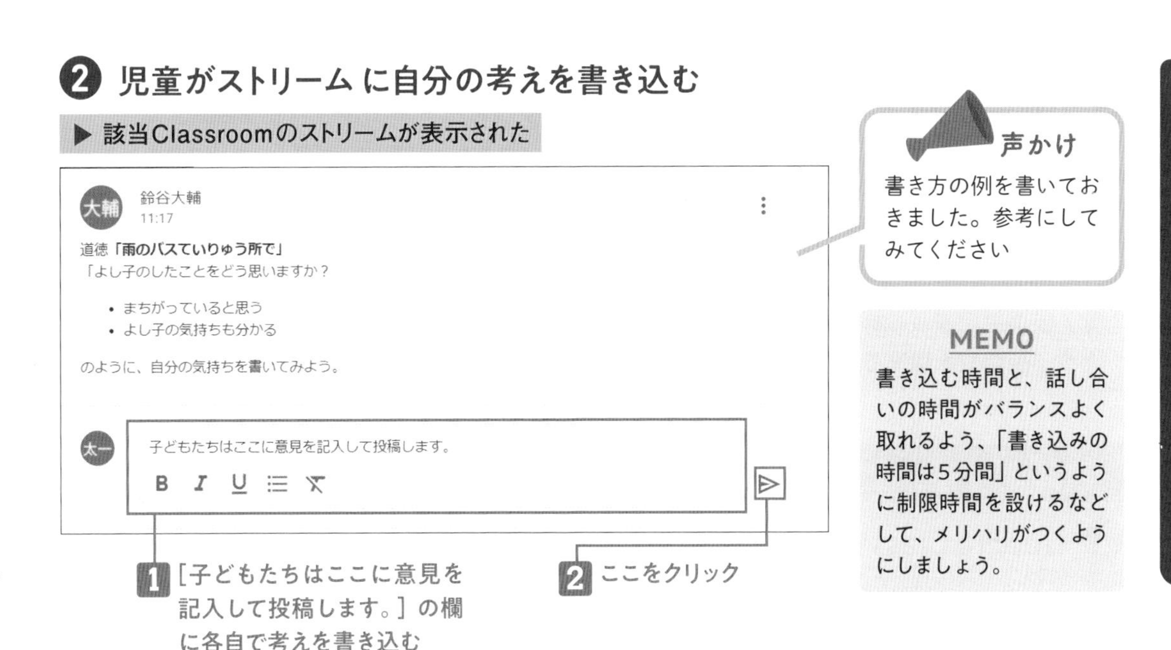

MEMO

書き込む時間と、話し合いの時間がバランスよく取れるよう、「書き込みの時間は5分間」というように制限時間を設けるなどして、メリハリがつくようにしましょう。

ストリームから意見を拾ってクラス全体に投げかける

❶ ストリームを見て、全体で考えたり、さらに詳しく聞いたりする

▶ 児童の考えが投稿された

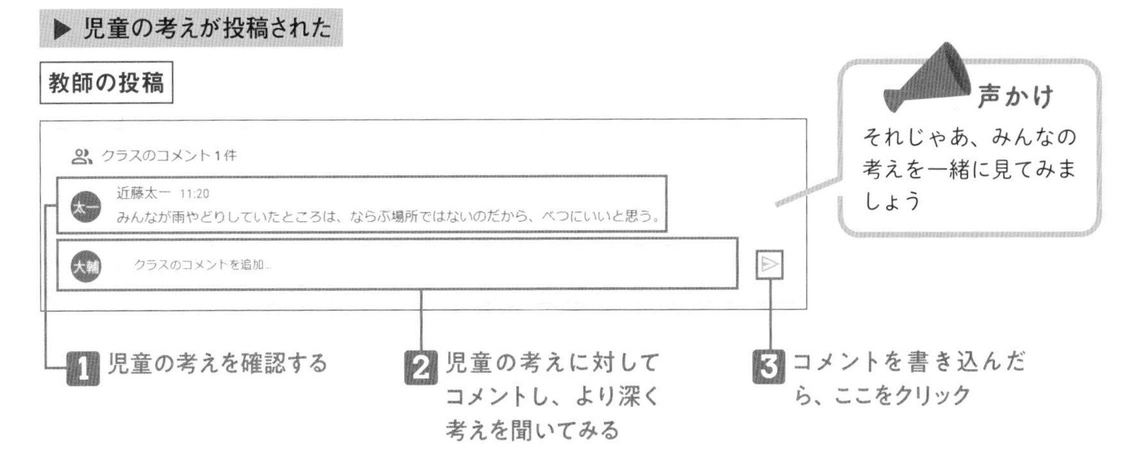

POINT

うまくいくまで根気よく挑戦しよう

ストリームを使う授業では、掲示板を利用する授業へのワクワク感から、児童たちがついいろいろと書き込んでしまい、なかなか授業がスムーズに進まない場合があります。
教師はそうした傾向を理解しておいて、失敗したと思わずに、都度、指導するように心がけましょう。
こうしたClassroom を利用した話し合いがクラスで成立するようになると、他のアプリケーションの利用もスムーズに行えるようになります。

Google Meet

教師の画面をみんなで共有する

Google Meet の画面共有の仕組みを使って、児童のタブレットに説明したいことを表示します。大型モニターが普及してきましたが、後ろの席の児童までしっかり見える大きさでないことや、照明や太陽光で見づらい児童に対しての支援になります。

教師がマイクオフの状態でClassroomからMeetに参加する

❶ Google Classroomを開き、Meetの参加画面を開く

▶ Classroomが起動している

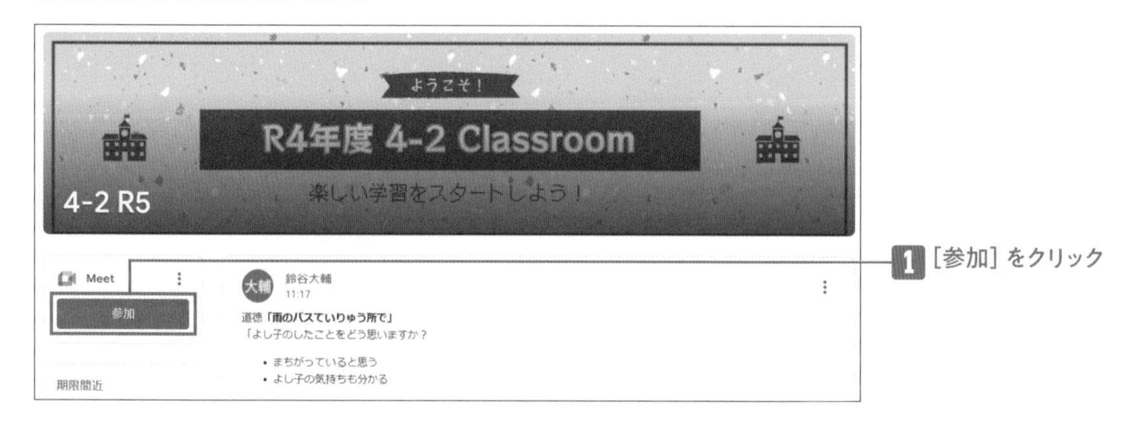

❷ Meetの参加画面でマイクをオフにして参加する

▶ Meetの参加画面が表示されている

▶ カメラの前に映したいものを用意する

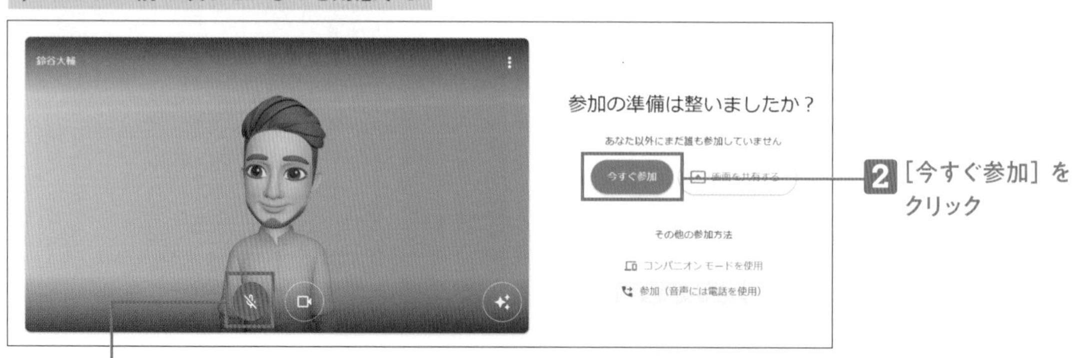

1 マイクがオフになっていることを確認する

MEMO

ノートPCのカメラでは映しづらい場合は、教師のスマートフォンでMeetに参加すると見せやすくなります。その場合は、管理職の許可が必要です。または、実物投影機をUSBケーブルでつなぐと、実物投影機がカメラの代わりになるものもあるので、試してみましょう。

児童がClassroomからMeetに参加する

❶ Classroomを開き、Meetの参加画面を開く

▶ Classroomが起動している

児童側の画面

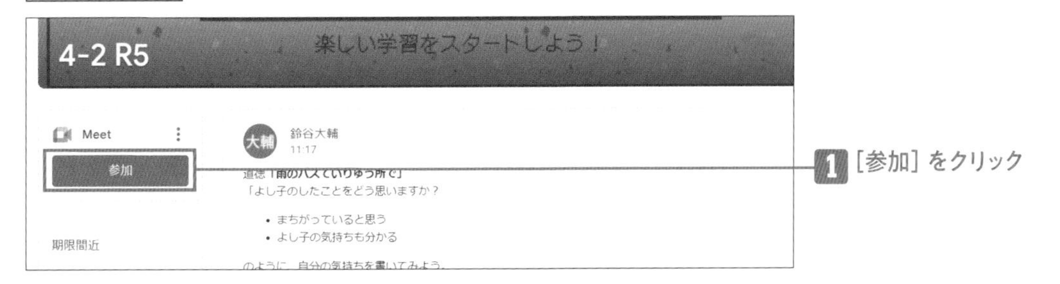

❷ カメラとマイクをオフの状態で参加する

▶ Meetの参加画面が表示されている

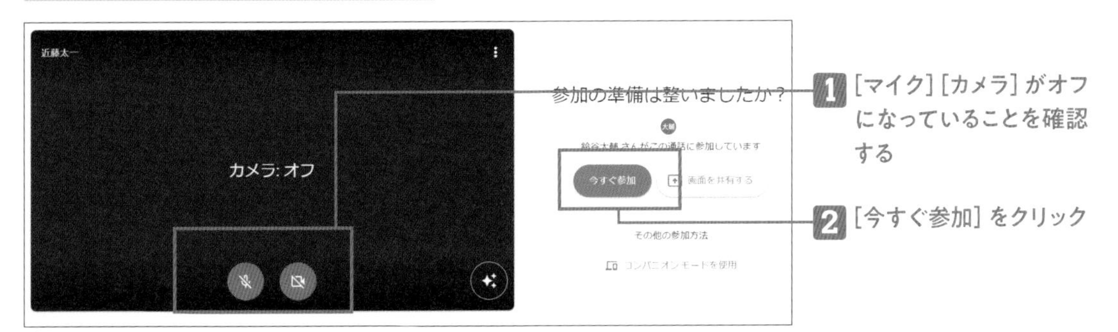

▶ 教師の画面が大きく表示された

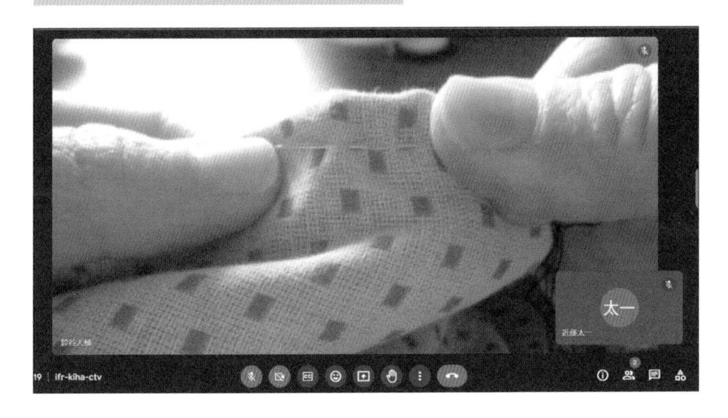

MEMO

マイクをONにしたまま入ってしまうと、音を拾ってどんどん増幅させるハウリングが発生することがあります。Meetを使うときは、はじめに「マイクはオフ」を徹底して説明しておくとよいでしょう。

POINT

児童がより見やすくなる

この活用法のいいところは、児童の画面で大きく映り、よく見えることです。ノートやものさし、分度器、温度計の使い方、はかりの目盛りの読み方、玉結び、なみ縫い、半返し縫い、ボタン付け、リコーダーの運指など、なんでも児童に見せることができます。

Google Meet

児童がグループごとに話し合う

Google Meet を活用して、グループでの話し合いを行います。オンラインでの話し合い活動の経験は、情報化社会の必須スキルです。また、教室内でグループを作って話し合う場合、机を大きく動かすことなく話し合い活動を開始できるので、時間の節約にもなります。

一覧表のドキュメントを作成する

❶ Googleドライブからドキュメントを開く

▶ Google Chromeが表示されている

▶ ドライブの画面が表示された

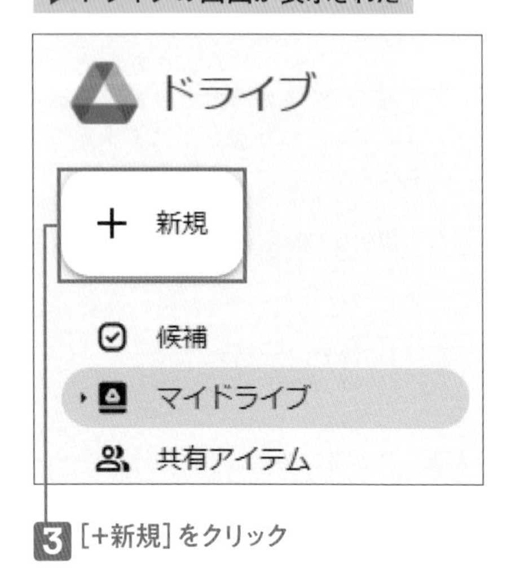

3 [+新規] をクリック

4 [Googleドキュメント] をクリックしてドキュメントが表示された

グループごとのMeetのURLを作成してドキュメントにまとめる

❶ MeetのURLを作成する

▶ Meetの「次回以降の会議を作成」まで行っている

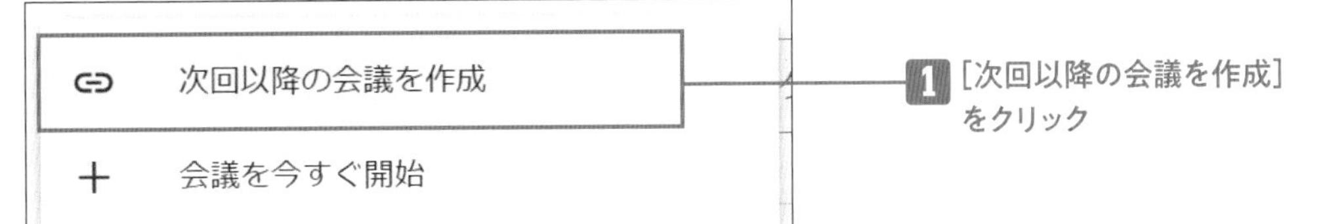

1 [次回以降の会議を作成]をクリック

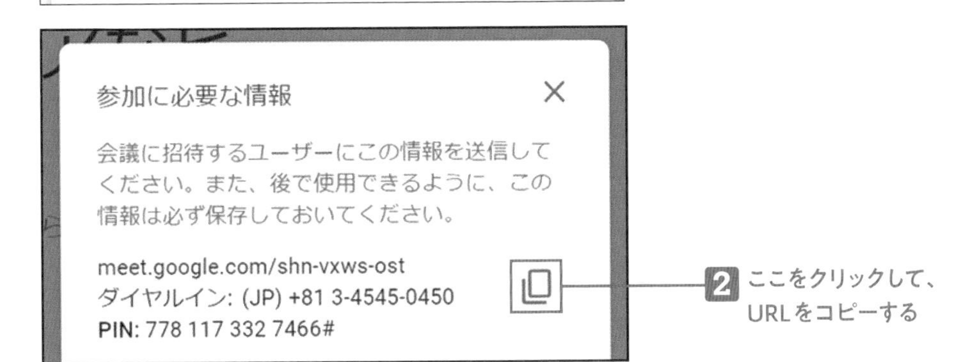

2 ここをクリックして、URLをコピーする

❷ ドキュメントからMeetの[新しい会議]が起動するようにする

▶ ドキュメントのタブが表示されている

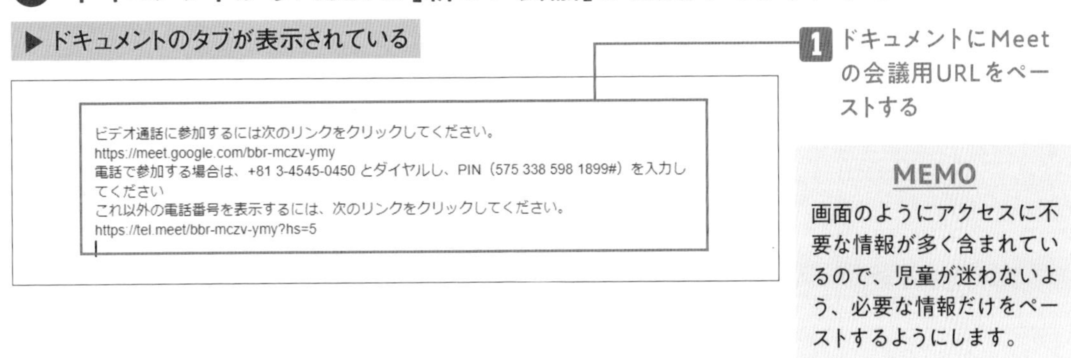

1 ドキュメントにMeetの会議用URLをペーストする

MEMO
画面のようにアクセスに不要な情報が多く含まれているので、児童が迷わないよう、必要な情報だけをペーストするようにします。

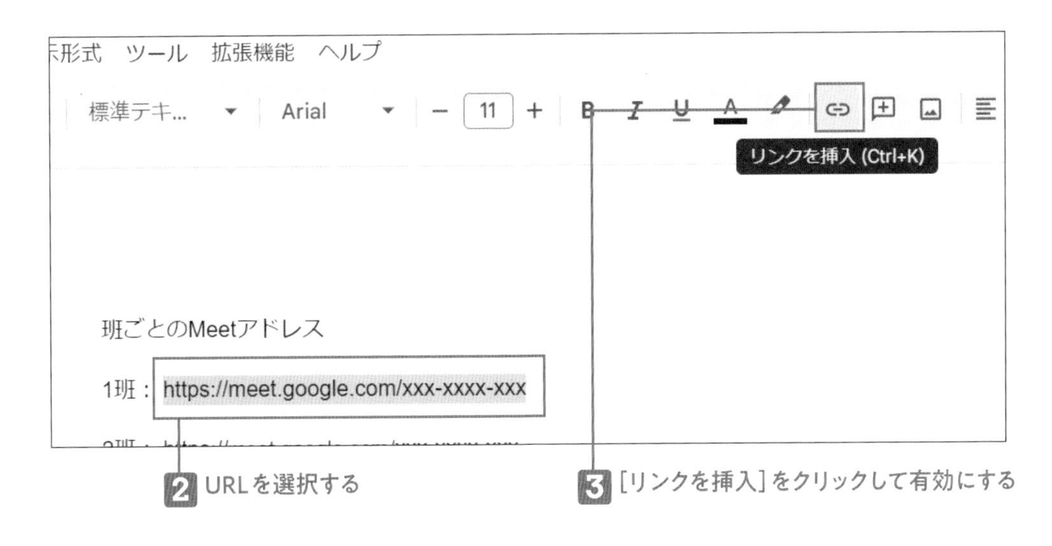

2 URLを選択する

3 [リンクを挿入]をクリックして有効にする

全教科

❸ ドキュメントで班ごとのMeetのURLを管理する

▶ URL（青色文字）をクリックするとMeetの会議が起動するようになった

1班： https://meet.google.com/xxx-xxxx-xxx

2班： https://meet.google.com/xxx-xxxx-xxx

3班：https://meet.google.com/xxx-xxxx-xxx

1 班の数だけMeetのURLを設定、管理する

MEMO
作成したドキュメントはドライブに保存されます。「班ごとのMeetのURL」など、わかりやすいタイトルにしておきましょう。

Classroomに「資料」として掲出しておく

❶ Classroomを開く

▶ Classroom が起動している

▶ [資料]画面が表示されている

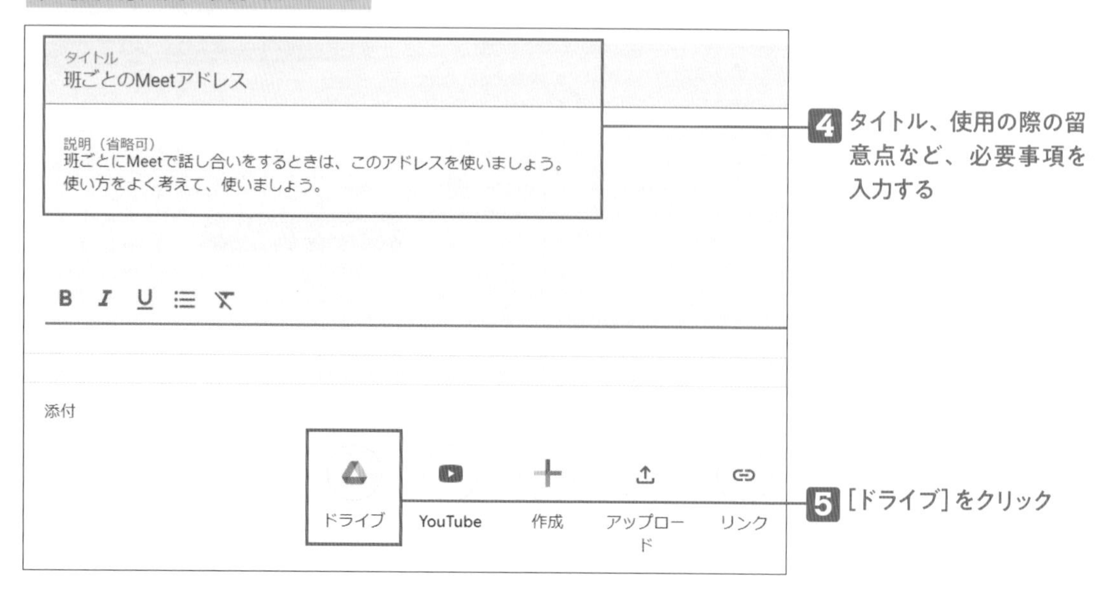

▶［Googleドライブを使用したファイルの挿入］画面が表示された

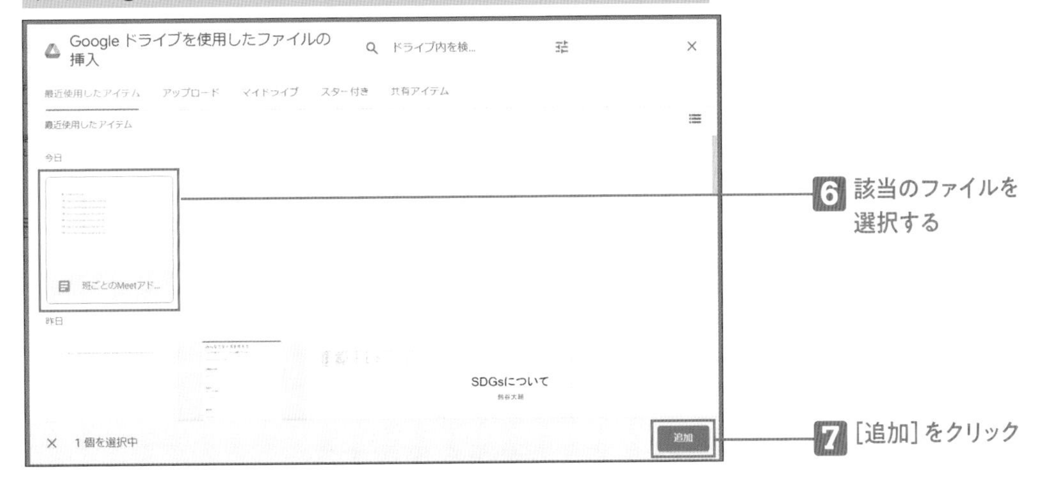

6 該当のファイルを選択する

7 ［追加］をクリック

班ごとにMeetに入って話し合う

❶ 自分たちの班のURLからMeetに参加する

▶ 掲出されたドキュメントの資料が表示されている

児童側の画面

1 自分の班のMeetのURLをクリックするとMeetの画面が表示される

MEMO

教室で複数のMeetが開かれる場合は、ハウリングを防止するため、イヤホンマイクを使用するとよいでしょう。

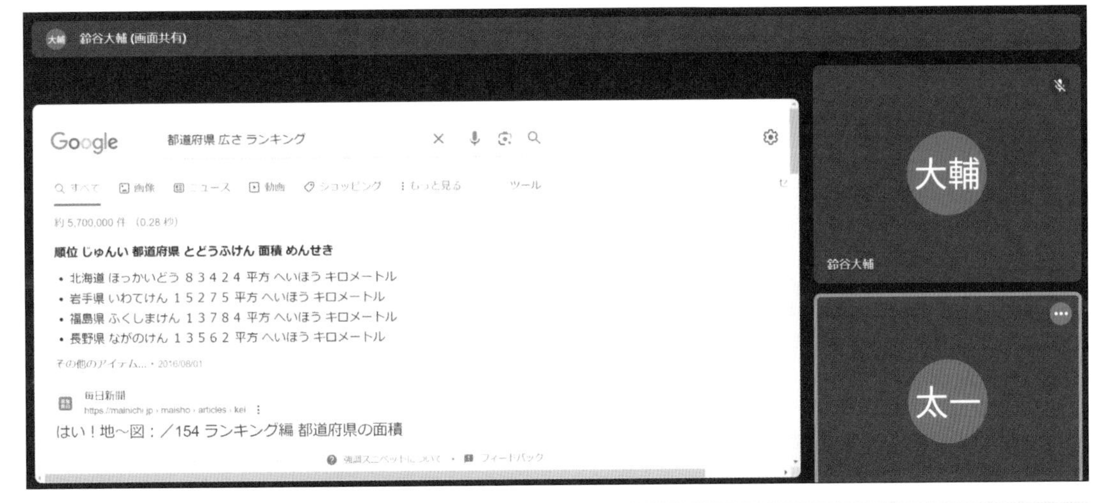

POINT

Meet使用でのトラブルを未然に防ぐ

Classroom で発行された以外の Meet の URL は、自由に使うことができてしまいます。トラブルを防止するために、児童には使い方に関するレクチャーが必要です。最初は授業時間での利用に限定し、様子を見ながら使用の幅を広げるようにしましょう。

Googleドキュメント

作文の課題を出して提出、添削を行う

児童がタイピングに慣れてきたら、Google Classroom からドキュメントで作文を書くような課題を出してみましょう。①教師が課題を出す、②児童が課題を作成して提出する、③教師が添削して児童に返却する、という流れになります。添付する課題には「権限」の設定を行います。

Googleドキュメントを添付した課題を出す

❶ Classroomからドキュメントを開き、課題を作成する

▶ Classroomの［課題］画面が表示されている

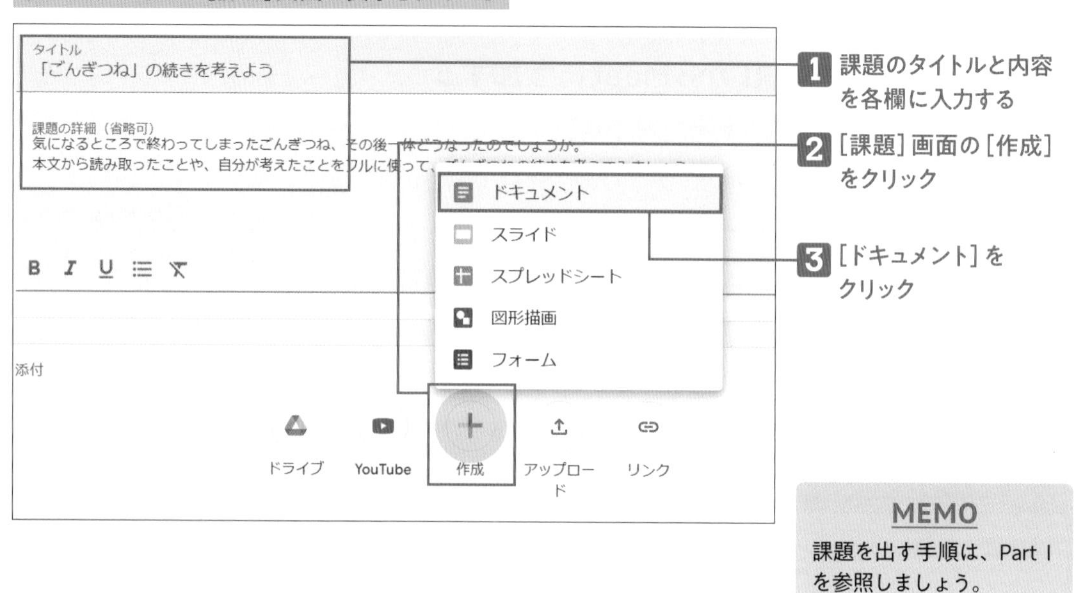

1 課題のタイトルと内容を各欄に入力する

2 ［課題］画面の［作成］をクリック

3 ［ドキュメント］をクリック

MEMO
課題を出す手順は、Part 1を参照しましょう。

▶ 無題のドキュメント］が表示された

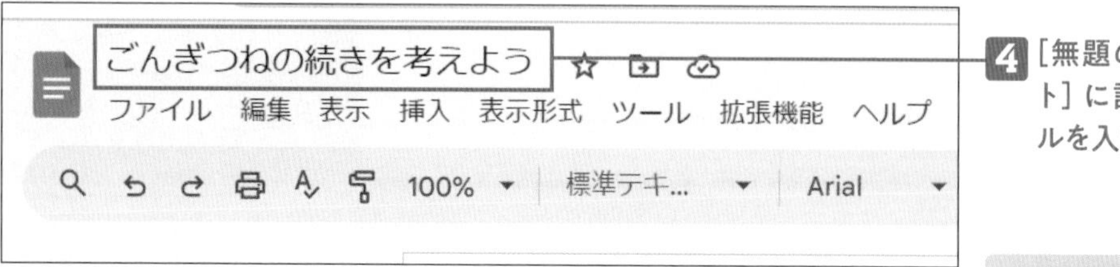

4 ［無題のドキュメント］に課題のタイトルを入力する

MEMO
課題のタイトルを入力したら、一度、Classroomの［課題］画面に戻りましょう。

❷ 教師が児童に課題を出す

▶ Classroomの[課題]画面が表示されている

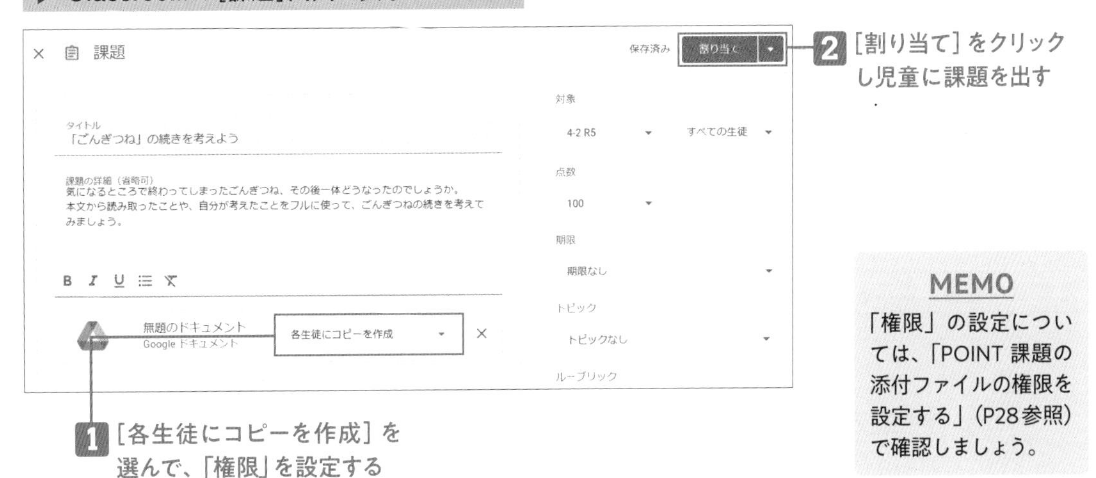

MEMO
「権限」の設定については、「POINT 課題の添付ファイルの権限を設定する」(P28参照)で確認しましょう。

児童が教師に課題を提出する

❶ 作文を書き終えたら、[提出]を押す

▶ ドキュメントで課題が表示されている

児童側の画面

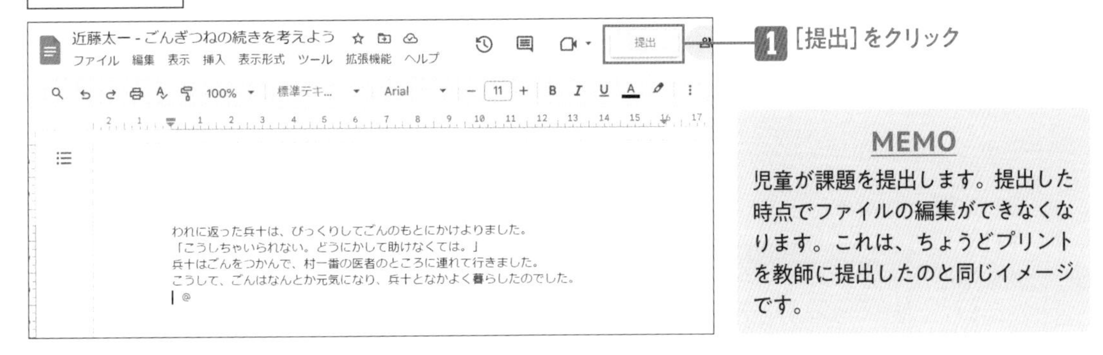

MEMO
児童が課題を提出します。提出した時点でファイルの編集ができなくなります。これは、ちょうどプリントを教師に提出したのと同じイメージです。

教師が作文を添削する

❶ 提案モードで「こう直したらどうか」と提案する

▶ 児童から提出された課題が表示されている

教師側の画面

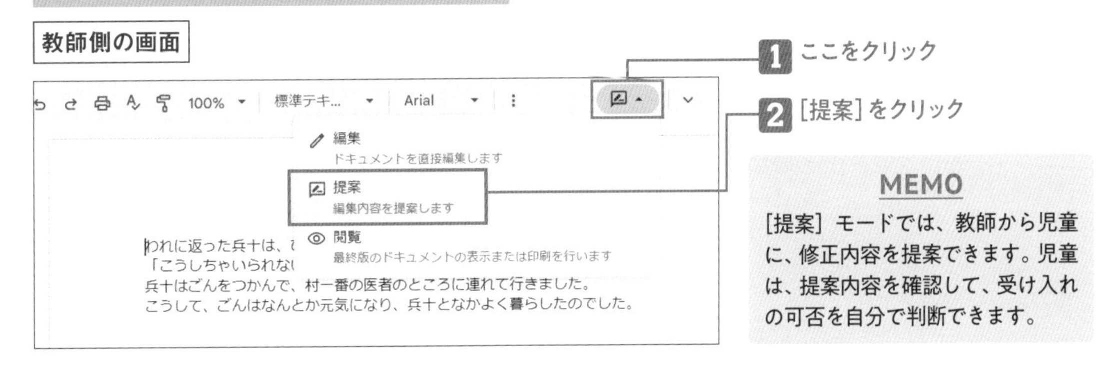

MEMO
[提案]モードでは、教師から児童に、修正内容を提案できます。児童は、提案内容を確認して、受け入れの可否を自分で判断できます。

教師からの提案

われに返った兵十は、びっくりしてごんのもとにか
「こうしちゃいられない。どうにかして助けなくて
兵十はごんをかかえて~~つかんで~~、村一番の医者のと
こうして、ごんはなんとか元気になり、兵十となか

児童側の画面に表示される提案内容

鈴谷大輔
16:13 今日

置換: 「つかんで」を「かかえて」に

> **MEMO**
> 操作は、通常通りの編集操作で、提案内容がわかりやすく表示されます。

❷ 文章にコメントを残す

▶ 課題が[提案]モードで表示されている

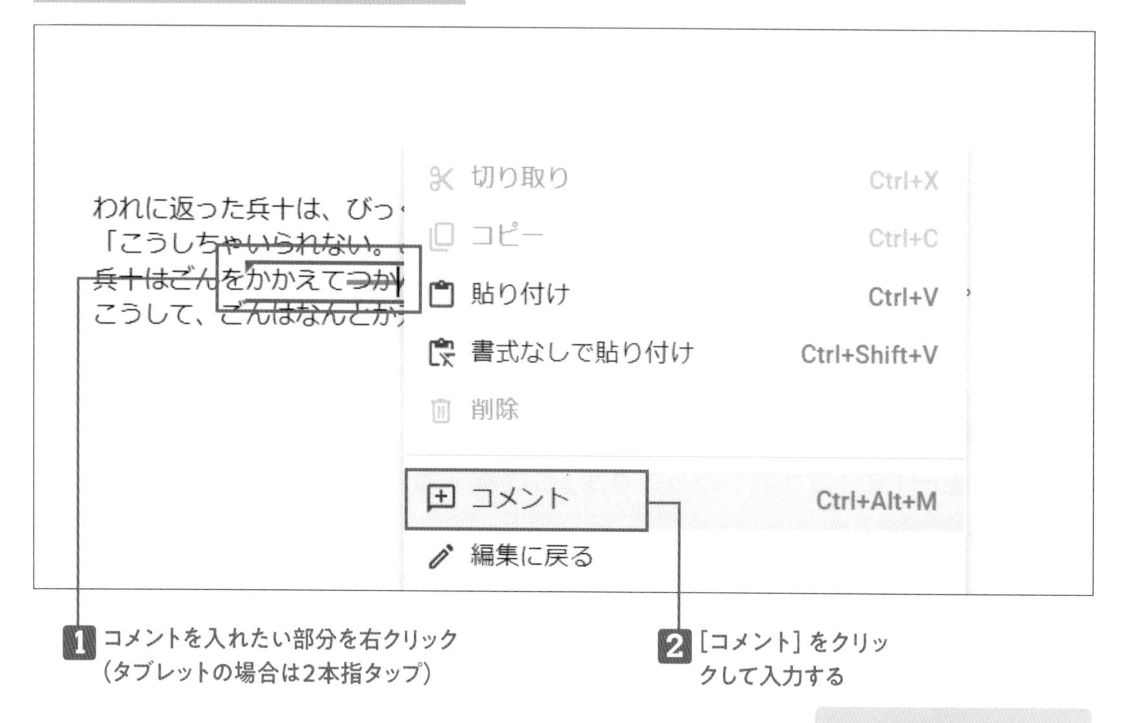

> **MEMO**
> 明らかな誤字脱字は、ドキュメントの機能で知らせてくれるので、こちら側の負担は多少減ります。

▶ 入力したコメントが表示された

鈴谷大輔
16:15 今日

「つかんで」だと、ごんを大切に
あつかっていないように感じられ
るので、「かかえて」に変えるの
をおすすめします。

❸ 点数をつけて添削結果を返却する

▶ 添削をした課題が表示されている

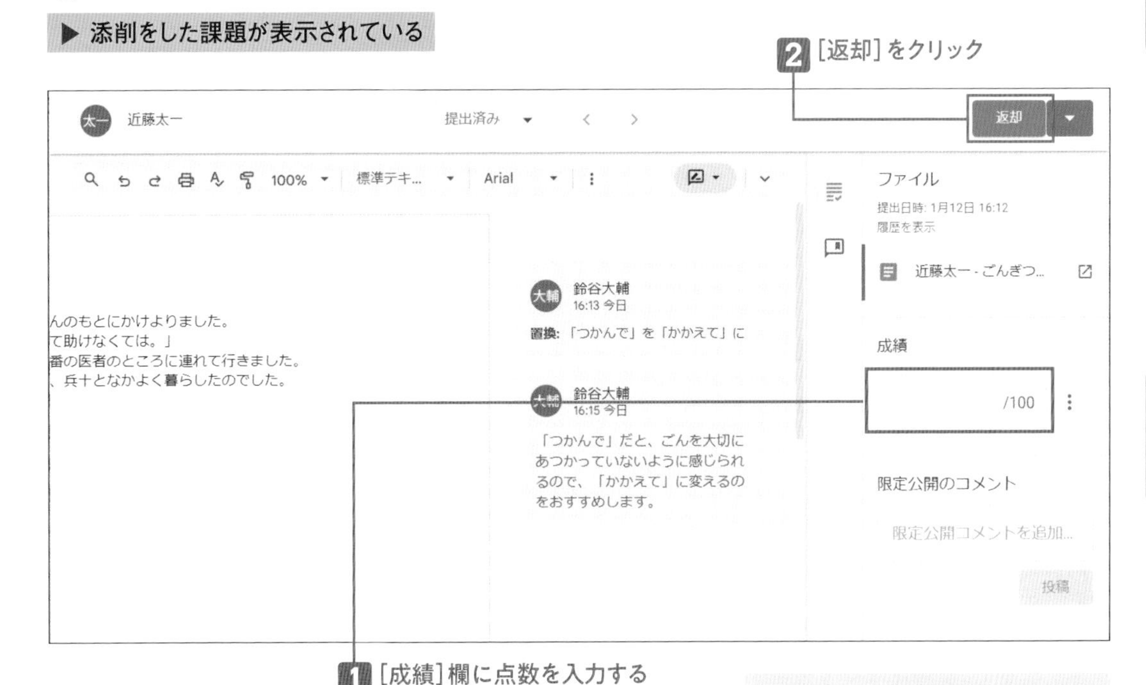

MEMO

点数を入力して返却すると、児童に点数が通知されます。児童は、点数に納得できない場合、課題を再度編集して提出し直すこともできます。

POINT

課題にスムーズに取り組ませるには

作文が苦手な児童が多い、または指導内容を明確化したい場合は、配布する課題に、見通しが立つような補助発問を入れておくとよいでしょう。(はじめ)(なか)(おわり)といったキーワードや、どんな内容を書くのかについて簡単に入力してあると、児童の助けになります。
このような取り組みを続けることで、タイピングを身につけたいと自発的に思ってくれる児童も増えます。

Google ドキュメント

文章を作成し、お互いに感想を残す

ここでは、読書感想文を読み合おうという課題で、Google ドキュメントに文章を書き、友だち同士でお互いの文章にコメントすることで、よりよい文章を作成していくという活動をします。

Google Classroomから児童に課題を出して共有する

❶ ドキュメントで課題を作成して出す

▶ Classroomの［課題］画面が表示されている

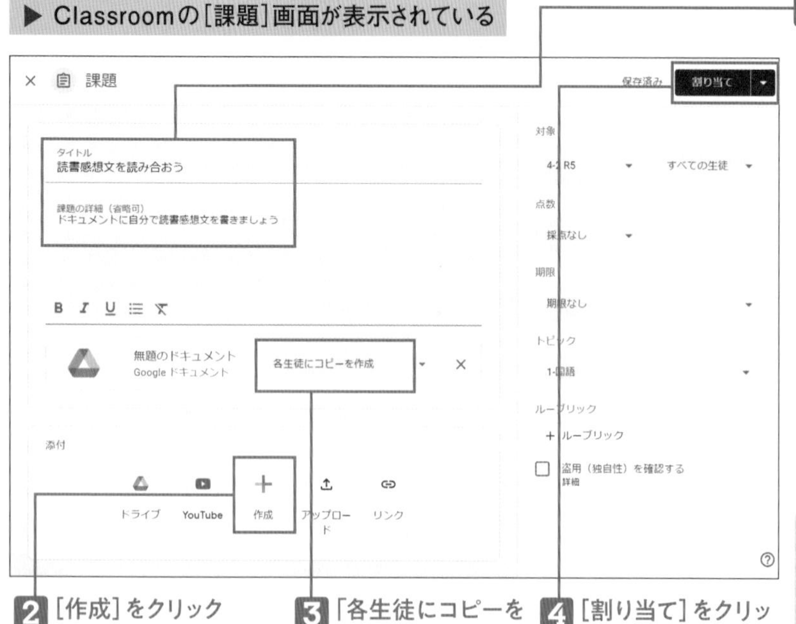

1 ［タイトル］と［課題の詳細］を入力する

2 ［作成］をクリック

3 「各生徒にコピーを作成」を選択する

4 ［割り当て］をクリックして課題（ドキュメント）を出す

MEMO
課題を出す手順は、Part1の「ファイルを添付して課題を出す」を参照しましょう。

❷ 児童が出された課題に読書感想文を書く

▶ ドキュメントが表示されている

児童側の画面

1 ドキュメントに読書感想文を書く

私は「スイミー」という本を読みました。この物語は、レオレオ二さんが書いた絵本です。スイミーは小さな黒い魚で、彼の家族は大きな魚に食べられてしまった後、一人で生きることになりました。そんなスイミーの冒険を通して、私はたくさんのことを考えさせられました。

最初の方、スイミーが家族を失った時の気持ちと、私の気持ちがとても重なって見えました。私も去年、大切なペットのウサギを亡くしました。ウサギというのは私にとって、家族のような存在でした。だから、スイミーが家族を失ったときの悲しみをとても理解できました。

声かけ
提出ボタンを押してしまった人は、手を挙げてくださいね

MEMO
この後、文章を直す工程があるので、提出はさせません。提出ボタンを押してしまった児童がいたら、提出を取り消してあげましょう。

❸ 作成した読書感想文が保存されるフォルダを共有する

▶ Classroomの[ストリーム]画面が表示されている

教師側の画面

1 ここをクリック

▶ Googleドライブにある、Classroomのフォルダが表示された

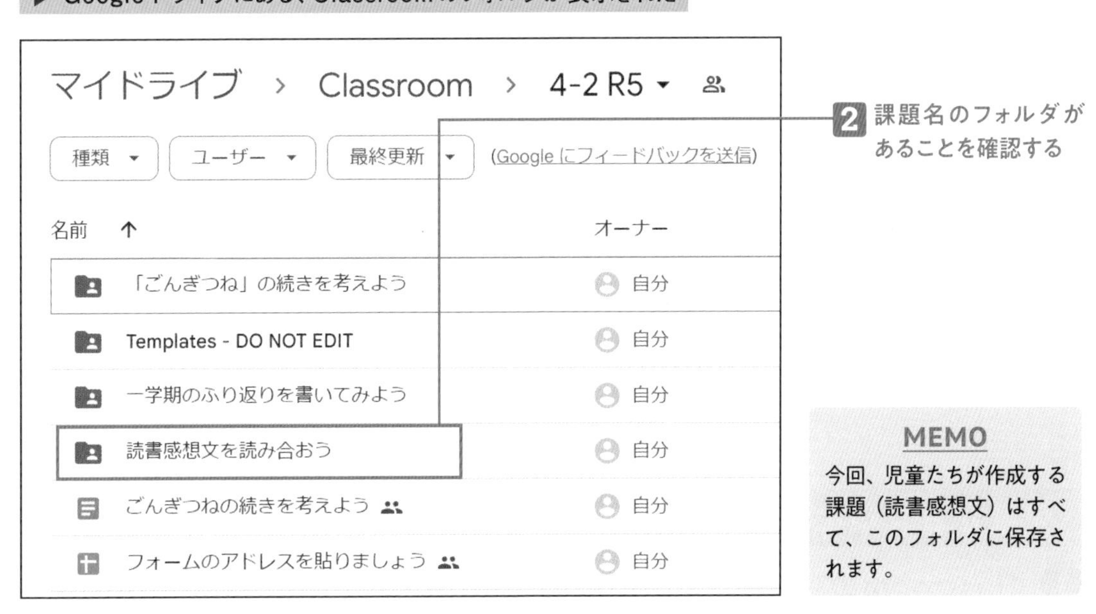

2 課題名のフォルダがあることを確認する

MEMO
今回、児童たちが作成する課題（読書感想文）はすべて、このフォルダに保存されます。

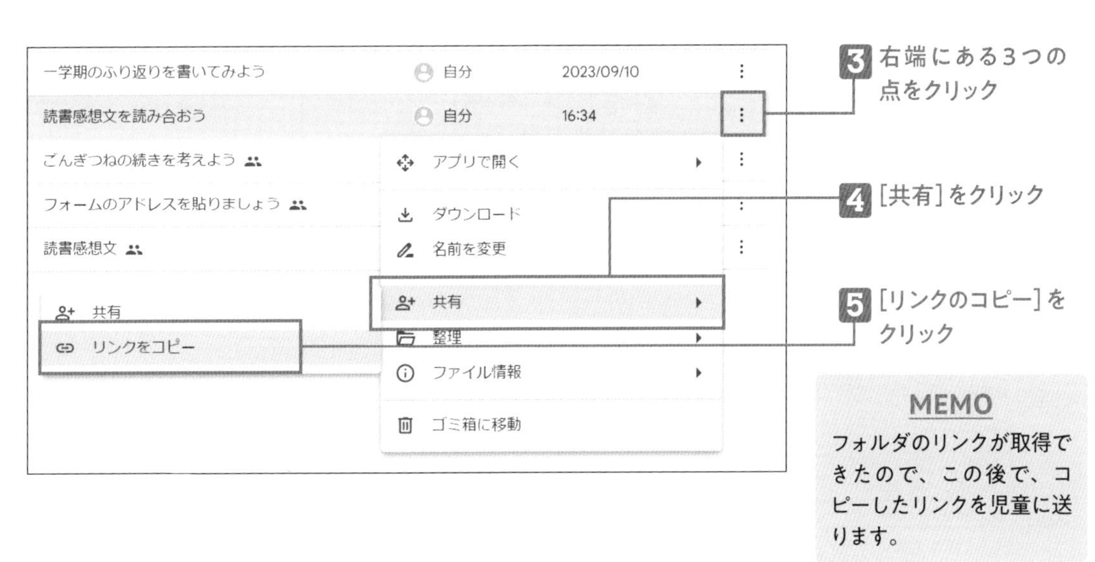

3 右端にある3つの点をクリック

4 [共有]をクリック

5 [リンクのコピー]をクリック

MEMO
フォルダのリンクが取得できたので、この後で、コピーしたリンクを児童に送ります。

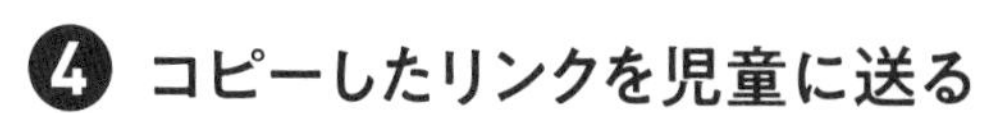

❹ コピーしたリンクを児童に送る

▶ Classroomの[課題]画面が表示されている

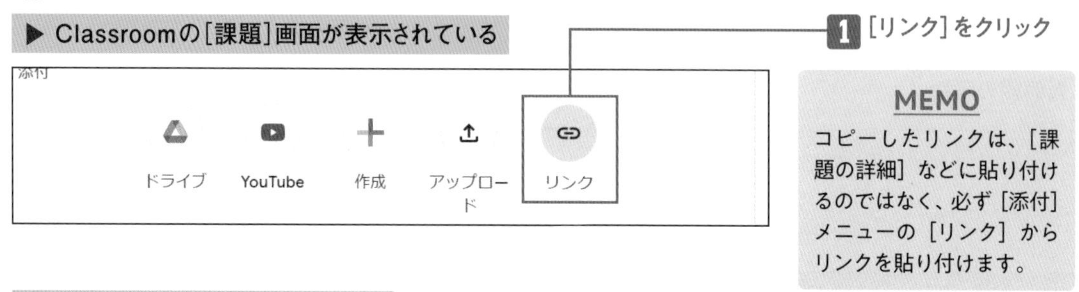

1 [リンク]をクリック

MEMO
コピーしたリンクは、[課題の詳細]などに貼り付けるのではなく、必ず[添付]メニューの[リンク]からリンクを貼り付けます。

▶ [リンクを追加]画面が表示された

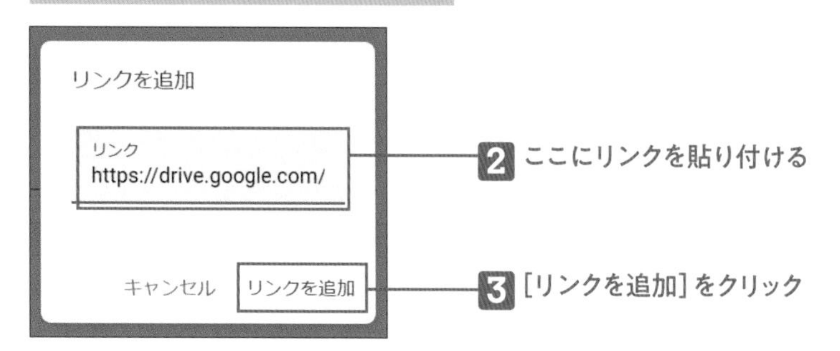

2 ここにリンクを貼り付ける

3 [リンクを追加]をクリック

▶ [課題]画面が表示された

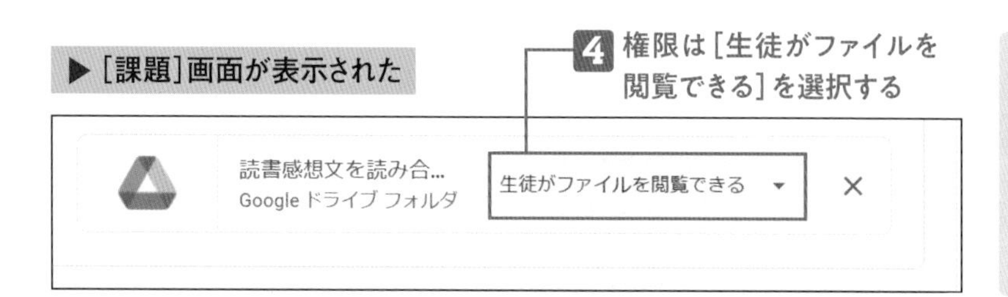

4 権限は[生徒がファイルを閲覧できる]を選択する

MEMO
Googleドライブ内の保存フォルダを児童たちで共有できたので、児童がお互いに文章を見られる状態になりました。

児童がお互いにコメントできるようにする

❶ Classroomの課題名フォルダを[閲覧者(コメント可)]の設定にする

▶ Googleドライブにある、Classroomのフォルダが表示されている

1 右にある3つの点をクリック

2 [共有]をクリック

3 [共有]をクリック

▶ [「読書感想文を読み合おう」を共有] 画面が表示された

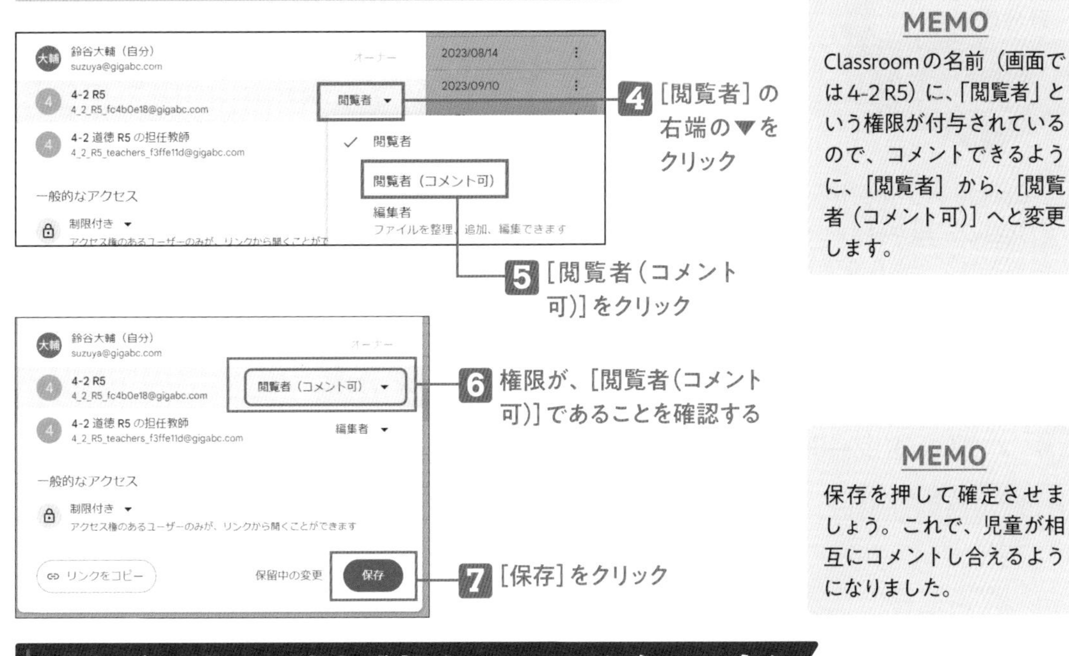

MEMO

Classroomの名前（画面では4-2 R5）に、「閲覧者」という権限が付与されているので、コメントできるように、[閲覧者] から、[閲覧者（コメント可)] へと変更します。

MEMO

保存を押して確定させましょう。これで、児童が相互にコメントし合えるようになりました。

児童がお互いの読書感想文にコメントをつけ合う

❶ コメントを入力して確定する

▶ 友だちの課題(ドキュメント)が表示されている

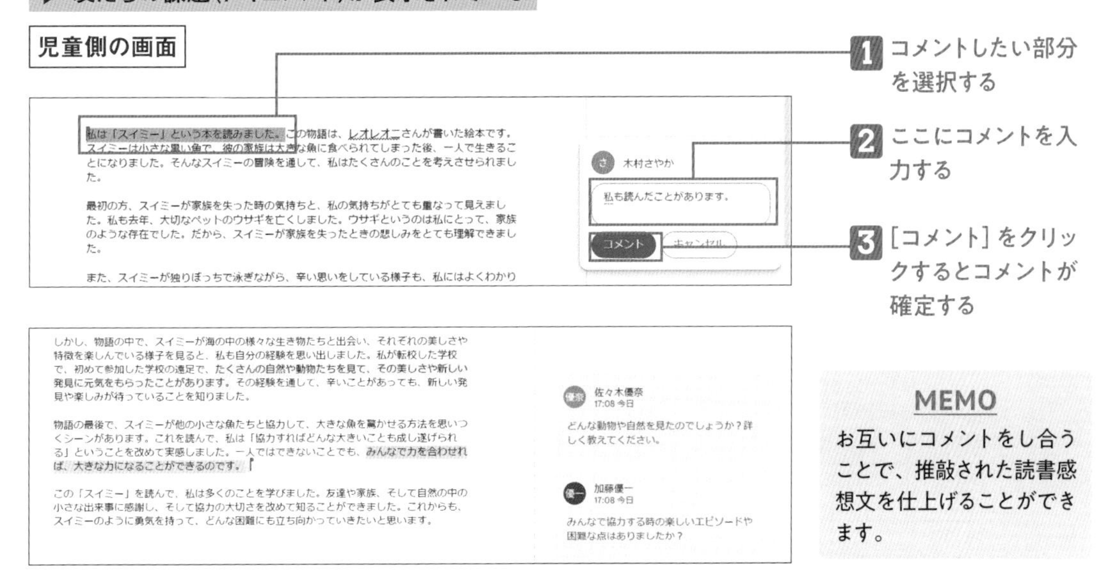

MEMO

お互いにコメントをし合うことで、推敲された読書感想文を仕上げることができます。

POINT

共同作業で児童の交流を促す

紙ベースの実践だとどうしても消しゴムで消す・書き直すことに手間が生じましたが、Classroom、ドキュメントを利用することで、楽に直すことができるため、児童への負荷も軽減されます。何より、児童たちが楽しむことができ、友だち同士の交流も生まれることが大きなポイントです。

Google スプレッドシート　サンプルあり

気温の変化の表とグラフを作成する

Google スプレッドシートを使って、班ごとにシートをわけて一日の気温を記録します。一日の気温の記録が終わったら、グラフを作成して変化のちがいを比べます。本書のテンプレートがあるのでそちらを活用しましょう。

記録用のスプレッドシートからグラフを作成する

❶ スプレッドシートからグラフを作成する

▶ 表が作成されている

	A	B	C	D
1	時刻	晴れの日	くもりの日	雨の日
2	日付	2023/08/19	2023/08/16	2023/08/09
3		気温	気温	気温
4	9	0	0	0
5	10	0	0	0
6	11	0	0	0
7	12	0	0	0
8	13	0	0	0
9	14	0	0	0
10	15	0	0	0

1 表全体を選択する

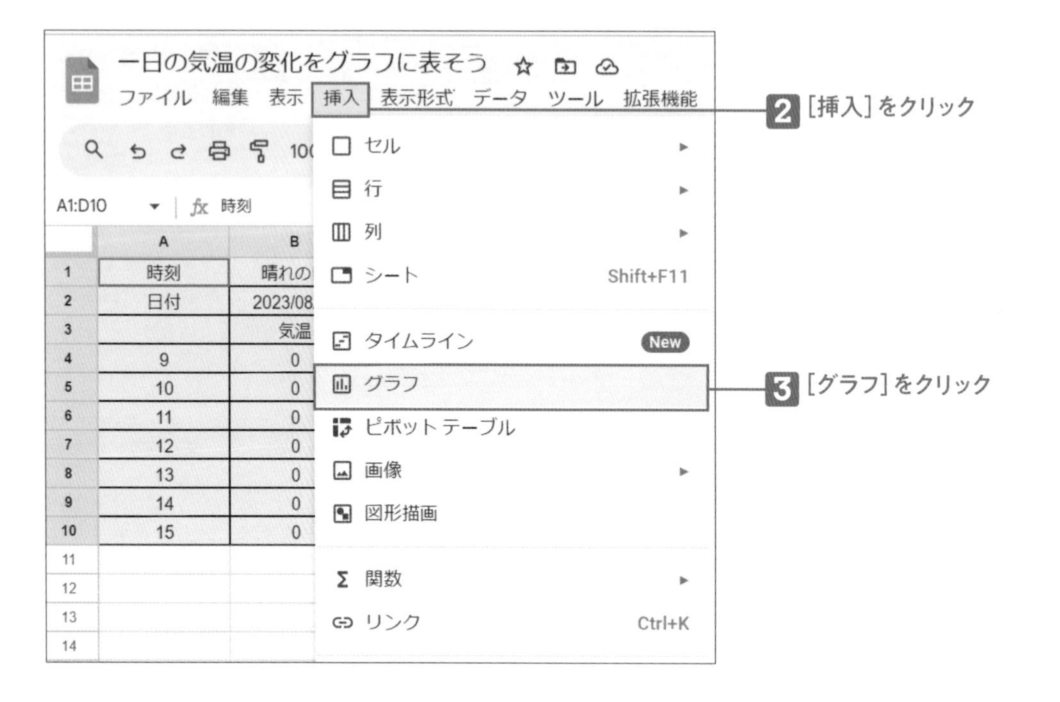

▶ グラフが表示された

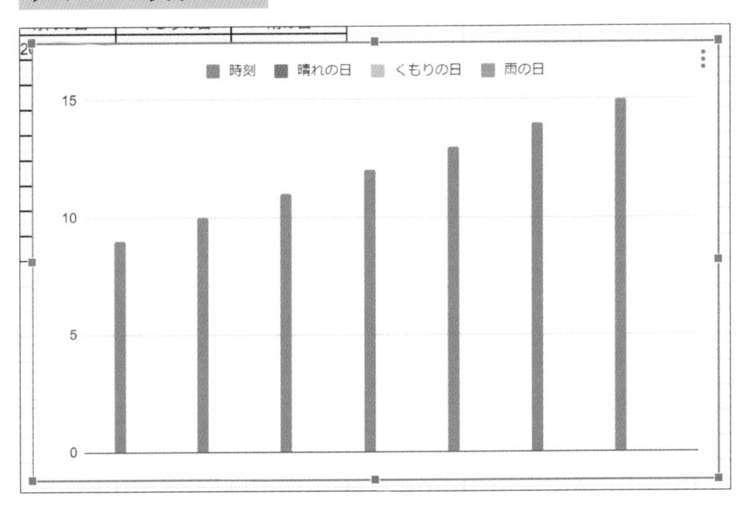

[グラフエディタ]で折れ線グラフにする

❶ [X軸](左右方向)を時刻にする

▶ グラフと[グラフエディタ]画面が表示された

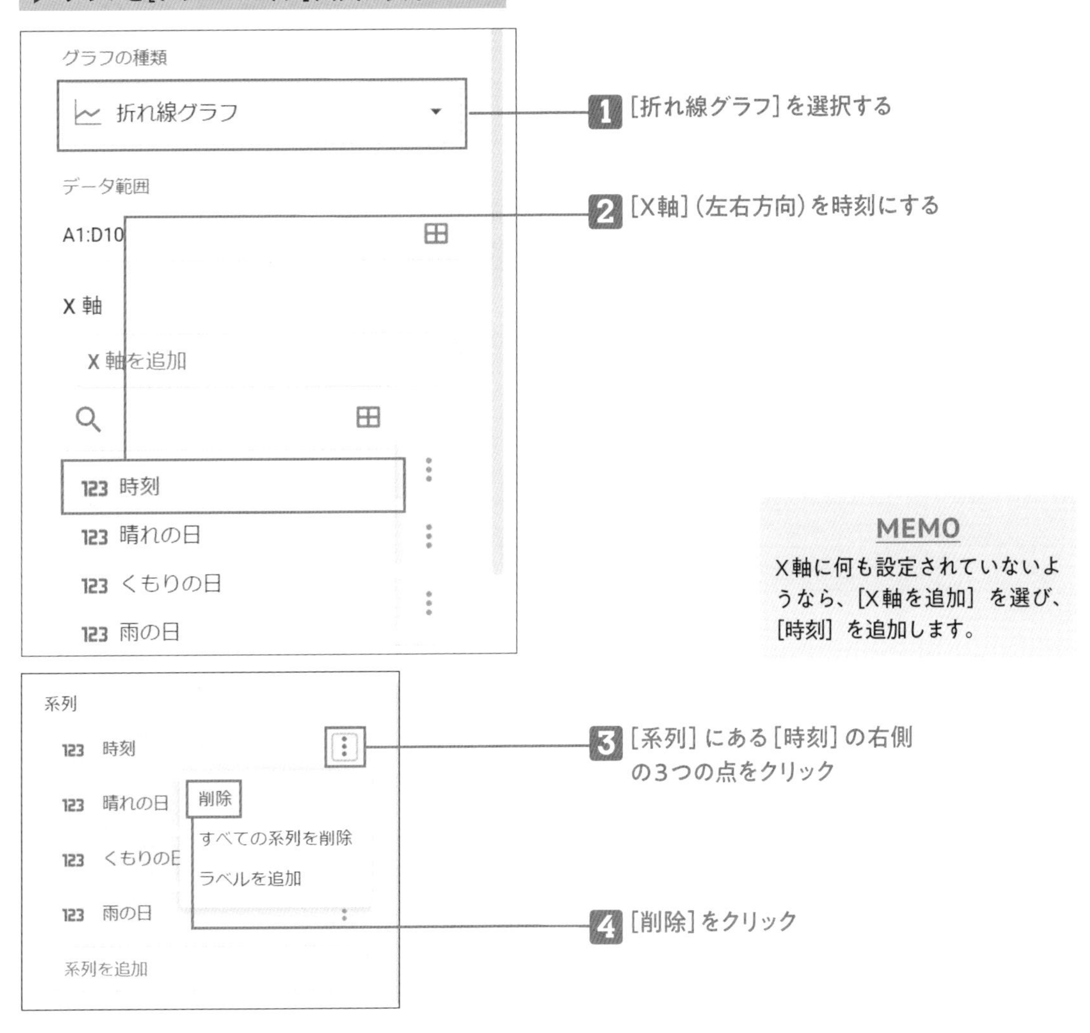

MEMO

X軸に何も設定されていないようなら、[X軸を追加]を選び、[時刻]を追加します。

❷ [縦軸]に気温表示の下限と上限を設定する

▶ [X軸]が[時刻]に設定された

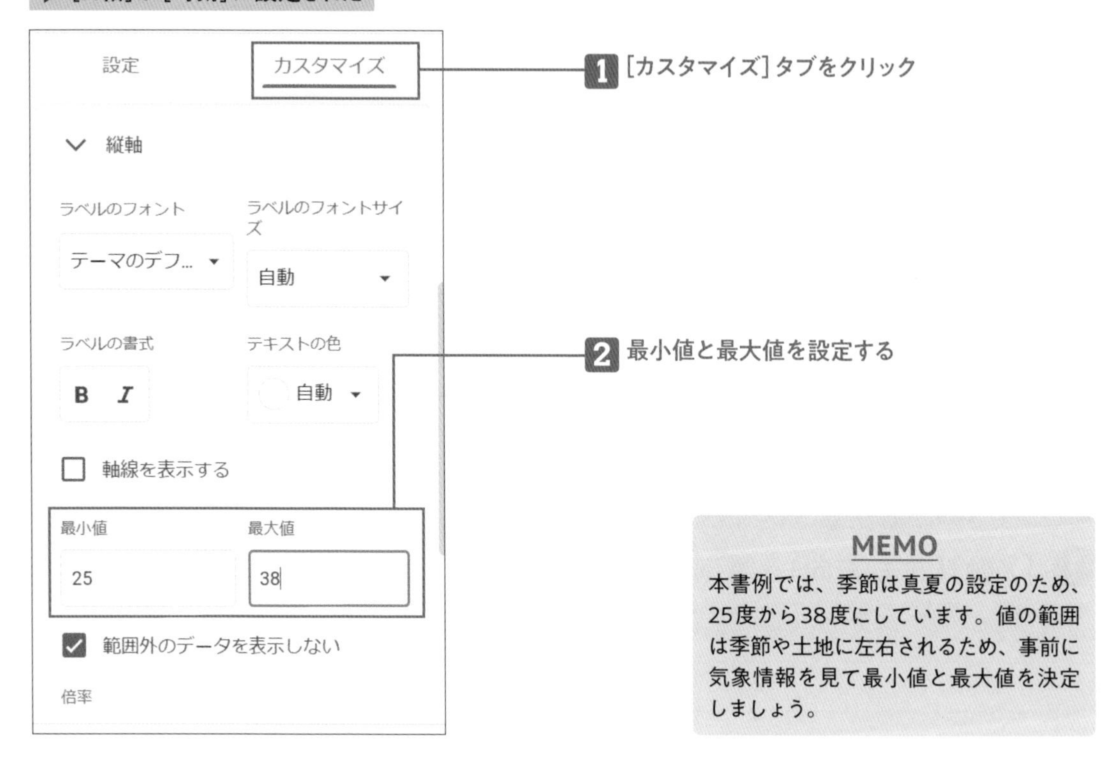

MEMO

本書例では、季節は真夏の設定のため、25度から38度にしています。値の範囲は季節や土地に左右されるため、事前に気象情報を見て最小値と最大値を決定しましょう。

❸ 班の数だけシートを複製する

▶「グラフの種類」「X軸」「縦軸」の設定が完了したシートができた

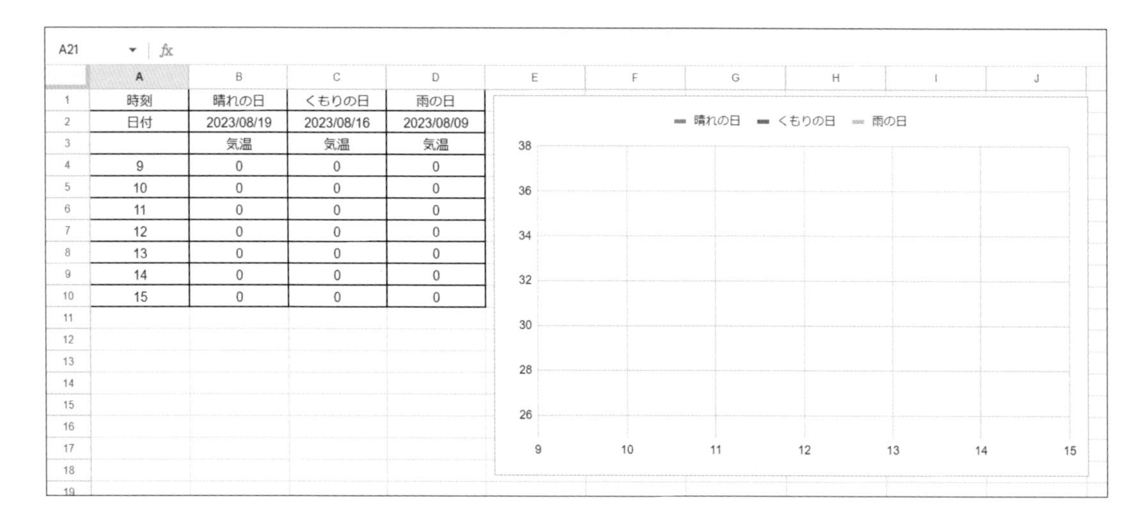

	A	B	C	D
1	時刻	晴れの日	くもりの日	雨の日
2	日付	2023/08/19	2023/08/16	2023/08/09
3		気温	気温	気温
4	9	0	0	0
5	10	0	0	0
6	11	0	0	0
7	12	0	0	0
8	13	0	0	0
9	14	0	0	0
10	15	0	0	0

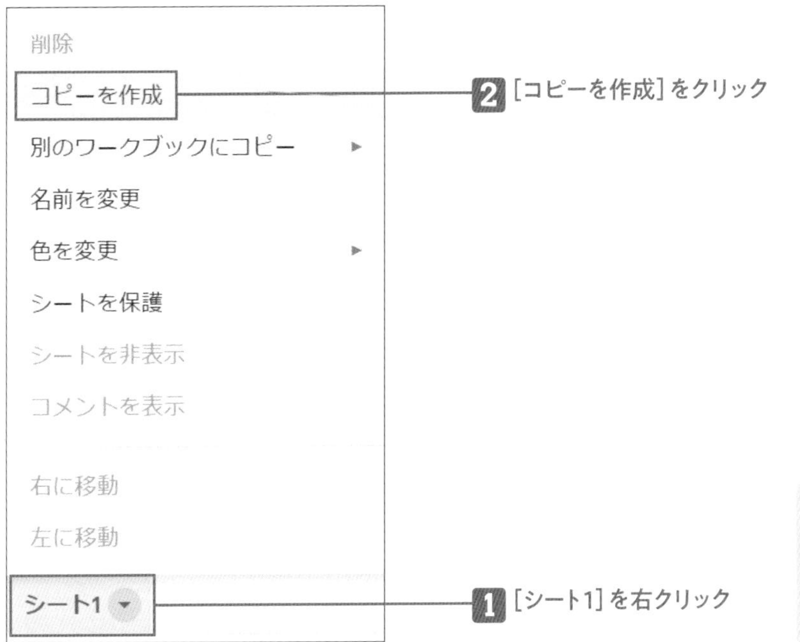

MEMO

班の数だけ行ったら、シートの名前を1班～8班などにかえて準備完了です。

グラフを共同編集する

❶ 児童たちが自分の班のシートに測定値を入力する

▶ Classroomから「編集可能」の状態でスプレッドシートの課題が提出されている

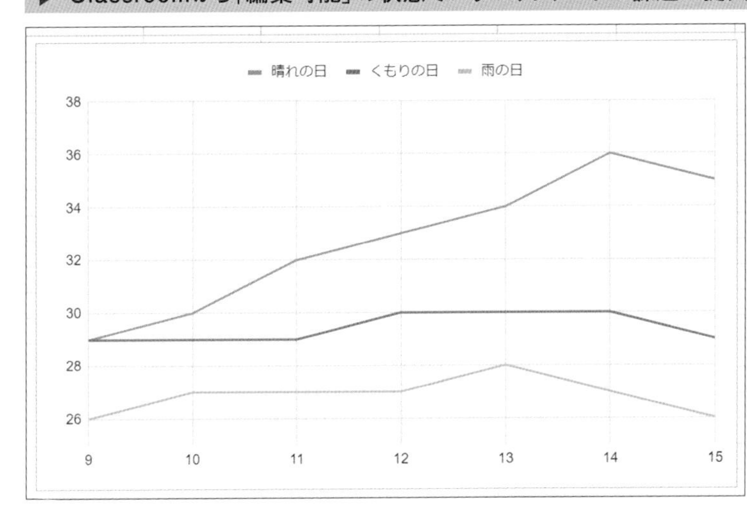

MEMO

特設サイトにサンプルデータを用意しました。「サンプルデータの使い方」(p.8) を参考にダウンロードし、コピーしてご利用ください。

POINT

グラフ作成で児童の意欲を高める

毎日、測定値を入力すると、グラフは自動で更新されます。スプレッドシートを班ごとに共有することで、それぞれの日ごとの気温の変化や特徴を班内で共有することができます。
今回は教師がグラフの元までを作成していますが、時間があれば上記の手順を児童と一緒にやってみるのもよいでしょう。そうすることで、グラフ作成についてのスキルが身に付き、社会の授業でのグラフ作成や、国語の授業でのアンケート結果のグラフ作成など、児童自ら応用できるようになります。

Google スプレッドシート

シートに意見を書いてみんなで共有する

を活用して、クラス全員の意見や考えをみんなで、一覧で共有することができます。他の人の考えに触れることは、自身と他者のちがいを知ることにつながります。また、他者の考えを参考にして、自分の考えをより深めることができます。さまざまな授業で取り入れられる学習法です。

みんなで感想を書くスプレッドシートを作成する

❶ 名前と感想を書く欄があるスプレッドシートを作成する

▶ Googleドライブからスプレッドシートを開いている

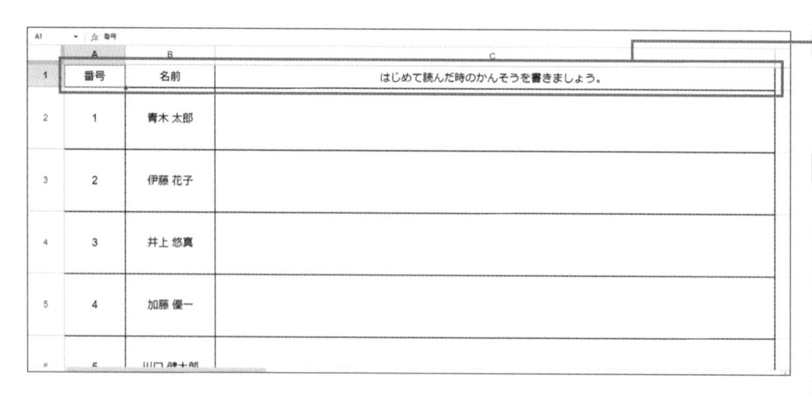

1 左列から「番号」「名前」「かんそう」の欄を作成する

2 Googleドライブに自動保存される

MEMO

児童がわかるように、作成したスプレッドシートは、「スイミーを読んでの感想」というようなわかりやすいファイル名としましょう。

スプレッドシートをみんなで共有して感想を書く

❶ Google Classroomから「編集可」として課題を出す

▶ Classroomが表示されている

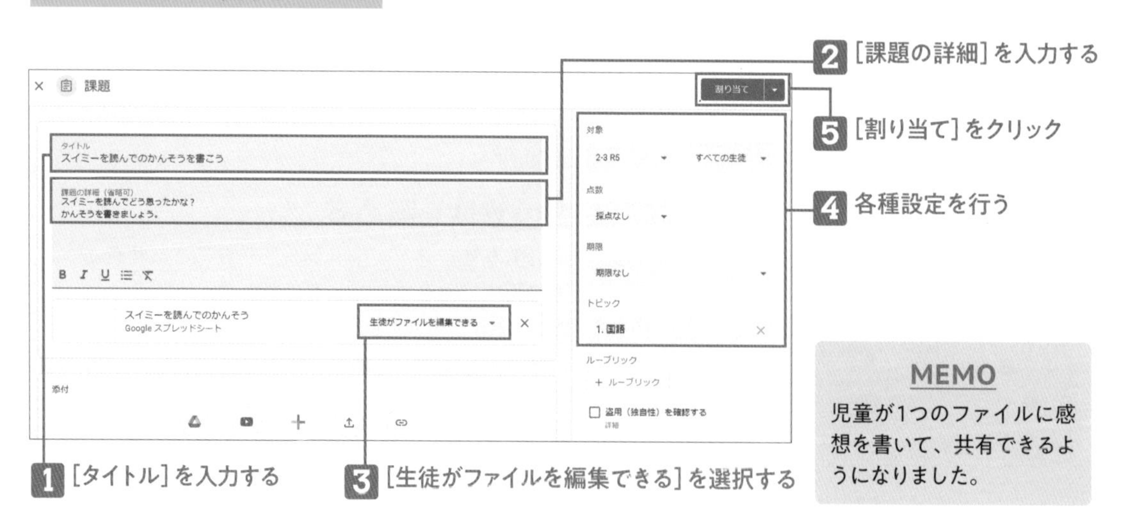

MEMO

児童が1つのファイルに感想を書いて、共有できるようになりました。

児童たちが感想を書く

❶ 児童の感想を確認する

▶ 児童が書いた感想が表示されている

A1 fx 番号

	A	B	C
1	番号	名前	はじめて読んだ時のかんそうを書きましょう。
2	1	青木 太郎	スイミーはちいさいけど、ともだちをまもるのがすごいね。
3	2	伊藤 花子	くろいさかなのスイミーがリーダーになって、かっこよかった。
4	3	井上 悠真	おおきいさかなからにげるアイディアがとってもえらいと思った。
5	4	加藤 優一	スイミーはひとりぼっちになっちゃったけど、まけなかったね。
6	5	川口 健太郎	たいせつなともだちをうしなったのに、またあたらしいともだちをつくれるっていいな。
7	6	木村 さやか	ちがうことがちからになるって、おはなしをよんでわかったよ。
8	7	佐々木 優奈	みんなでちからをあわせると、おおきなことができるんだね。

1 児童たちがそれぞれ自身の欄に感想を記入していく

声かけ

自分の名前の欄に感想を入れようね。他の人の感想は見ていいけど、消したり変えたりしないようにしよう

MEMO

このスプレッドシートは、自分の担当以外の欄も編集できてしまうので、自分の記入欄を明確にすることと、他の人の欄は触らないように声をかけることが大切です。

❷ 感想を読んだ後に、さらに知りたいことを書き足す

▶ 新たに「さらに知りたいこと」という欄を設ける

	D
	どんなことをしりたい？
ゝね。	スイミーはどうやって赤いさかなたちと友達になれたのかな？
ゝった。	スイミーが力を合わせることをどうやっておもいついたんだろう。
思った。	スイミーみたいに、ぼくたちもなにかできることがあるのかな？
ゝたね。	おおきいさかなからみんなでどうやってにげることができたのかな？

1 右側に「知りたいこと」の列を追加する

2 児童がスイミーについて知りたいことを書いていく

MEMO

感想を書いて共有した後で、さらにより深い情報を考えることで、他者の意見を参考にしながら自分の考えを深める、という体験ができます。

MEMO

操作を間違えてしまった場合の対処法として、元に戻す操作（Ctrl + z）を教えておくとよいでしょう。

POINT

最初は「共同編集」の使い方を学習する

この事例では、慣れるまでトラブルが多く起こることが予想されます。いきなり本格的に使用をすることは避けて、最初は、好きな食べ物を書く、行ってみたいところを書く、といった簡単な例で練習をするとよいでしょう。

※この事例のヒントは、東京都公立小学校教諭の鍋谷正尉先生からいただきました。

Google スライド

班ごとの意見を一覧で見る

Google スライドには、それぞれのスライドを小さいサイズにしてすべてのページを一度に見渡せる機能があります。この機能を使って、班ごとの意見をクラス全体で一度に見ることで、意見や考えをみんなで練り上げていきます。

スライドを用意する

❶ 空白のプレゼンテーションを作成する

▶ スライドで空白のプレゼンテーションを作成している

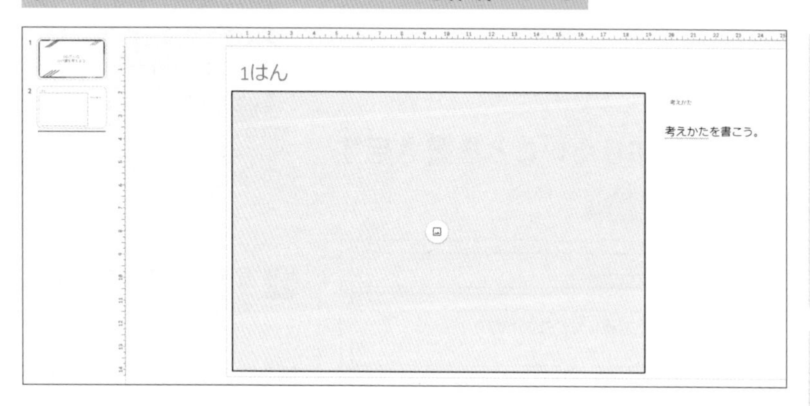

MEMO
今回は、「6のだんのかけ算を考えよう」というタイトルのスライドを作成しました。班ごとに考えて、それぞれの考えをスライドに描いて、クラス全体で一度に見て、共有します。

MEMO
スライドへの書き込みは、ノートの写真を載せても、Webサイトのスクリーンショットでも、描画キャンバスで書いた内容でも、課題の目標が達成されていれば問題ありません。

❷ スライドを複製する

▶「6のだんのかけ算を考えよう」スライドが表示されている

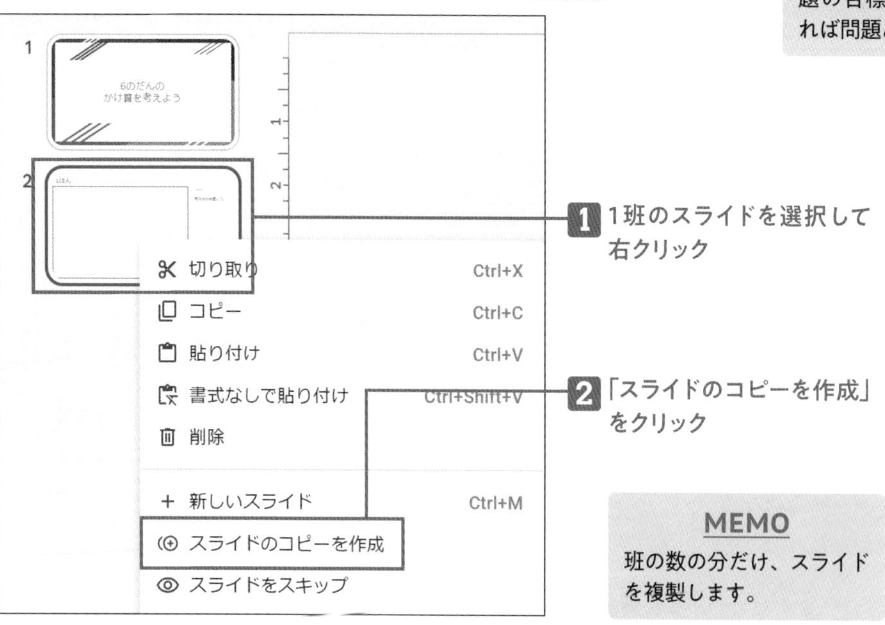

MEMO
班の数の分だけ、スライドを複製します。

❸ 班の数字を書き換える

▶ 班の数の分だけ、スライドが複製された

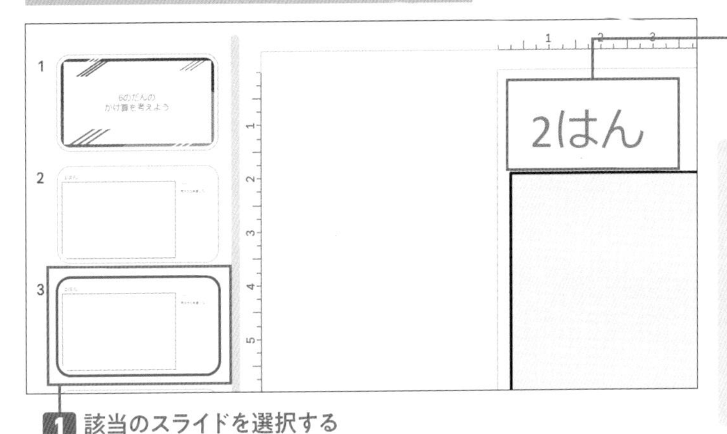

MEMO

操作に慣れてきたころや、高学年になると、「自分の班の番号＋1（タイトルの分）枚目のスライドに書いてね」と言うと、児童は自分たちで書き替えをしますが、操作に慣れていない頃や、低学年の授業では混乱してしまうので、教師が書き替えましょう。

Google Classroomからスライドを配布する

❶ Classroomから課題として児童に配布する

▶ Classroomが表示されている

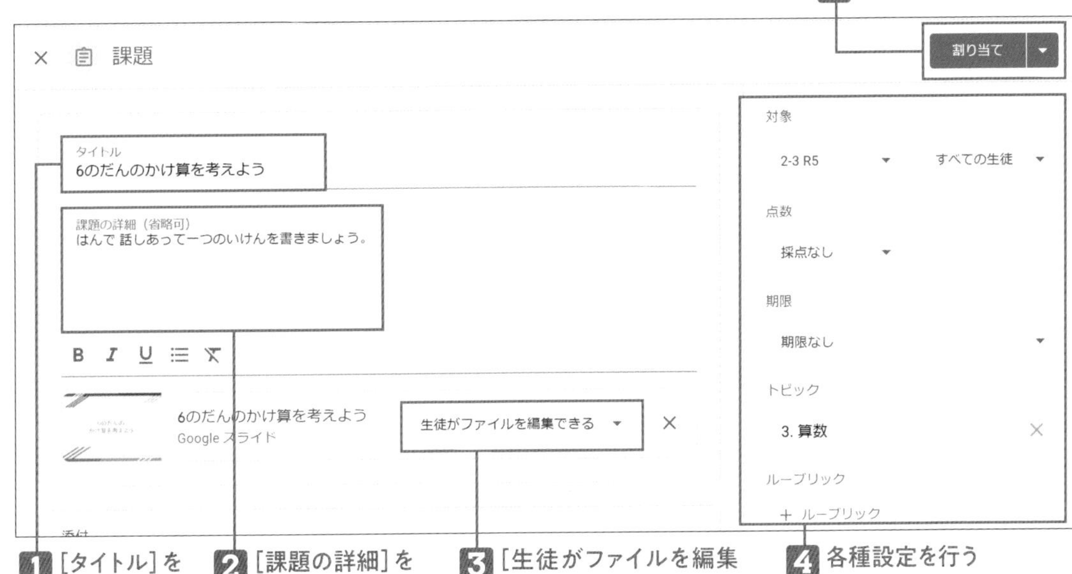

MEMO

児童が1つのファイルに考えを書いて、共有できるようになりました。

MEMO

[課題の詳細] には、「班で話しあって一つの意見を書きましょう。」というように具体的な内容を書きましょう。

児童がスライドに自分たちの考えを書き込む

❶ 児童のやりやすい方法で書き込む

▶ 児童に課題が配布されている

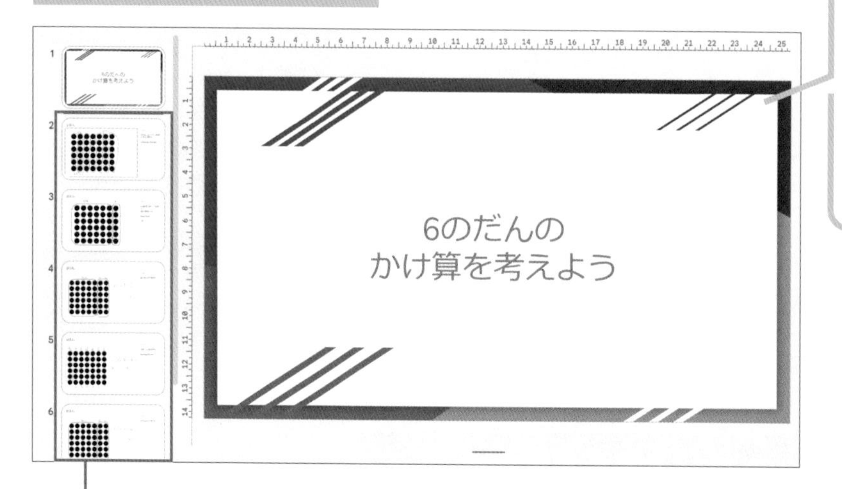

1 児童が班ごとにスライドに自分たちの考えを書き込む

声かけ
はい、みんなでよく話し合ってみて。スライドにはペンツールで書き込んでも、ノートを撮影して写真を載せても何でもよいです。

MEMO
児童が話し合っている間は、操作方法のサポートよりも、話し合いがちゃんと進んでいるかを確認します。ある程度進んだら、班ごとにみんなで意見をスライドに載せるように指示しましょう。

みんなで考えの「練り上げ」を行う

❶ 電子黒板などで班の考えを一斉に表示する

▶ 児童たちのスライド書き込み作業が完了した

▶ 教師の端末が電子黒板などにつながっている

1 児童たちのスライドへの書き込み作業完了を確認する

2 ここをクリックしてスライドを一覧で確認する

MEMO
今回はプリントの代わりに画像を配布し、画像に書き込んだものをスライドに載せたという設定です。

▶ 電子黒板にスライドが一覧で表示された

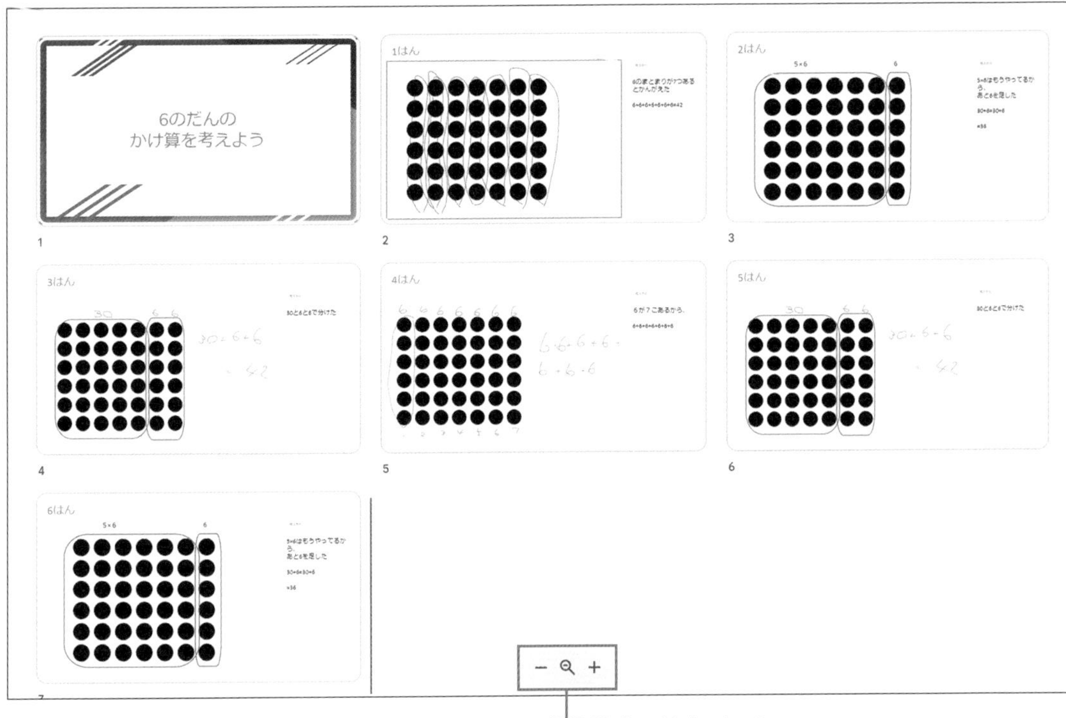

3 拡大や縮小ができる

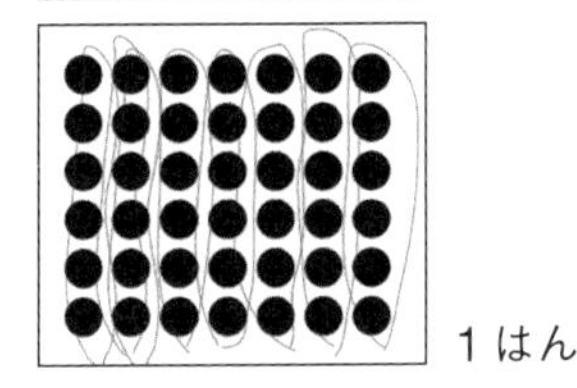
1 はん

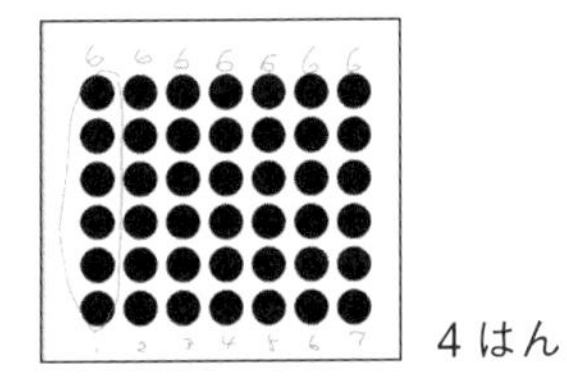
4 はん

2 はん

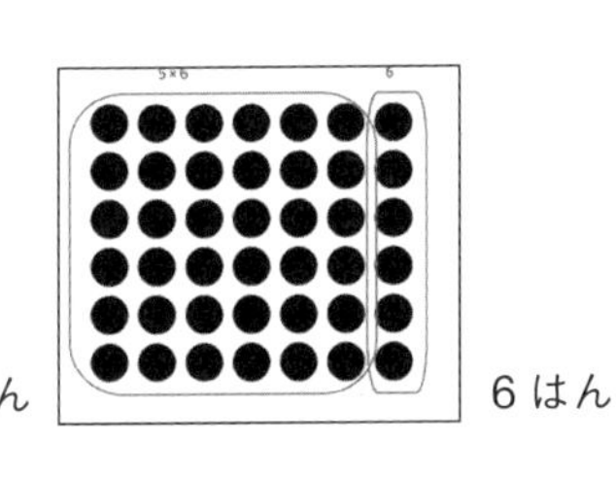
6 はん

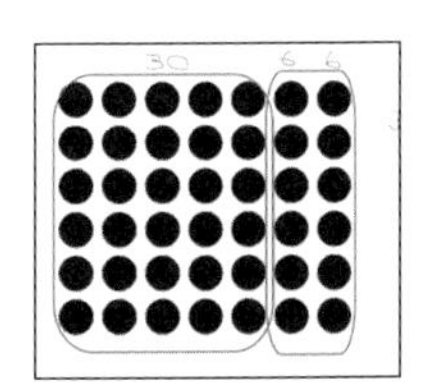
3 はん

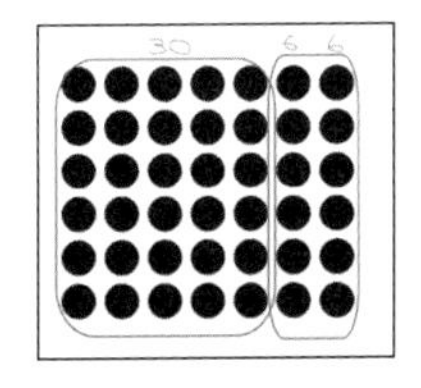
5 はん

MEMO

一覧で一斉に見ると、考えの似ている点やちがう点を見つけやすくなり、練り上げの段階での活用がスムーズに行えます。

MEMO

手書きによる説明を追加する際には「描画キャンバス」がより適切です。「描画キャンバスで作成」→画像をスライドに掲載」の流れがスムーズに行えるようにしましょう。

MEMO

スライドをダブルタップすると大きく表示できるので、1枚ずつ表示して説明してもらうとよいでしょう。

POINT

導入へのスムーズな方法

児童がノートに考えを書き、ノートの写真をスライドに掲載することから始めると、今までの授業での学び方と地続きになるので、児童の混乱も少なく、スライドの活用が行えるため、お勧めです。

Google スライド　サンプルあり

スライドで簡単なポートフォリオを作成する

Google スライドを使って、一人ひとりが作った作品をポートフォリオにまとめます。また、鑑賞や振り返りも同じスライドで行うことで、成績処理の際にも活用がスムーズに行えます。

課題のスライドをGoogle Classroomから配布する

❶ ポートフォリオ用のスライドを作成する

▶ Googleドライブからスライドを作成している

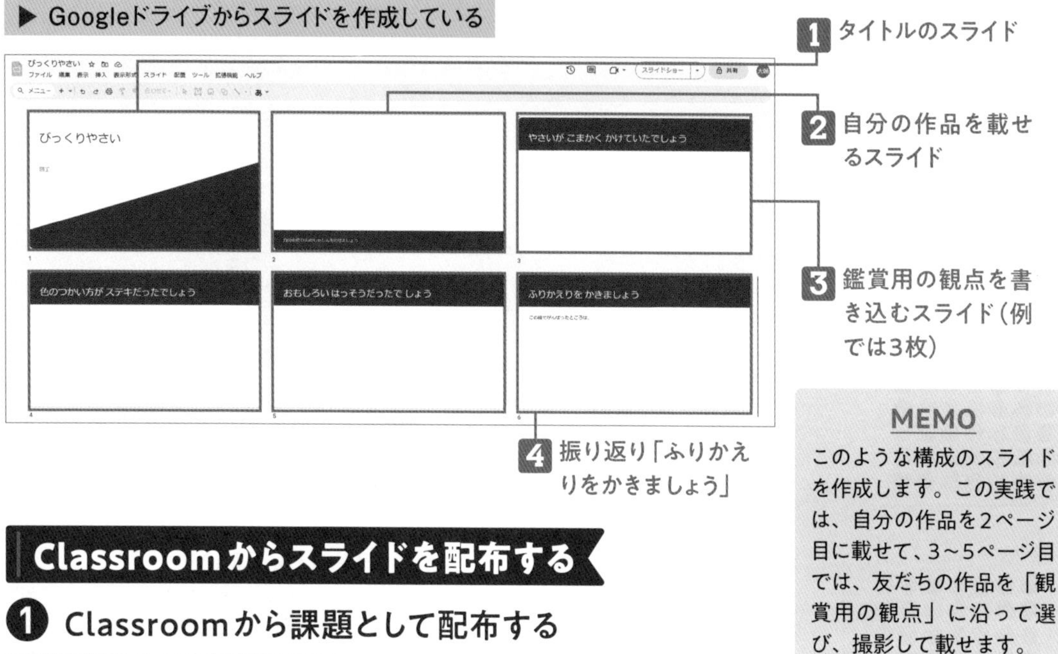

MEMO
このような構成のスライドを作成します。この実践では、自分の作品を2ページ目に載せて、3～5ページ目では、友だちの作品を「観賞用の観点」に沿って選び、撮影して載せます。

Classroomからスライドを配布する

❶ Classroomから課題として配布する

▶ Classroomが表示されている

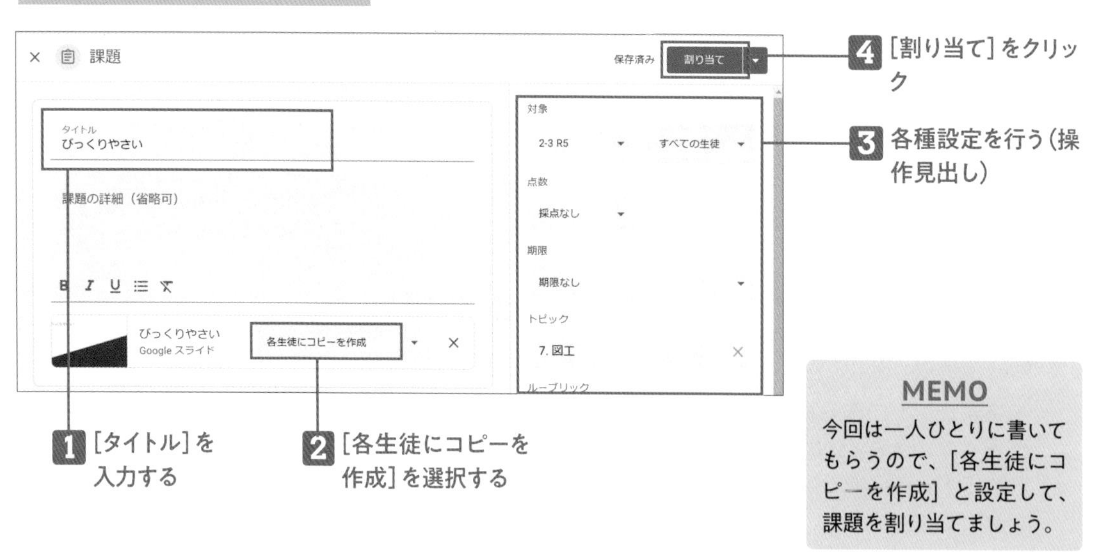

MEMO
今回は一人ひとりに書いてもらうので、［各生徒にコピーを作成］と設定して、課題を割り当てましょう。

児童が作品を撮影してスライドに載せる

❶ 自分の作品を撮影して載せる

▶ 自分の作品の写真を載せるスライド（2ページ目）が開いている

児童側の画面

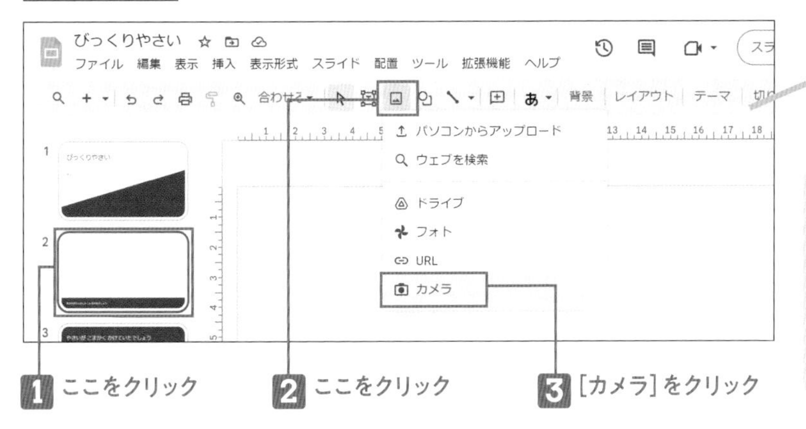

1 ここをクリック　2 ここをクリック　3 ［カメラ］をクリック

2つ目のスライドを選んでください

MEMO

今回は少しレベルアップして、自分たちで写真を撮影して載せます。操作方法の解説が難しいので、丁寧に教えましょう。

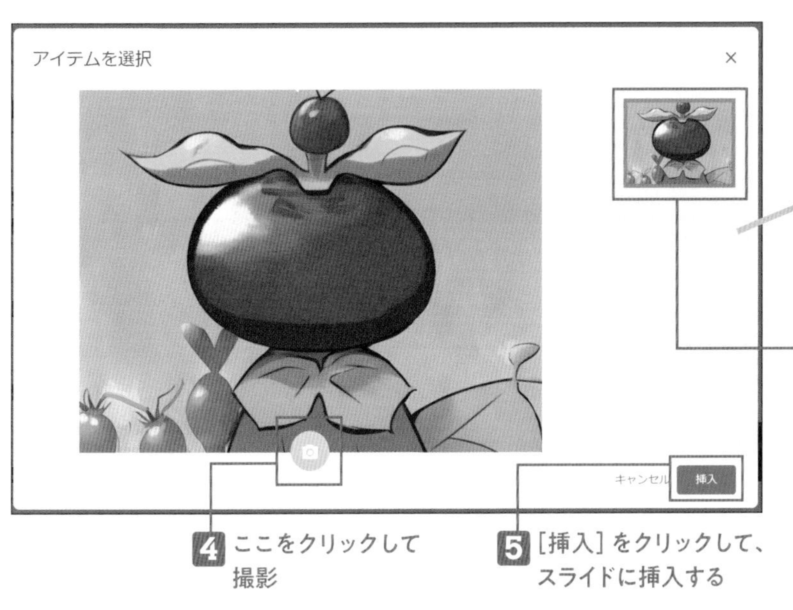

4 ここをクリックして撮影

5 ［挿入］をクリックして、スライドに挿入する

6 この部分に撮った写真が追加される

声かけ

よい写真が撮れたら、右側から写真を1枚選んで、「挿入」を押してください

MEMO

特設サイトにサンプルデータを用意しました。「サンプルデータの使い方」（p.8）を参考にダウンロードし、コピーしてご利用ください。

POINT

写真の撮り方を教える

写真を撮影する際、児童は両手でしっかりと端末をホールドしたままシャッターボタンを押すという器用な操作が求められます。そのため、端末の落下事故が多く発生します。写真を撮るときにシャッターボタンに手が届かない場合は、端末を机の上に置いて撮影する、端末を保持する人とボタンを押す人で分担するといった指導をしましょう。
また、GIGA端末のカメラは十分な光量が必要なので、明るい教室内で撮影するか、廊下で撮影する際には廊下の照明をつけることをお勧めします。

▶ 自分の作品の写真がスライドに載りました

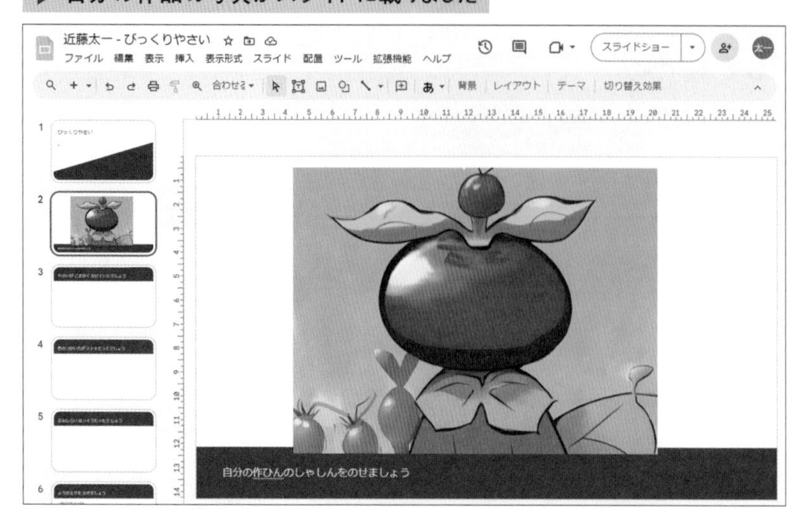

❷ 友だちの作品の写真を載せてコメントを書く

▶「自分の作品を撮影して載せる」と同様の方法で友だちの作品を撮影した

▶ 友だちの作品の写真をスライド（3～5ページ目）に載せている

声かけ
作品を作ったお友だちの名前をちゃんと書いてね

声かけ
「観点」をよく考えて、その視点から作品を見て、コメントを書いてね

1 友だちの作品の写真をスライドに載せる

2 作成者名と、観点「おもしろいはっそうだったでしょう」からのコメントを書く

POINT

著作権の意識を少しずつ学ぶ

この実践では、友だちの作品を撮影するときに、撮影の前に、あるいは後で、友だちから掲載の了解を得るよう指導します。相手の了解を得ることの大切さを知って、その延長で、著作権について学ぶきっかけとします。

課題の「振り返り」を書く

❶ 最後のスライドに書く

▶ 作品の写真掲載、コメントの書き込みは完了している

ふりかえりを かきましょう

この絵でがんばったところは、やさいのしゃしんをいっぱいみて、どんな形をしているのかよく見たことです。トマトがきらいなのに、トマトのしゃしんをずっと見ていたら、すこし食べてみようと思いました。へたがついているところは、まだみどりがのこっていたので、色をぬるのをがんばりました。

1 事前に「この絵でがんばったところは、」というような文言を打ち込んでおく

MEMO

振り返りの観点を示すために、振り返りのページには、配布する際に「この絵でがんばったところは、」というような出だしの部分を打ち込んでおくと児童は書きやすいです。

ADVANCE

成績処理で活用する

今回の事例のように、Classroom から「コピーを作成」して配布したファイルには、ファイル名に必ずアカウント名が追加されます。

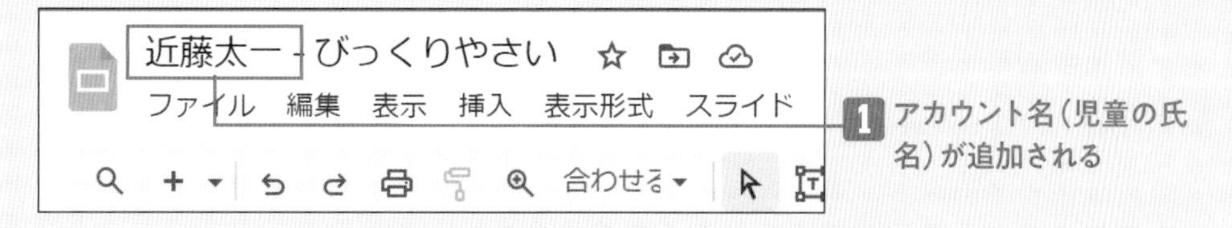

例えば、図工や家庭科での制作、実践では、作品を直接見て評価をすることが一番です。

しかし、後から改めて作品を見返したい場合や、二者面談の機会に保護者、児童に見せたい、といった場合には、「アカウント名（名前）」と「スライド名」を紐づけることで、その児童のスライドを改めて見ることができて便利です。

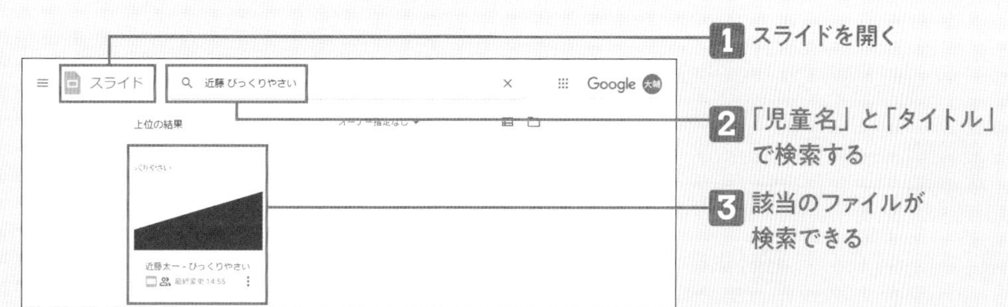

Google スライド　サンプルあり

コメントで意見交換をする

Google スライドを共有して、児童たちが、各自の考えや意見をコメントで共有します。スプレッドシートの事例と似ていますが、スライドの場合は、コメントの履歴が残り、さらにコメントに対しての「返信」ができるという機能もあります。

今回の実践のテーマは「第二次世界大戦について」です。左欄に「学習前」、右欄に「学習後」というように作成し、自分の意見を書き込み、ほかの児童からコメントをもらいます。

みんなでスライドを共有する

❶ 共有するためのスライドを作成し複製する

▶ Googleドライブからスライドを作成している

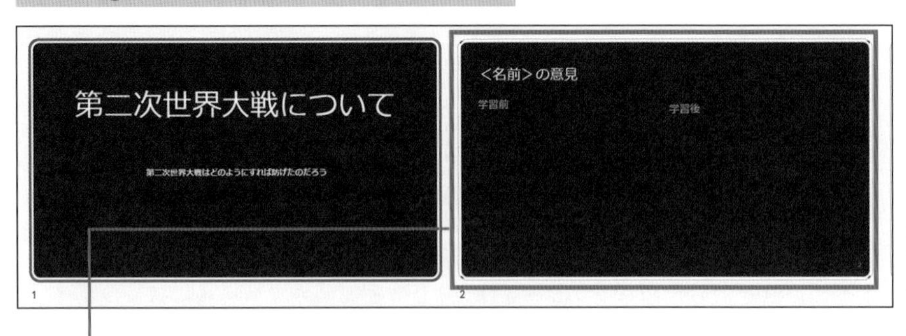

1 完成したスライドを選択し、コピー（Ctrlキー+C）」「貼り付け（Ctrlキー+V）」というショートカット機能で複製する

MEMO
左欄に「学習前」、右欄に「学習後」というようなスライドを作成します。

❷ Google Classroomから課題として配布して共有する

▶ Classroomが表示されている

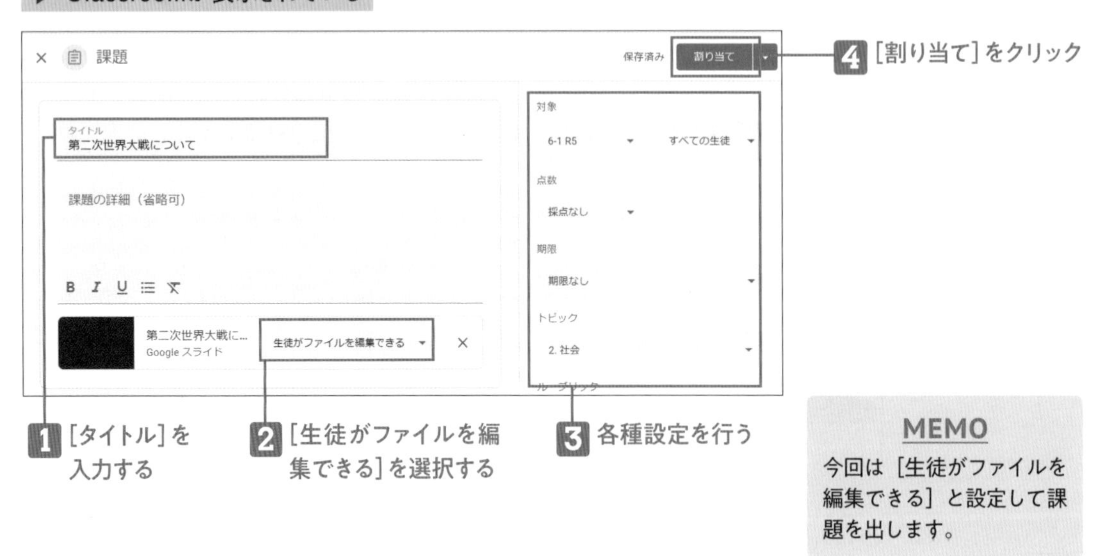

MEMO
今回は［生徒がファイルを編集できる］と設定して課題を出します。

自分の意見を書き込み、友だちの意見にコメントをする

❶ 自分のページに考えを記入する

▶ 課題のスライドが表示されている

児童側の画面

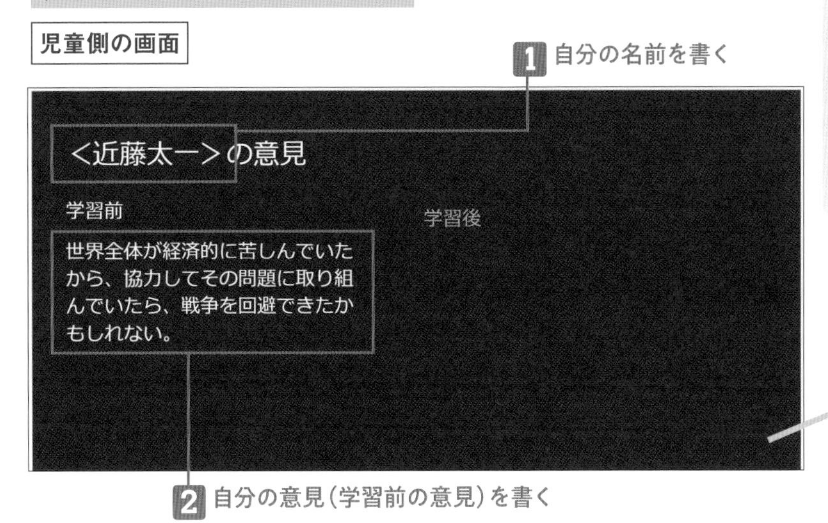

MEMO

各児童のページは、「出席番号+1（表紙）」として管理します。児童には該当のページに自分の名前と意見を書くように伝えます。

声かけ

自分の出席番号に1を足した数字のページがみなさんのページになります。自分の名前と、学習前の意見を書いてください

❷ コメントをつけあう

▶ ほかの人のページが表示されている

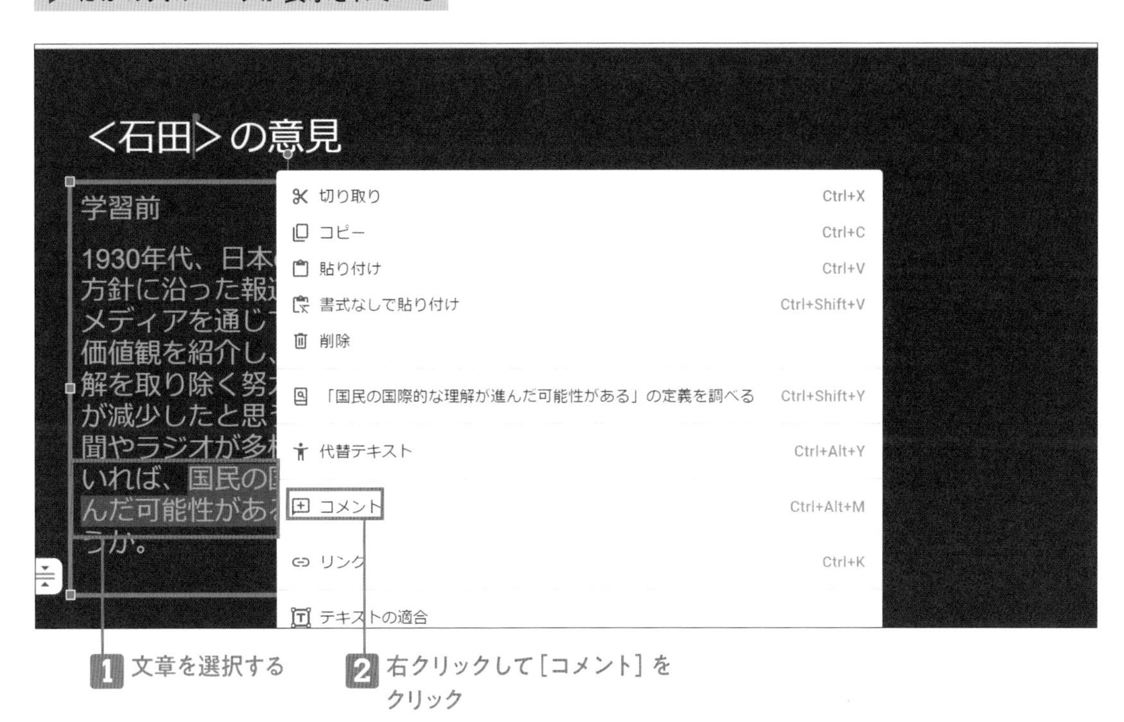

▶ コメントを入力するウィンドウが表示された

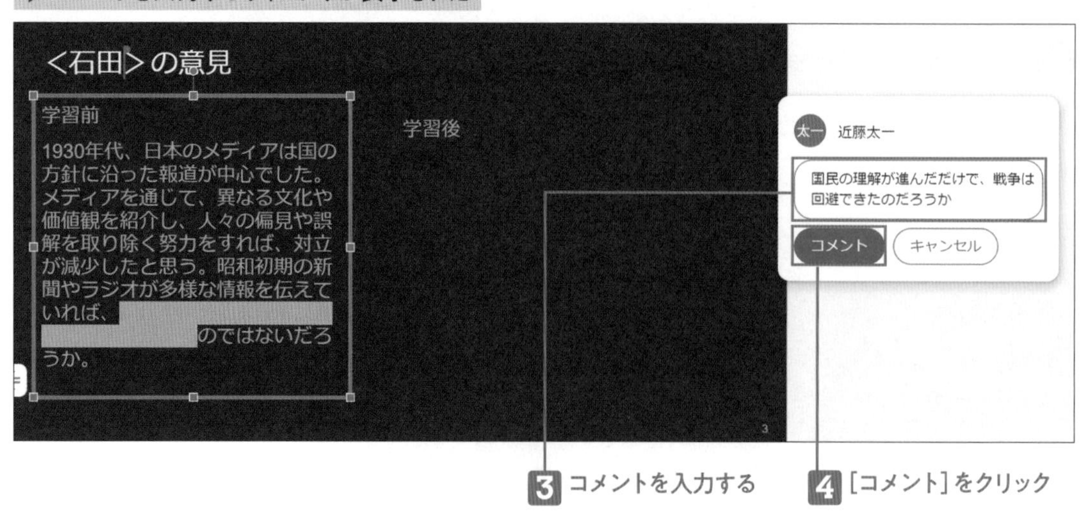

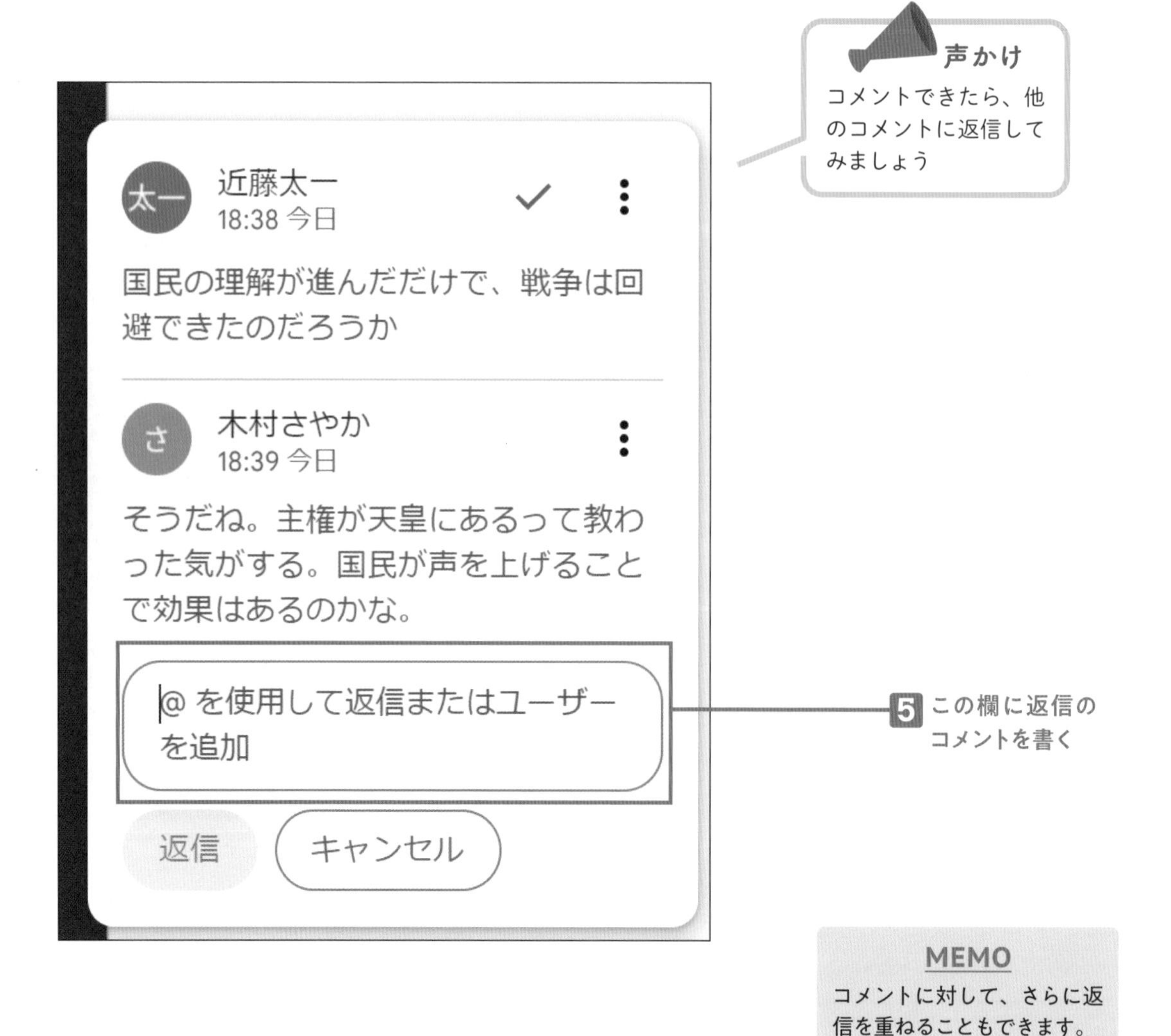

MEMO

コメントに対して、さらに返信を重ねることもできます。

▶ 今回の実践が完了した

<近藤太一>の意見

学習前

世界全体が経済的に苦しんでいたから、協力してその問題に取り組んでいたら、戦争を回避できたかもしれない。

学習後

世界恐慌の影響で、多くの国々が経済的な困難に直面していました。経済的な協力を強化し、国々が相互に依存する関係を築けば、戦争のリスクを減少させることができた。日本も昭和恐慌に見舞われ、資源を求めての拡張政策を採ったが、国際的な経済協力が進めば、その必要性は低減したかもしれない。

7

加藤優一
18:27 今日
例えば、どんな風に協力したらよかったのだろうか

佐々木優奈
18:30 今日
これは世界恐慌のことを指しているんだね。私もそう思う。

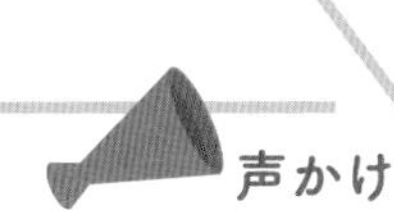

声かけ

みんなと意見を交わすことで、もっと調べたくなったよね。自分の考えがどう深まったか、学習後に書き加えよう

MEMO

この実践では、自分の考えを出発点として多くの考えを取り入れながら、学習を進めることができるようになります。

MEMO

特設サイトにサンプルデータを用意しました。「サンプルデータの使い方」(p.8)を参考にダウンロードし、コピーしてご利用ください。

POINT

「コメントをし合う文化」を授業に取り入れる

コメントをし合う文化は建設的な意見を述べるという前提があって成り立ちますが、一朝一夕ですべてがうまくいくとは限りません。否定のみを繰り返したり、関係のない語句を連続で投稿したりする児童に対しては、端末貸与のルールを再確認し、どのような投稿が望ましいのかを根気強く教える必要があります。

ただ、この文化がうまく醸成されればコメントを介しての学習はかなりの効果を上げるでしょう。情報のやり取りの密度が飛躍的に上がり、同じ時間でやり取りされる情報の量は、一斉授業と比べて飛躍的に増えると予想します。ぜひ取り組んでみてほしい実践です。

Google フォーム

アンケート結果から自身の「課題」をつかむ

Google フォームでは、クラス全員へのアンケートが容易に行えて、なおかつ集計も自動でできます。この機能を使って、小学校学習指導要領にある学級活動「（2）日常の生活や学習への適応と自己の成長及び健康安全」の「つかむ」段階での活用事例を解説します。今回は「自主学習」をテーマとした事例を紹介します。

「自主学習」をテーマとしたアンケートを出す

❶ 5つの項目を設定したフォームを作成する

▶ Googleドライブからフォームを作成している

出席番号 *
選択

名前 *
回答を入力

自主学習に進んで取り組んでいると思いますか？
○ はい
○ いいえ

週にどれくらいの日数取り組んでいますか？ *
○ 毎日
○ 6日
○ 5日
○ 4日
○ 3日
○ 2日
○ 1日
○ 取り組んでいない

どんな内容に取り組んでいますか？自由に書きましょう。 *
回答を入力

1 「出席番号」を設定する

2 「名前」を設定する

3 「自主学習に進んで取り組めていると思うか」を設定する

4 「週にどのくらいの日数取り組んでいるか」を設定する

5 「どんな内容をしているか」を設定する

MEMO

自主学習に対する考え方はいろいろありますが、例示ですのでご理解ください。

❷ Classroomの課題機能でアンケートを出す

▶ Classroomが表示されている

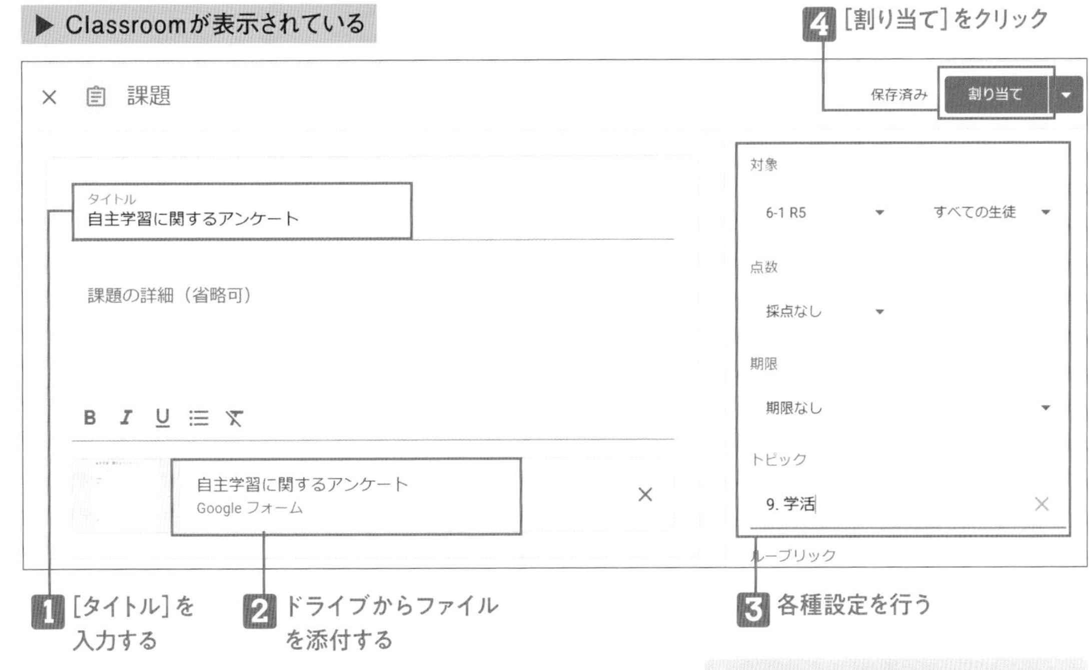

MEMO
ドキュメントなどとちがい、フォームでは権限の欄は出てきません。自動で回答用のアドレスが配布されます。

アンケートの集計結果を見る

❶ フォームの編集モードを表示する

▶ 作成したフォームのアンケートが表示されている

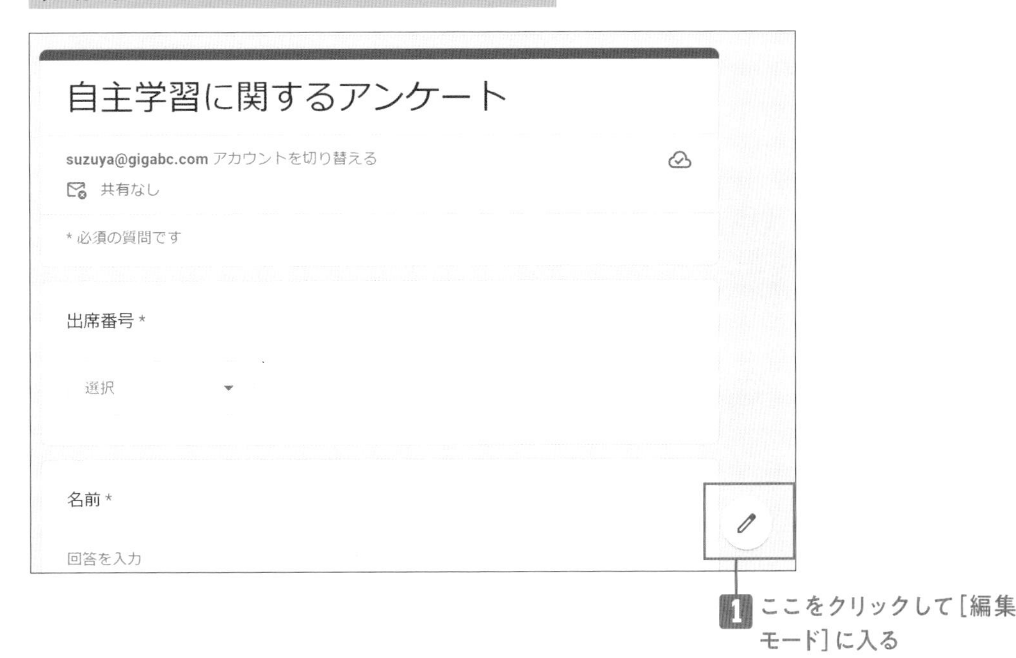

▶ 編集画面が表示された

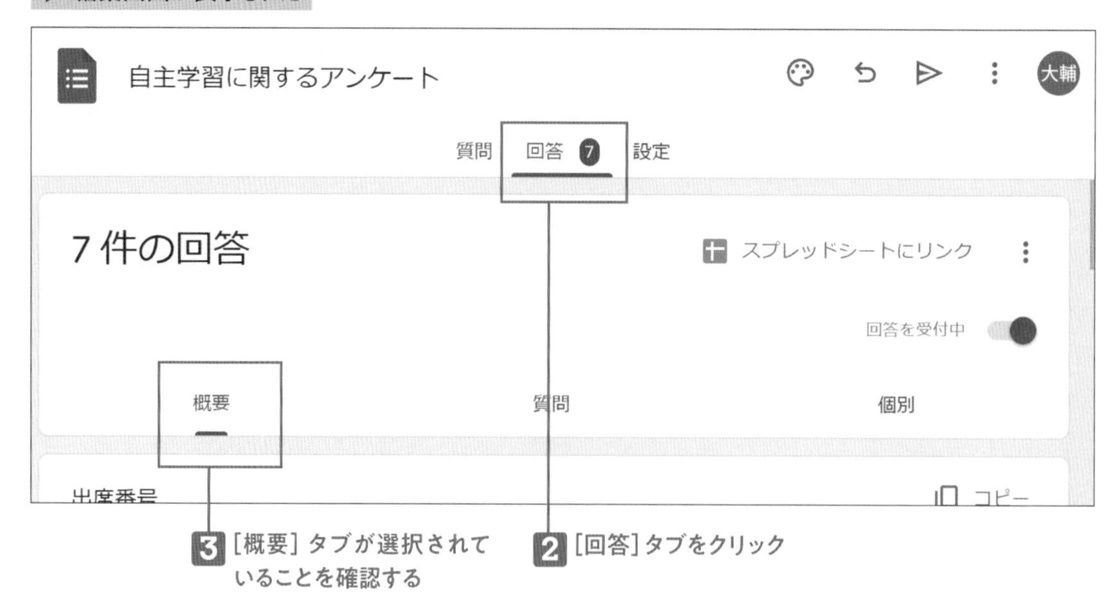

3 [概要] タブが選択されていることを確認する

2 [回答] タブをクリック

▶ アンケートの分析結果が表示された①

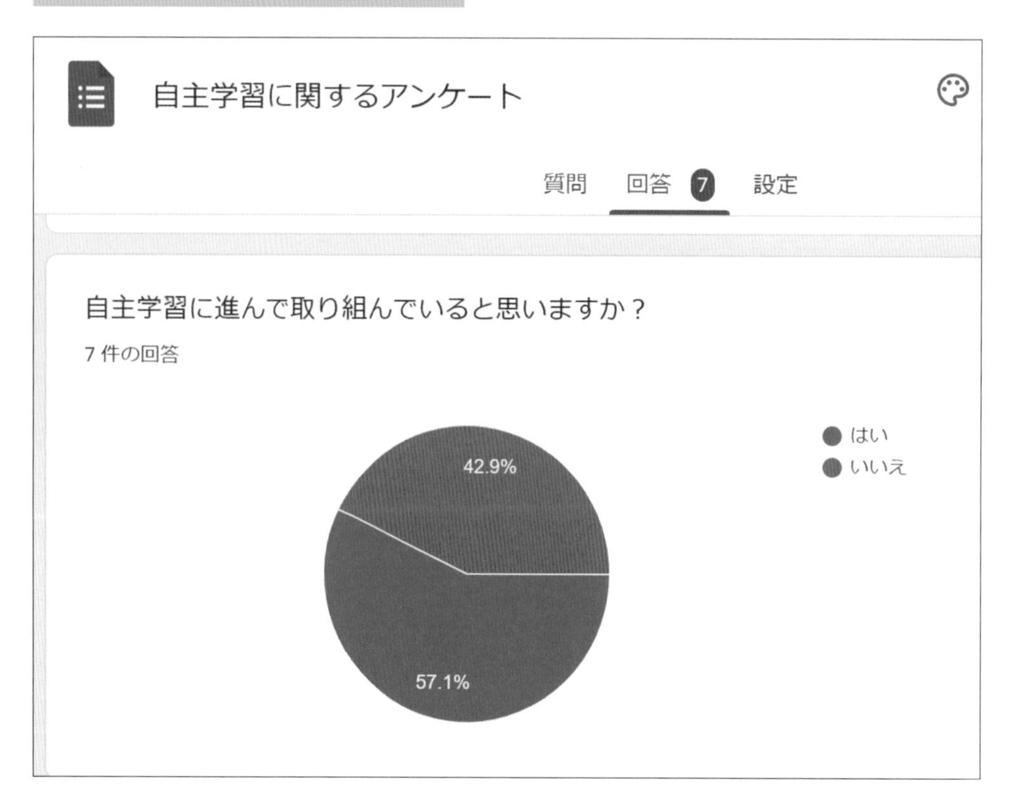

MEMO

アンケート結果が瞬時にグラフ化されるので、視覚的にわかりやすい映像をクラスで共有することができます。

▶ アンケートの分析結果が表示された②

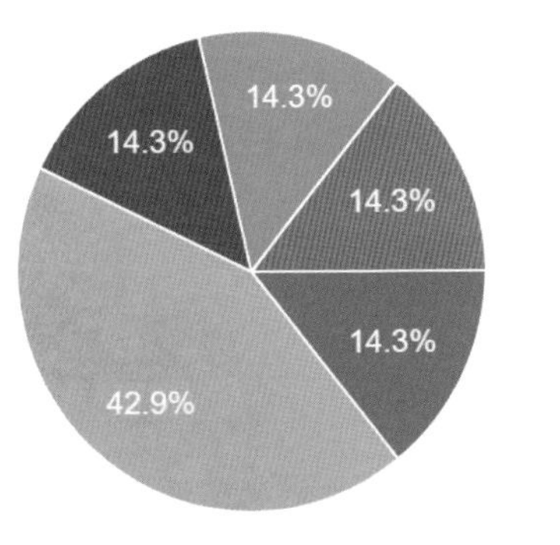

MEMO

選択式の質問のグラフは円グラフで表示されます。

▶ アンケートの分析結果が表示された③

どんな内容に取り組んでいますか？自由に書きましょう。
7 件の回答

ことわざ

計算ドリル

イラスト

絵を描く

ピアノ

漢字練習

国旗調べ

MEMO

選択式の質問は円グラフになりますが、記述式のものは一つ一つ表示されます。文字が小さいため、全体で共有する際には教師が読み上げるとよいでしょう。

POINT

授業でより効果的に活用するには

アンケートの分析結果を電子黒板などに映してクラスで共有し、クラス全体の意見を共有したり、あるいは、全体の中で、自分がどんなことに取り組んでいきたいか、といった自身の今後の課題を作ったりします。
また、このグラフはほぼリアルタイムに更新され続けるので、授業の最初にアンケートを出して、授業中は概要画面を表示したままにしておくと、児童たちが回答を変更することで、グラフが徐々に変化していく様子を見ることができます。

Google フォーム

初発の感想を可視化して共有、分析する

▶ 動画／解説

Google フォームで取得した初発の感想をGoogle スプレッドシートに出力した後、AI テキストマイニングを用いてよく出てくる言葉を可視化します。その結果をクラス全体で共有し、皆でこの教材から今後、何を学習していくのかを考えます。

今回は「ごんぎつね」の初発の感想をフォームから集めて、スプレッドシートに出力してテキストマイニングを行うという流れでの事例を紹介します。

「ごんぎつね」の初発の感想を書き込むアンケートを出す

❶ 出席番号、名前、初発の感想を書き込むフォームを作成する

▶ Googleドライブからフォームを作成している

ごんぎつね 初めて読んでの感想

suzuya@gigabc.com アカウントを切り替える

共有なし

* 必須の質問です

出席番号 *

選択

名前 *

回答を入力

初めて読んでの感想 *

回答を入力

送信

フォームをクリア

Google フォームでパスワードを送信しないでください。

1 「出席番号」を設定する

2 「名前」を設定する

3 「初めて読んでの感想」を設定する

❷ Classroomからの課題機能でアンケートを出す

▶ Classroomが表示されている

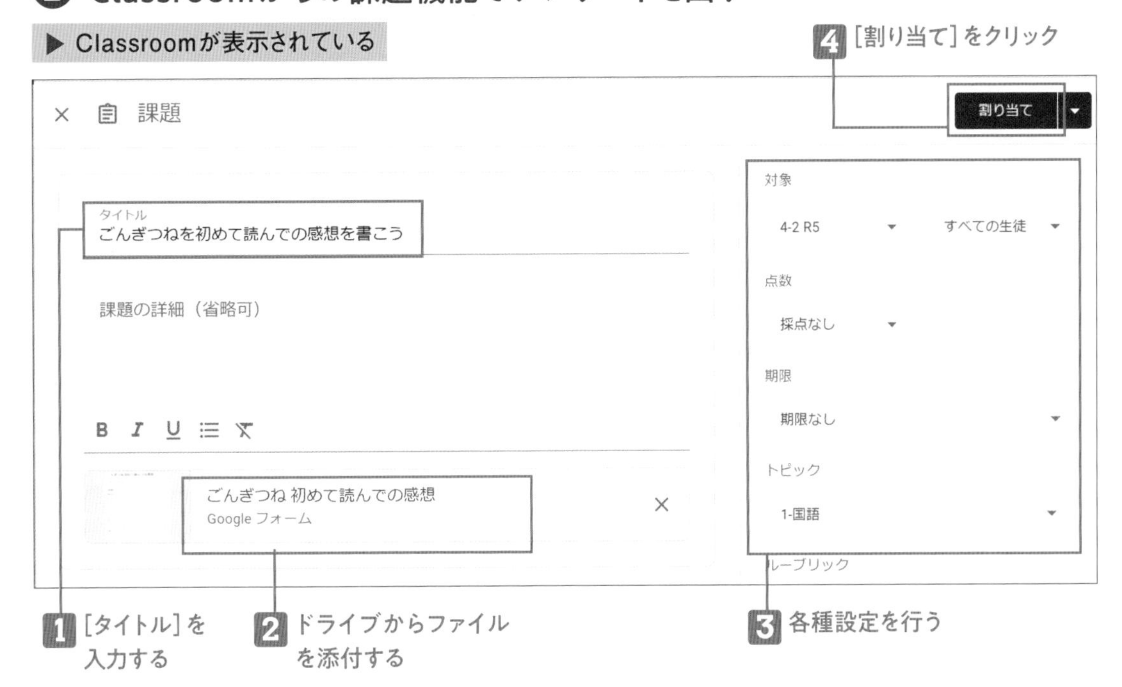

集まった回答をスプレッドシートに書き出す

❶ 回答を書き出す先のスプレッドシートを作成する

▶「ごんぎつね　初めて読んでの感想」アンケートが出された

▶ 課題のフォームが表示されている

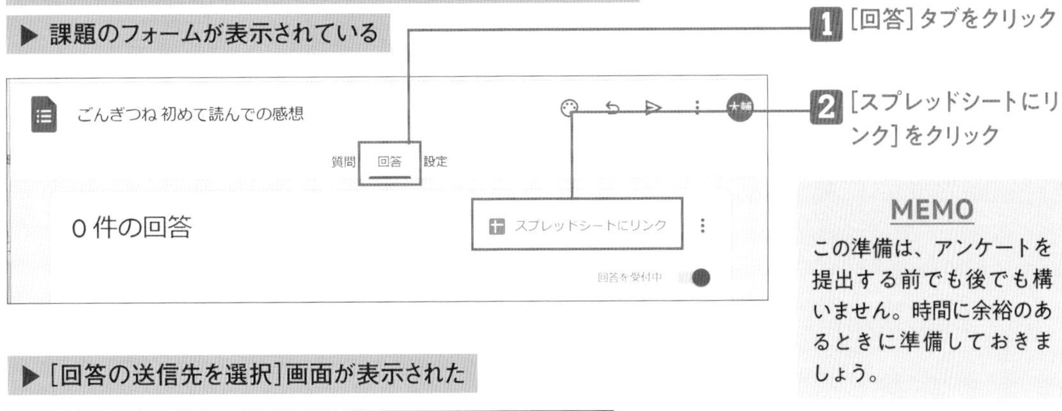

MEMO

この準備は、アンケートを提出する前でも後でも構いません。時間に余裕のあるときに準備しておきましょう。

▶ [回答の送信先を選択]画面が表示された

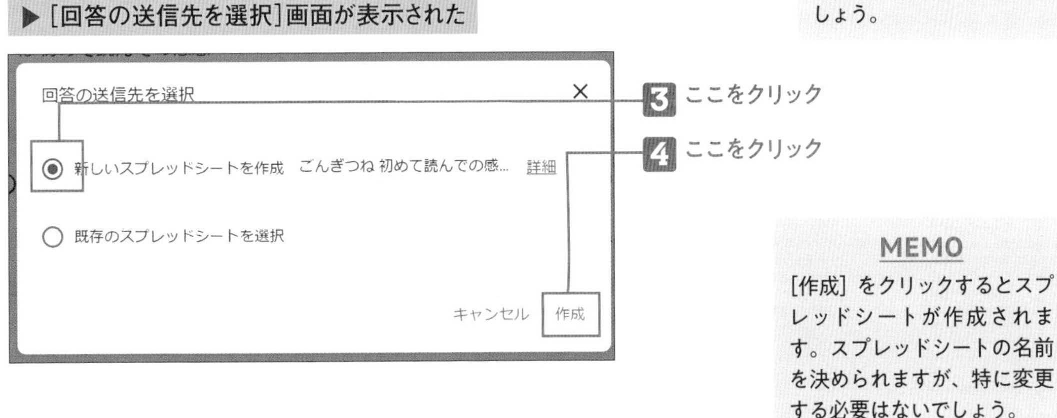

MEMO

[作成] をクリックするとスプレッドシートが作成されます。スプレッドシートの名前を決められますが、特に変更する必要はないでしょう。

▶ スプレッドシートが作成された

	名前	初めて読んでの感想
20	高橋 拓海	ごんぎつねの物語は、友情や許しの大切さを教えてくれた。でも、最後はちょっと悲しかったから、何か教訓があるのかなと思った。
19	小林 綾乃	ごんぎつねはいたずら好きだったけど、ちょっとかわいそうに思った。彼の行動の裏には、何か理由があるのかなと思った。
1	青木 太郎	兵十さんは最初はごんぎつねに怒っていたけど、最後はとても悲しそうだった。二人の関係がどう変わっていくのか気になった。
18	吉田 千尋	ごんぎつねが兵十さんにプレゼントを持っていくシーンは心温まった。友達を思いやる気持ちが伝わってきた。
8	佐藤 健司	ごんぎつねのいたずらシーンは面白くて、ちょっと笑ってしまった。でも、その後の彼の気持ちの変化が気になった。
11	西田 美咲	物語の最後で、ごんぎつねが亡くなったときはショックだった。こんな結末を予想していなかったからだ。
17	山田 美晴	お話の中の村や山の風景を想像しながら読むのが楽しかった。自分もそこにいるような気分になった。
4	加藤 優一	ごんぎつねと兵十さんの関係は複雑だった。でも、二人の間には深い絆があるように感じた。
6	木村 さやか	ごんぎつねが兵十さんにいたずらをした理由が気になった。彼はただ遊びたかっただけなのかな。
12	渡辺 明日香	ごんぎつねが持っていったくりや松たけは、ごめんなさいの気持ちの表れだったのかな。彼の行動には意味があるのかもしれない。
14	石田 大樹	お話の中で、動物と人間がどう関わっていくのかが面白かった。互いに理解し合うことの大切さを感じた。
3	井上 悠真	ごんぎつねが兵十さんにいろんなものを持っていくのは、友情の証だと思った。でも、兵十さんがそれをどう思ったのか気になる。
16	山口 花子	兵十さんがごんぎつねを許してくれたらよかったと思った。物語がもっとハッピーエンドだったらいいのに。

MEMO
児童から課題のフォームに感想が送信されると、作成したシートに感想が集約されていきます。

テキストマイニングを行う

❶ 解析したいテキストを入力する

▶「ユーザーローカルAIテキストマイニング」(https://textmining.userlocal.jp/)が表示されている

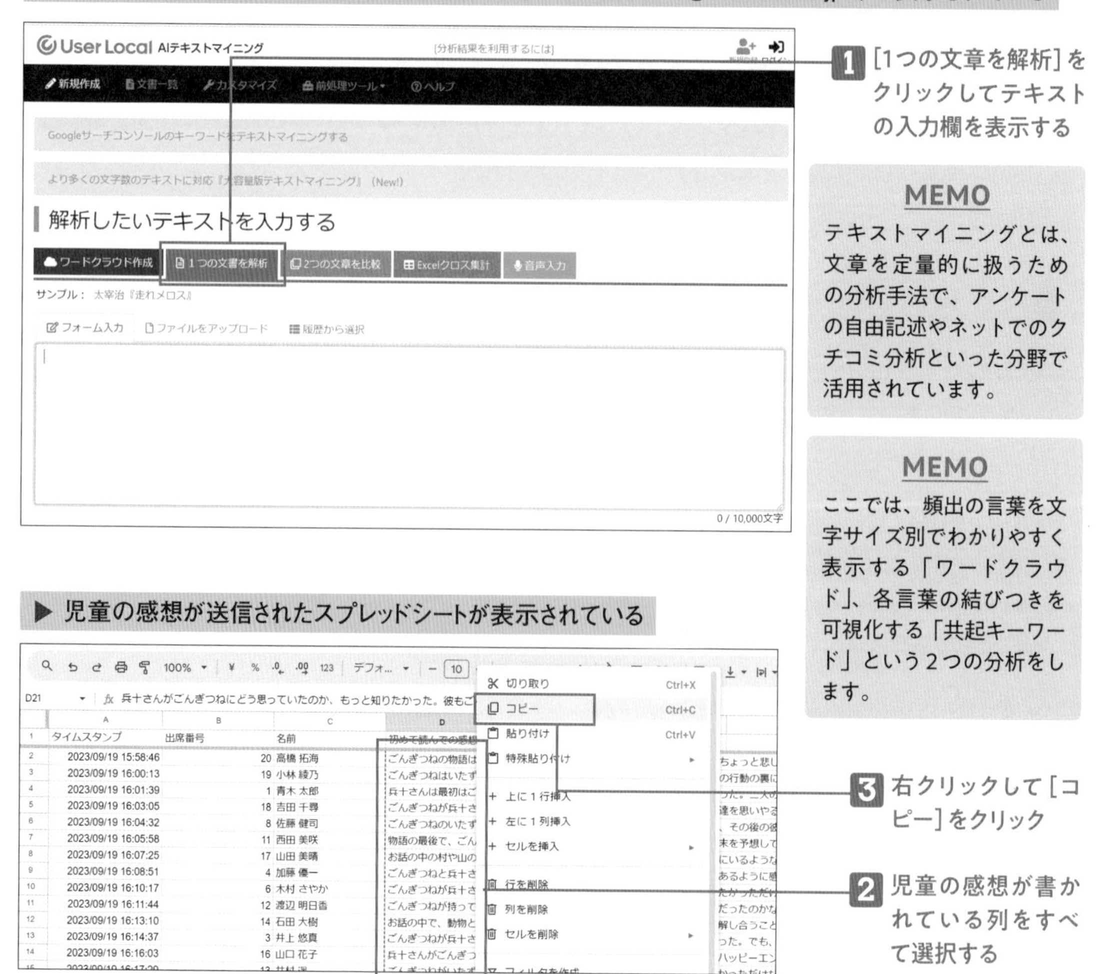

1 [1つの文章を解析]をクリックしてテキストの入力欄を表示する

MEMO
テキストマイニングとは、文章を定量的に扱うための分析手法で、アンケートの自由記述やネットでのクチコミ分析といった分野で活用されています。

MEMO
ここでは、頻出の言葉を文字サイズ別でわかりやすく表示する「ワードクラウド」、各言葉の結びつきを可視化する「共起キーワード」という2つの分析をします。

▶ 児童の感想が送信されたスプレッドシートが表示されている

3 右クリックして[コピー]をクリック

2 児童の感想が書かれている列をすべて選択する

▶「ユーザーローカルAIテキストマイニング」の［1つの文書を解析］画面が表示されている

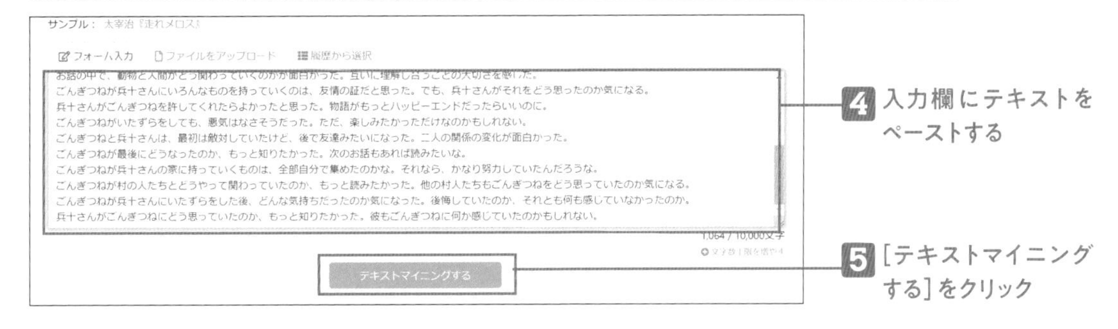

▶［ワードクラウド］画面が表示された

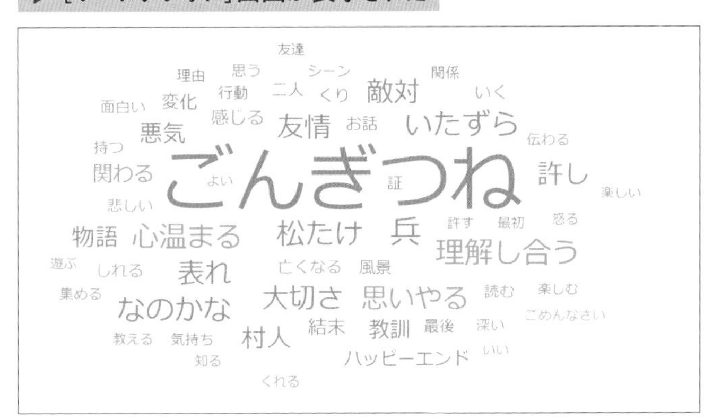

MEMO

画面の一番上に「ワードクラウド」の解析結果が表示されます。

MEMO

「ごんぎつね」が一番大きく表示され、初発の感想文の中では、「ごんぎつね」という言葉が一番多かったことがわかります。

▶［共起キーワード］画面が表示された

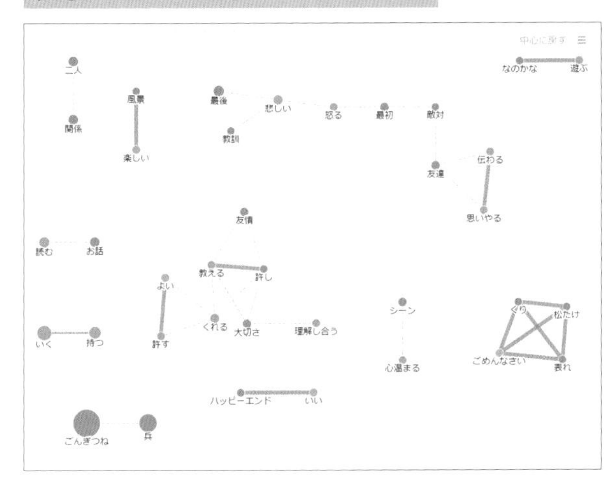

MEMO

「一緒に出現しているキーワード」がわかります。ここでは、「最初」と「敵対」、「二人」と「関係」。また、「くり」「松たけ」「ごめんなさい」「表れ」といったキーワードのつながりがわかります。

MEMO

フォームで集めた意見をテキストマイニングするというやり方は、「授業の振り返りの分析」「学級目標を作るときのキーワード抽出」などに派生させることができる方法です。

POINT

児童と話し合い、気づきを得る

これまでは、初発の感想文すべてを教師が確認し、文章にラインを引き、児童に発表してもらう、といった授業が主流でした。しかし、今回の手法では、解析結果を大型画面などでクラス全体で共有し、「この単語ってどういうことかな？」「この単語の繋がりについてはどう思う？」というように皆で話し合うことで、児童たちと一緒に、この教材文で考えたいことや、今後の学習課題について考えることができます。さらに、教師が気付けなかった視点を与えてくれることもあります。ぜひ、授業の進め方の一つとして取り入れてみてください。

Google フォーム

児童がアンケートを作り結果を新聞にまとめる

▶動画／解説

ここでは、Google フォームを使って、児童一人ひとりが自分でアンケートを作成して、クラス全体から回答を得る、という事例を紹介します。授業の最後に、児童は得た回答をもとに「新聞記事」を作成します。

事例の流れ
①児童が各自で、フォームでアンケートを作る
②アンケートの回答用 URL を教師がスプレッドシートで「一覧」にまとめる
③「一覧」をクラス全体で共有して、児童がアンケートに回答する
④アンケートの結果をもとに、児童が各自で新聞記事を作る

児童が自分たちでアンケートを作る

❶ 質問を考え、出席番号、名前、アンケートの回答を書き込むフォームを作成する

▶ Googleドライブからフォームを作成している

児童側の画面

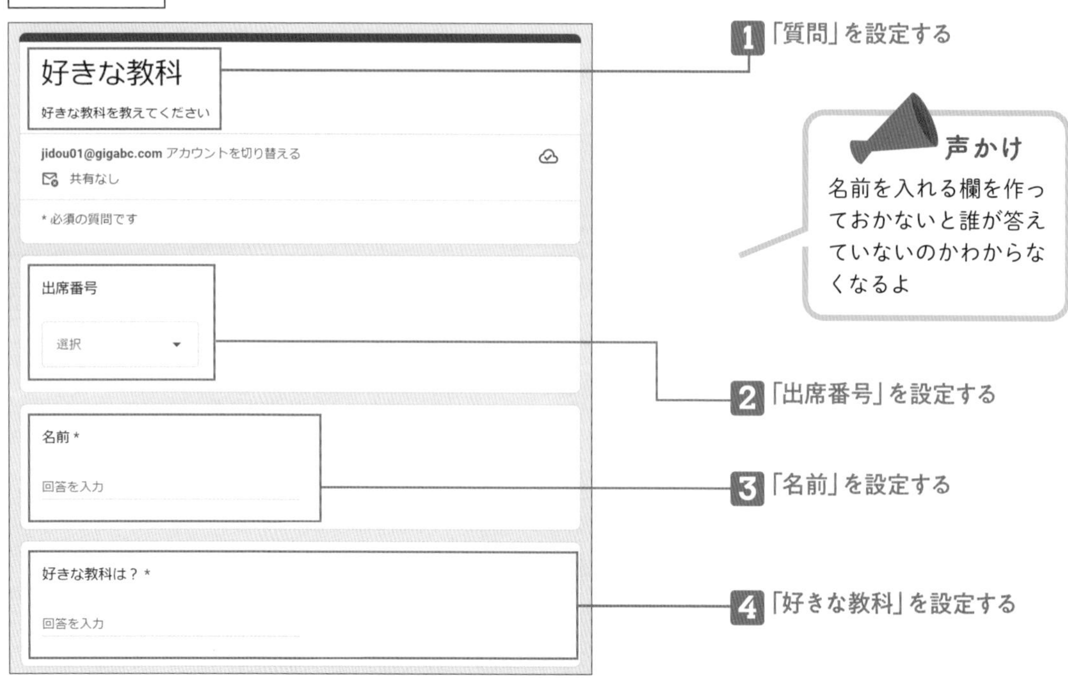

MEMO

第1章の作成方法をなぞりながら、児童がフォームを作成します。教師も児童の様子を見て、助言をしながら一緒に作るとよいでしょう。

MEMO

「好きな食べ物は？」「好きなスポーツは？」といった質問項目も考えられます。

回答URLを共有するためのスプレッドシートを作成して共有する

❶ 回答URLを貼り付けるスプレッドシートを作成する

▶ すべての児童がアンケートのフォームを作成した

▶ Googleドライブからスプレッドシートを作成する

教師側の画面

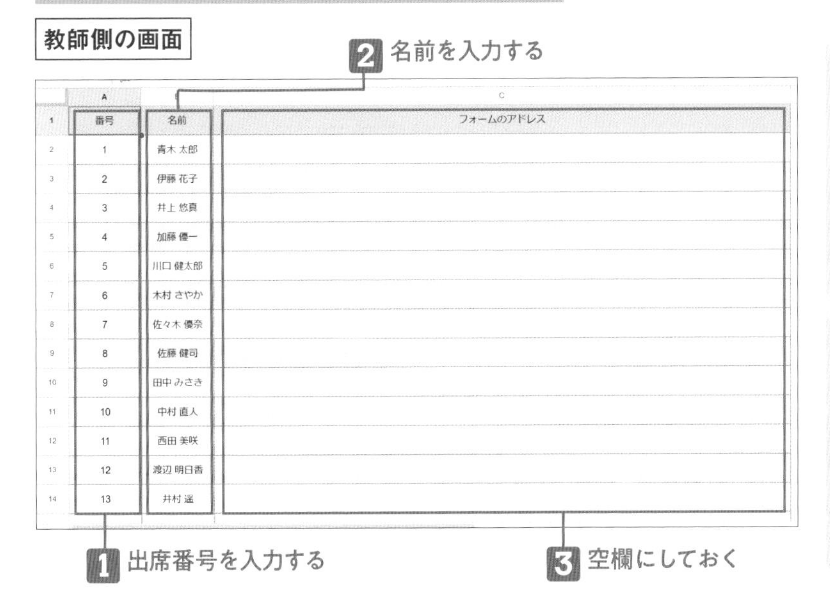

MEMO

アンケート回答用URLの一覧をスプレッドシートにまとめます。児童がURLをクリックしながら友だち全員のアンケートに答えられるようにします。

MEMO

「出席番号」と「名前」の欄は入力しておき、「フォームのアドレス」欄は、児童たちが自分でURLを貼り付けられるように空欄にしておきます。

❷ 編集可能にしたスプレッドシートを児童たちと共有する

▶ アンケート回答用URLを貼り付けるスプレッドシートが作成された

▶ GoogleClassroomが表示されている

教師側の画面

スプレッドシートでアンケートを共有する

❶ 児童たちが回答用のURLを共有する

▶ [フォームを送信]画面が表示されている

児童側の画面

声かけ
作成したフォームのURLを表示して、自分の名前の欄に貼り付けてください

MEMO
回答用のURLの表示のさせ方がわからない児童もいるので丁寧に解説しましょう。

❷ 児童たちがスプレッドシートに回答用のURLを貼り付ける

▶ スプレッドシート「フォームのアドレスを貼りましょう」が表示されている

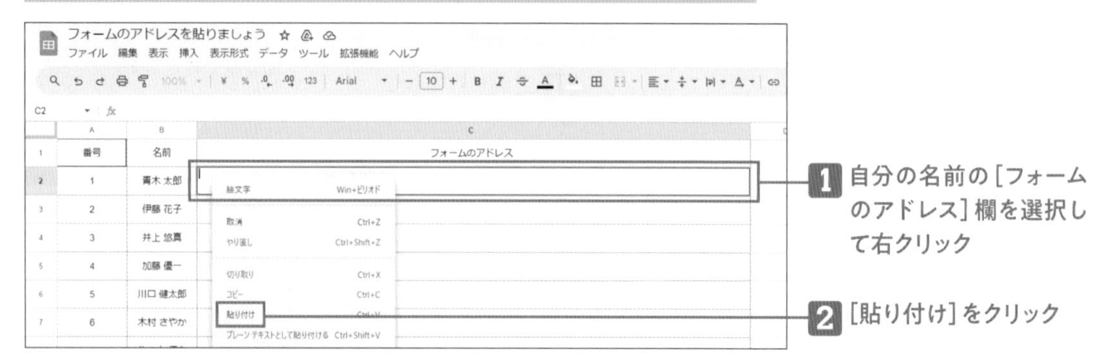

▶ URLが貼り付けられた

教師側の画面

番号	名前	フォームのアドレス
1	青木 太郎	https://docs.google.com/forms/d/e/1FAIpQLSelLo0XW1Jq5xc_XXXXXXXXXXXXXXXXXXXXXXXXXYg/viewform?usp=sf_link
2	伊藤 花子	https://docs.google.com/forms/d/e/1FAIpQLSelLo0XW1Jq5xc_XXXXXXXXXXXXXXXXXXXXXXXXXYg/viewform?usp=sf_link
3	井上 悠真	https://docs.google.com/forms/d/e/1FAIpQLSelLo0XW1Jq5xc_XXXXXXXXXXXXXXXXXXXXXXXXXYg/viewform?usp=sf_link
4	加藤 優一	https://docs.google.com/forms/d/e/1FAIpQLSelLo0XW1Jq5xc_XXXXXXXXXXXXXXXXXXXXXXXXXYg/viewform?usp=sf_link
5	川口 健太郎	https://docs.google.com/forms/d/e/1FAIpQLSelLo0XW1Jq5xc_XXXXXXXXXXXXXXXXXXXXXXXXXYg/viewform?usp=sf_link
6	木村 さやか	https://docs.google.com/forms/d/e/1FAIpQLSelLo0XW1Jq5xc_XXXXXXXXXXXXXXXXXXXXXXXXXYg/viewform?usp=sf_link
7	佐々木 優奈	https://docs.google.com/forms/d/e/1FAIpQLSelLo0XW1Jq5xc_XXXXXXXXXXXXXXXXXXXXXXXXXYg/viewform?usp=sf_link

3 「フォームのアドレス」欄を確認する

❸ スプレッドシートの権限を[閲覧者]に変更して児童がアンケートに答える

教師側の画面

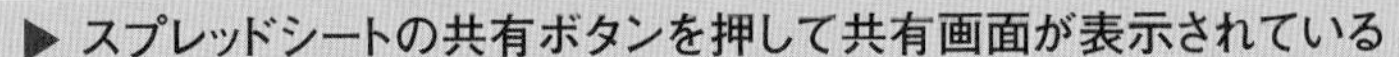

▶ スプレッドシートの共有ボタンを押して共有画面が表示されている

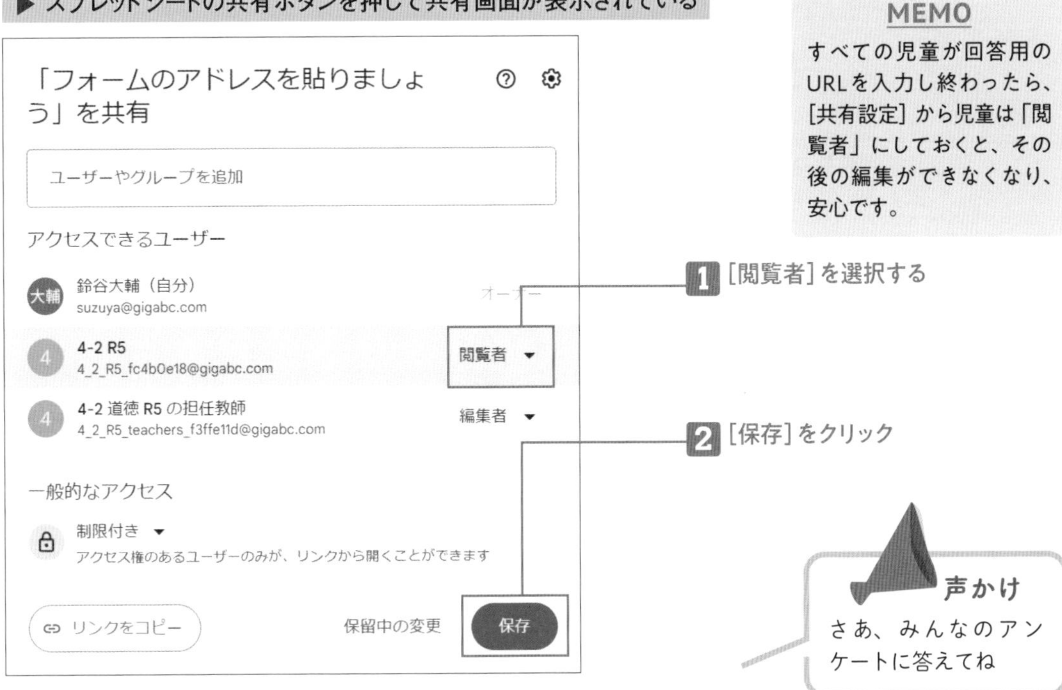

MEMO

すべての児童が回答用のURLを入力し終わったら、[共有設定] から児童は「閲覧者」にしておくと、その後の編集ができなくなり、安心です。

声かけ

さあ、みんなのアンケートに答えてね

アンケート結果から児童が作成した記事の例

好きな教科ランキング - 第1位は意外な教科

4年3組の国語の授業で行った好きな教科ランキング（6月20日実し）の結果は、以下のようになりました。

順位	教科
第1位	道徳
第2位	国語
第3位	体育
第4位	理科
第5位	算数

この内容を受けて、4-3たんにんのすず谷先生にインタビューしたところ、「道徳が一位になるとは意外だった。だから、みんな先生ににて すなおないい子なのだと なっとくできた。」と心にもないことを言っていました。

POINT

質問の仕方を教える・質問内容を精査させる

簡単に質問ができてしまうので、時折、あまり適していない内容をアンケートの質問にしてしまう児童が出てきます。例えば、住所などの個人情報や好きな人がいるかといったプライベートに踏み入るような内容も想定されます。

児童には最初に、どのような質問が適しており、どのような質問はふさわしくないのかといったことを話しておくとよいでしょう。もしも違和感を感じるような質問があったら答える必要はなく、すぐに担任に相談するように伝え、教師も都度チェックしているとよいでしょう。

column

▶ 動画／解説

端末で遊んでしまうのをどう乗り越えるか

私は、多くの先生方から「貸与された端末で遊んでばかりいる」「授業中も端末でふざけてしまう」という声を聞きます。この現象は、端末の導入初期によく起こります。そのときに端末の活用を一旦止めてしまうと、この現象はその後も繰り返され、結局、端末の活用を断念する、ということがよくあります。

実はこうした現象はどの学級でも起こることで、今、盛んに活用をしている学校、学級も、この時期を乗り越えています。この現象を乗り越えることで、端末の活用、ICT 教育が導入できるのだと前向きに捉えてください。ここでは、ICT 教育導入のためのいくつかのポイントを紹介します。

◆端末活用が進んだ授業は、情報密度が格段に上がることを意識する

授業での端末の活用が進むと、インターネットの利用もあり、児童が授業中に扱う情報量は圧倒的に増えます。ところが、端末は活用しているものの、授業スタイルは、扱う情報量が少ない従来の「一斉授業」のままでは、児童が扱える情報量と、授業内の情報量の間に大きな差が生じてしまいます。そのため、児童に「遊ぶ余裕」ができてしまうのです。これを解消するためには、児童の扱える情報量に合わせて「授業内の情報密度を上げる」ことです。児童に遊ぶ余裕は生まれないでしょう。

◆端末使用のルール「自身の学びのために使う」を徹底する

「この端末は、学習者用端末として貸与されています」。私はこの意識、ルールを最初に児童と共有し、児童に端末は自分の成長のため、学びを深めるために使うことを定着させるようにしています。この基本ルールがあることで、細かいルールは必要無くなります。授業内で教師がルールを示すだけで、児童は自身の学びのために使っているか、という観点から、使い方を問い直し続けます。

◆授業者自身もふり返る

遊んでしまう児童が悪いという視点ではなく、遊んでしまっても問題ないような授業やクラス経営をしている自身にも原因があるという気持ちが持てると、やるべきことは自分の授業改善だと気づきます。PART 2 で紹介した、児童が交流する実践を真似してみてください。徐々に正しい活用方法が身につくはずです。

PART 3
定番アプリを授業で活用

この章では、Google for Education に含まれていない、児童をワクワクさせるアプリケーションについて紹介します。なかでも特に扱いやすく、授業でも児童の興味をひくアプリケーションを活用事例とともに紹介します。

▶ 動画／解説

授業をワクワクさせる定番アプリの紹介

紹介するアプリケーション

今回紹介するアプリケーションは以下の通りです。

Kahoot!（カフート）　手軽に授業に「クイズ」を導入できる！

Kahoot! は、教師や児童たちが、**手軽に自分たちでクイズを作ることができる**アプリです。すでにアプリケーションに用意されているクイズやテンプレートも利用できるので、すぐに授業で使うことができます。

作成したクイズはオンラインで参加者と共有できるので、児童はリアルタイムでクイズに挑戦して、競い合うことができます。クイズの形式も、個人で競い合ったり、グループで競い合ったり、または参加者が協力して課題をクリアするような方法も選べます。

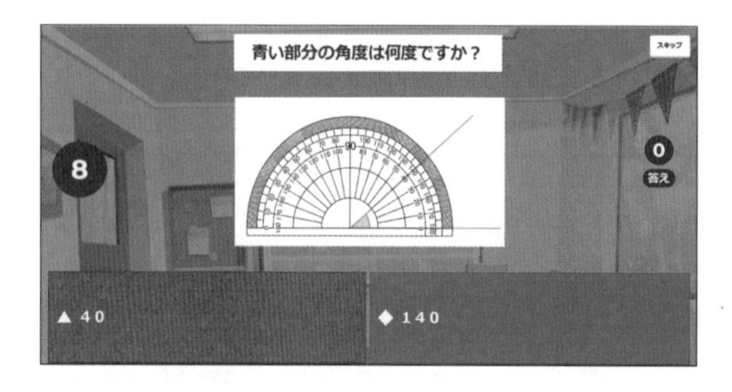

Padlet（パドレット）　テキストや画像、リンク、動画などを共有できる！

Padlet は、**オンライン上に仮想の掲示板を作成して、使用者がテキスト、画像、リンク、動画などを投稿して共有できるプラットフォーム**です。いろいろなアイデアを皆で共有して、さらにアイデアを発展させることができます。

使いやすいのは「ウォール」という形式です。掲示板をセクションごとに分けて、皆でセクションごとに投稿していきます。投稿は写真や動画を添付するほか、その場での録画・録音にも対応しています。

Flip（フリップ） みんなでビデオ動画を共有できる！

Flip は、ビデオディスカッションプラットフォームです。教師と学生がビデオを作成して共有し、ディスカッションを行うことができます。**ビデオを録画またはアップロードし、それに対して児童たちがコメント、動画での返信**などができます。

動画に特化しているため、仮想背景や簡易な動画編集などさまざまな付加機能が利用できます。

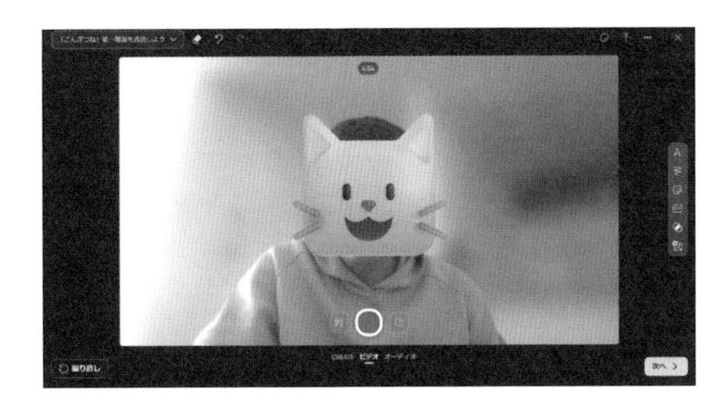

描画キャンバス スクリーンショット画像を手軽に編集できる！

描画キャンバスは、スクリーンショットなどの画像に、手描きで絵を描いたり文字を書き込んだりできるアプリです。**操作が非常にシンプルなので、低学年から利用でき、授業での活用のハードルが低い**、初心者向けのアプリです。

Scratch（スクラッチ） プログラミングスキルを学べる！

Scratch は、児童がプログラミングスキルを学び、「動く絵本」のようなストーリーやゲームを作成できるオンラインツールです。

ブロックを組み合わせたプログラミング言語を使用して、キャラクターや背景などを動かし、双方向のプロジェクトを作成できます。**低学年から利用できますが、特に高学年の授業では、プログラミングやコンピューターサイエンスの基本を学びながら、創造力と問題解決スキルを発展させる**のに役立ちます。無料で利用できる非常に画期的なアプリケーションです。

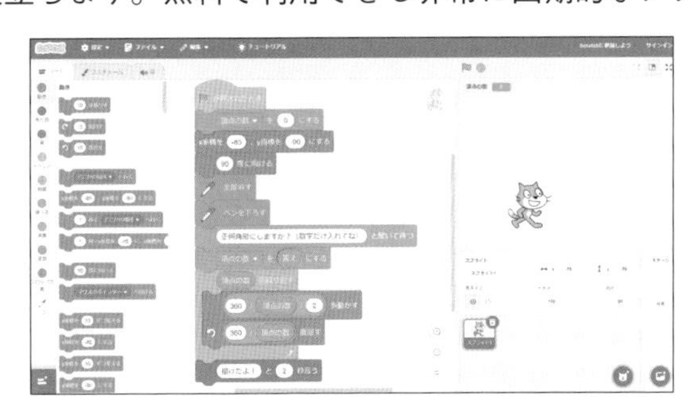

Kahoot!

難易度★☆☆

オススメ教科
全教科

クイズ大会を開催する

▶ 動画／解説

Kahoot!（カフート）は簡単にクイズ大会が開けるアプリです。自分でクイズを作ることもできますが、アプリには、さまざまなクイズ（日本語版）が共有されているので、そのクイズを活用して手軽にクイズを授業に導入することができます。

クイズを作成する（クイズ大会を開催する）人のみアカウントの登録が必要で、クイズに参加する側は登録する必要はありません。ここでは、アカウントの作成から、既存のクイズを使ってのクイズ大会実施までを解説します。

Kahoot! のアカウントを作成する

❶ Kahoot! にアクセスする

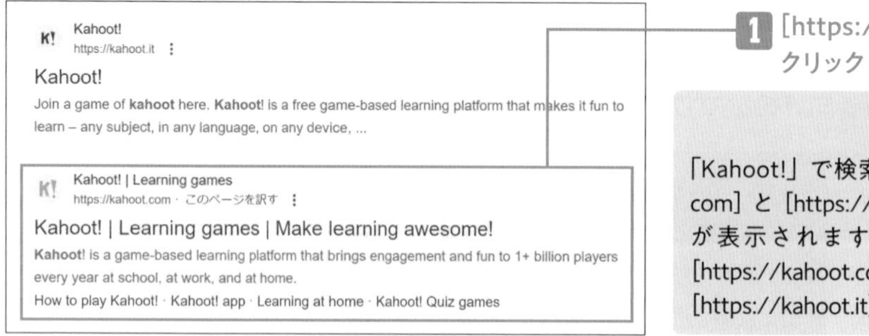

1 [https://kahoot.com] をクリック

MEMO

「Kahoot!」で検索すると、[https://kahoot.com] と [https://kahoot.it] という2つのURLが表示されます。クイズを出題する側は [https://kahoot.com]、クイズに参加する側は [https://kahoot.it] を利用します。

❷ 自身の属性を設定する

▶ Kahoot!のページにアクセスした。

▶「すべてのCookieを受け入れる」をクリックし、ページ右上の地球儀マークから「日本語」を選択し、日本語表示になっている

1 [サインアップ] をクリック

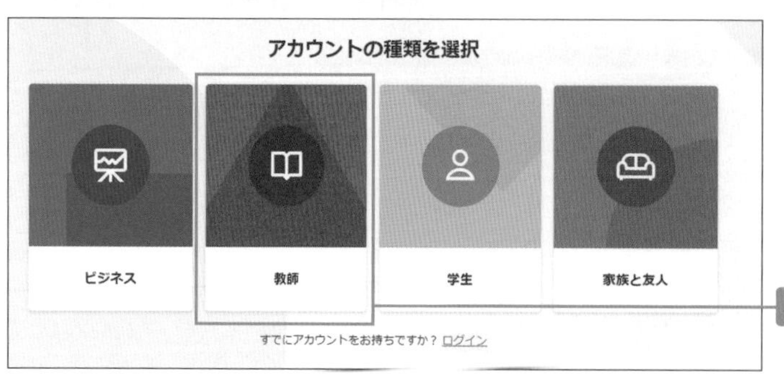

2 アカウントの種類は [教師] をクリック

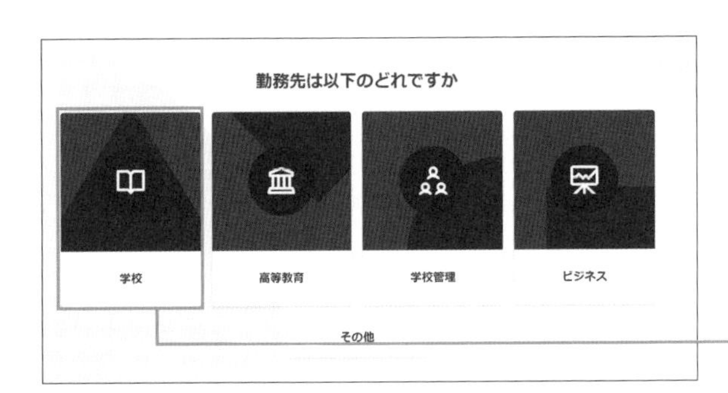

3 勤務先は［学校］をクリック

MEMO
［教師］→［学校］を選択しないと、同時に参加できる人数の制限が厳しくなります。

❸ サインアップする

▶［アカウントの作成］画面が表示された

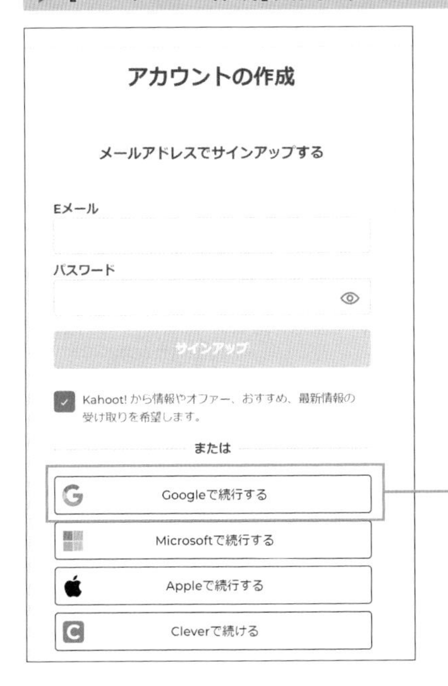

1 ［Googleで続行する］をクリック

MEMO
メールアドレスから登録するか、自分が既に持っているアカウントに紐付けるかを選ぶ画面になるので、「Googleで続行する」を選択します。

▶［アカウントの選択］画面が表示された

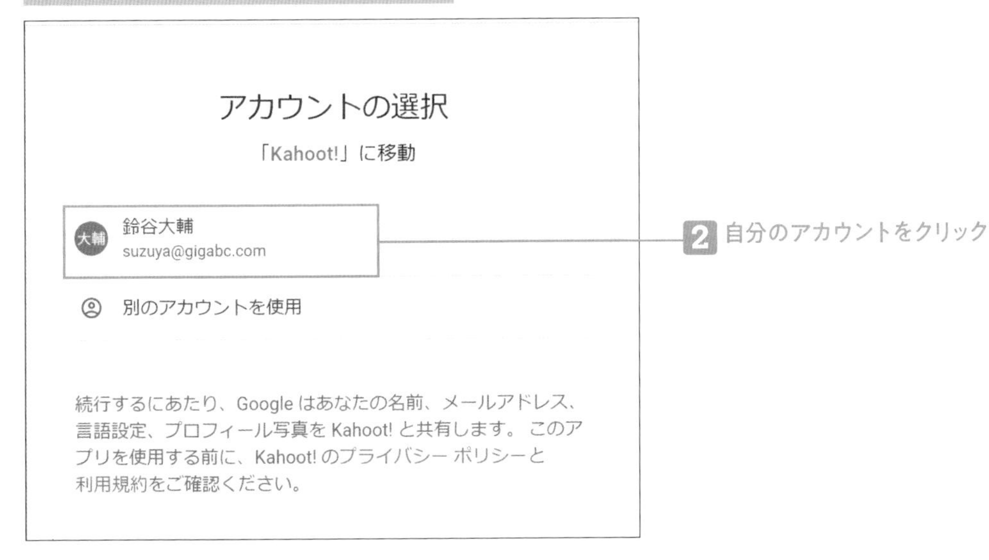

2 自分のアカウントをクリック

▶ [サインアップ]画面が表示された

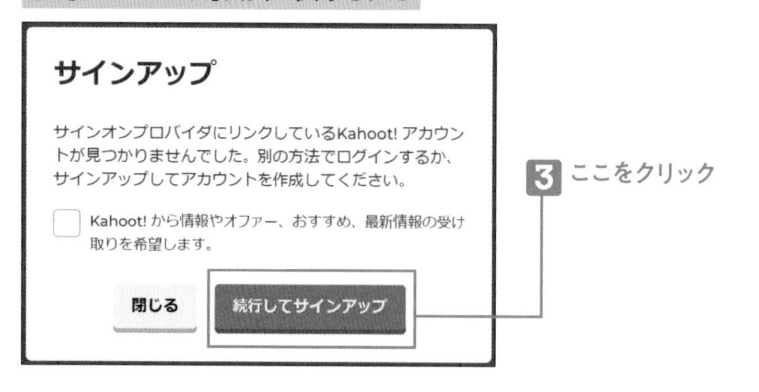

3 ここをクリック

MEMO
一見、エラーのような表示が出ますが、「続行してサインアップ」を選びます。

▶ プランの選択画面が表示された

4 [Continue for free] をクリック

MEMO
料金プランの選択画面が表示されます。画面左下にある [Continue for free] を選びましょう。

MEMO
アカウントの登録が完了しました。

アプリに搭載されたクイズを使ってみよう

① 検索欄から利用できるクイズを検索する

▶ kahoot! が起動している

1 画面上部の検索欄から公開設定となっているクイズを検索する

MEMO
お勧めは「学年」をキーワードにして検索する方法です。今回は「4年」で検索してみましょう。

▶「4年」というキーワードの検索結果が表示された

2「4年」というキーワードで検索する

3 4年生向けのクイズをクリック

MEMO
4年生で扱えそうなクイズが表示されました。「分度器で角度をはかる問題」を使ってみましょう。

2 クイズを選んでクイズ大会を開く

▶「4年　算数　分度器で角度をはかる問題」が表示されている

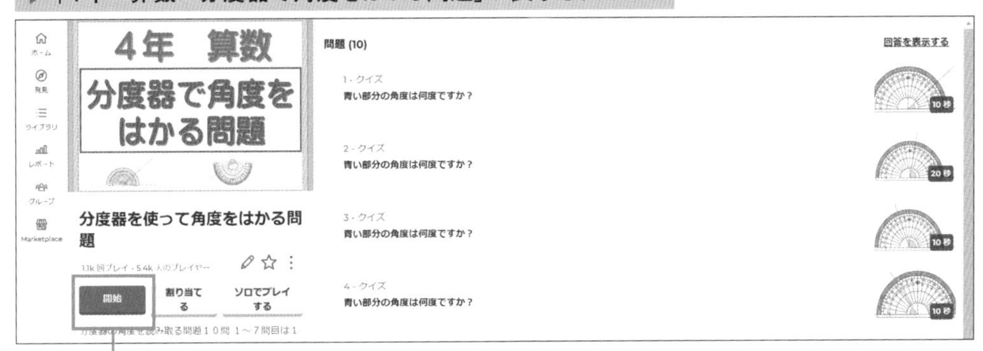

1 [開始] をクリック

3 クイズの設定を変更する

▶ クイズのモードを選ぶ画面が表示されている

1 画面の右下の [歯車] ボタンをクリック

MEMO
クイズを始める前に、設定を変更しておきましょう。この作業は初回のみ必要です。

▶ [設定]画面が表示された

2 [問題と回答の表示]をONの状態にする

3 [ニックネームジェネレーター]をONの状態にする

4 [歯車]ボタンを押して設定を終了する

MEMO

クイズ大会への参加時に名前を決めることができますが、文字入力が難しい場合は「ニックネームジェネレーター」をONにすると、ニックネームをルーレットで決めることができます。

❹ クイズをプレイする

▶ クイズのモードを選ぶ画面が表示されている

1 [クラシックモード]をクリック

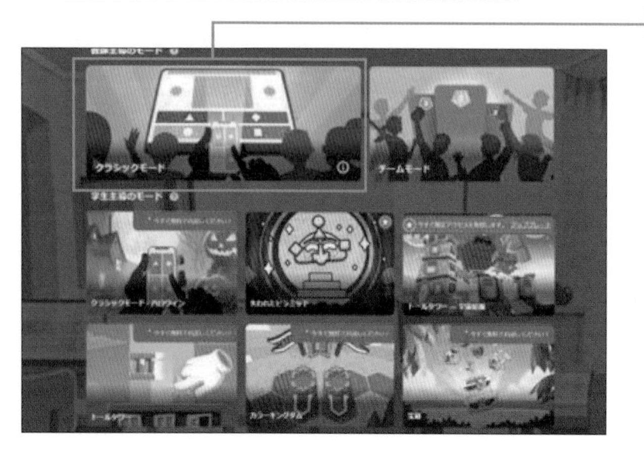

MEMO

[クラシックモード]を選びます。クラシックモードは、個人でクイズ大会の優勝を目指すモードです。

▶ PINコードが表示された

2 PINコードを確認して児童に知らせる

MEMO

クイズのモードを選択すると、大会に参加するための「PINコード」と、参加登録している人の一覧が表示されます。この画面は電子黒板などで大きく映しておくとよいでしょう。

❺ 児童にPINコードを入力して参加してもらう

▶ 児童がPINコードを入力する画面が表示されている

▶ 児童にはClassroomなどで「https://kahoot.it」を共有しておく

児童側の画面

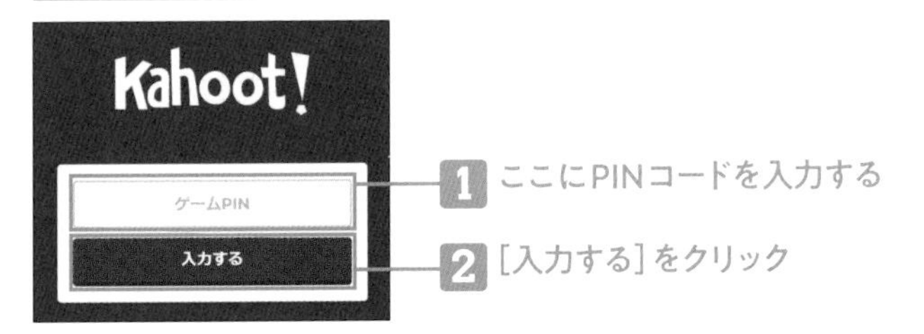

▶ ニックネームジェネレーターがONのときは、ルーレットが表示される

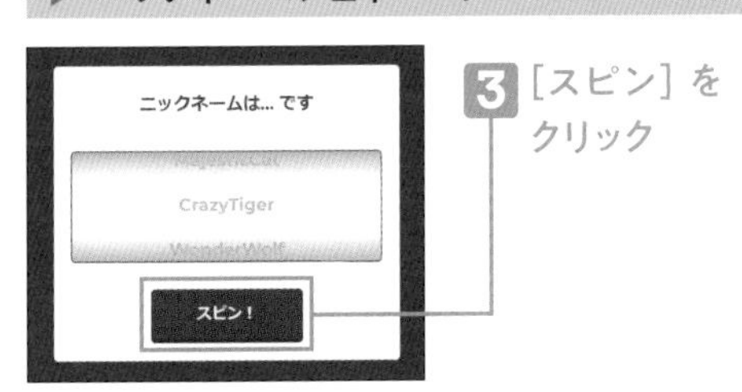

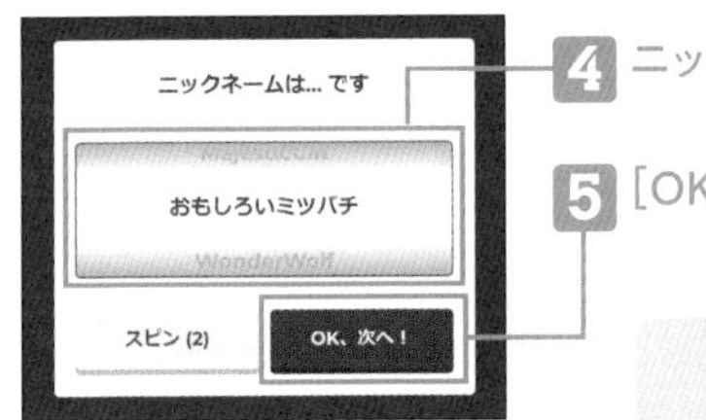

MEMO
ニックネームが入力できれば、参加登録の完了です。

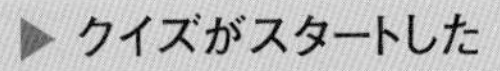
▶ クイズがスタートした

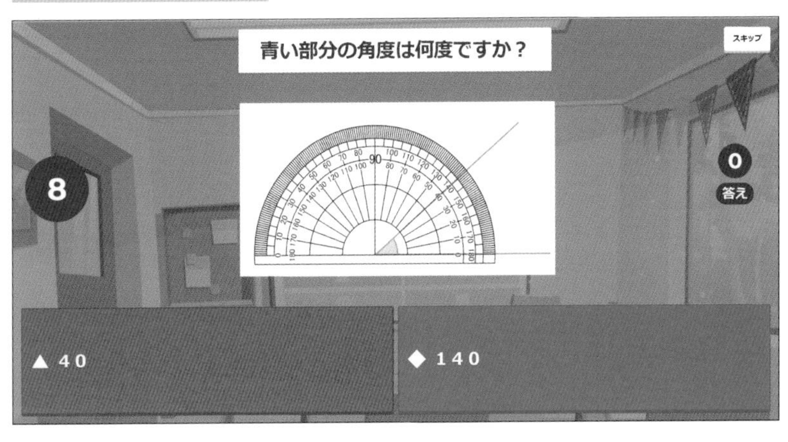

MEMO
児童が画面に表示されるクイズにどんどん答えていき、1問ごとにランキングが表示されます。

POINT

Kahoot! 利用のポイント

・「クラシックモード」は知識が定着しているかを測ることが得意です。そのため、単元末などに実施すると効果的です。
・優勝するとうれしい反面、負けて悔しがることも考えられます。勝ち負けにこだわりすぎないことを事前に伝えるとよいでしょう。
・Kahoot! のクイズ大会では盛り上がり過ぎてしまうことがあるので注意しましょう。
・他者が公開しているクイズには、誤りが含まれているものもあります。事前に問題と解答を確認するとよいでしょう。
「Kahoot!の杜」が公開しているクイズは品質も高くオススメです。
https://create.kahoot.it/profiles/7124091c-b024-430a-b584-4766b280dfc3

Kahoot!

難易度★★☆

オススメ教科
全教科

クイズを自分で作成する

▶ 動画／解説

Kahoot! では、さまざまなクイズが検索で見つかります。これらは実は、ユーザーが作成、共有しているクイズです。そうしたクイズを利用するだけではなく、自分でクイズを作ることもできます。今回は簡単なクイズを作ってみましょう。

クイズを作るためにログインする

❶ Kahoot! にログインする

▶ Kahoot!（https://kahoot.com）が開いている

1 ［ログイン］をクリック

MEMO
今回は、サインアップではなく、ログインの手順をご紹介します。

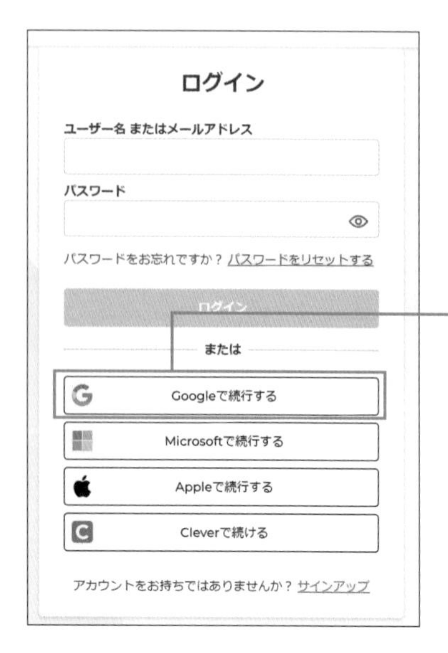

2 ［Googleで続行する］をクリック

アカウントの選択
「Kahoot!」に移動
鈴谷大輔
suzuya@gigabc.com
別のアカウントを使用

3 自分のアカウントを選ぶ

MEMO
有料プラン選択のページが表示される場合がありますが、「Continue with Basic」と書かれたリンクをクリックして進みましょう。

クイズを作成する前にクイズの設定を変更する

❶ [公開範囲]を[非公開]にする

▶ クイズの作成画面が表示された

1 [作成] をクリック

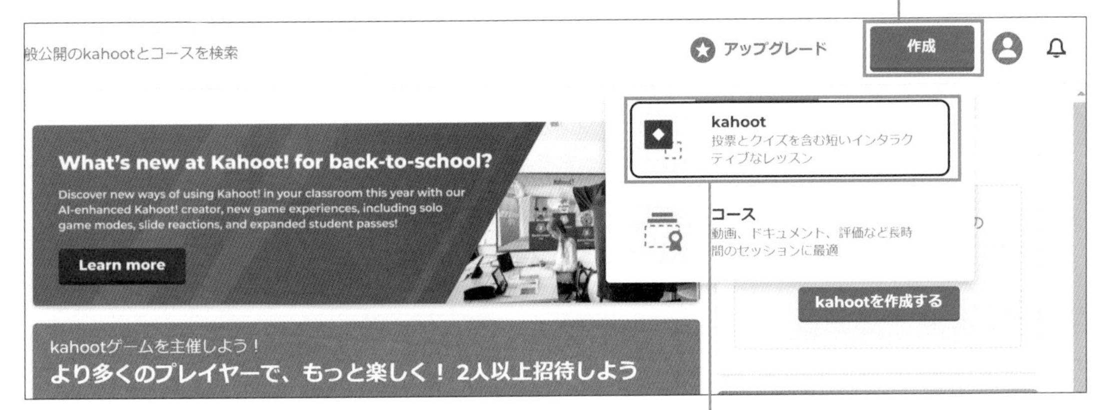

2 [kahoot] を選択する

MEMO

Kahoot!ではひとまとまりのクイズのことを「kahoot」と呼び、kahootがいくつかまとまったものを「コース」と呼びます。

▶ [新しいKahootを作成する]画面が表示された

3 [空白のキャンバス] をクリック

▶ クイズの作成画面が表示された

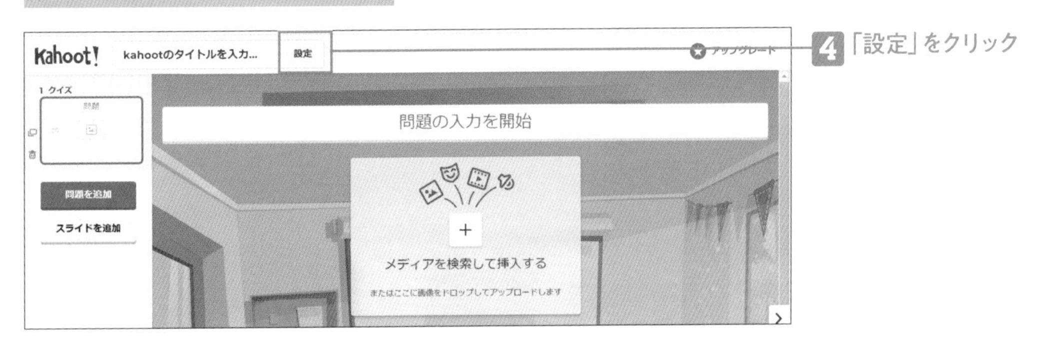

4 「設定」をクリック

▶ 設定画面が表示された

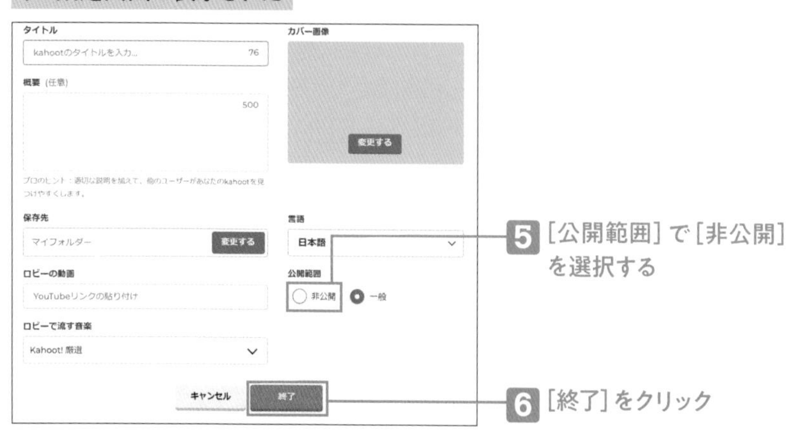

5 ［公開範囲］で［非公開］を選択する

6 ［終了］をクリック

MEMO
余裕があれば、タイトルも入力しましょう。

MEMO
［一般］では、すべてのユーザーに公開されるので、［非公開］をお勧めします。

クイズを作成する

❶ クイズの作成画面を確認する

▶ クイズの作成画面が表示された

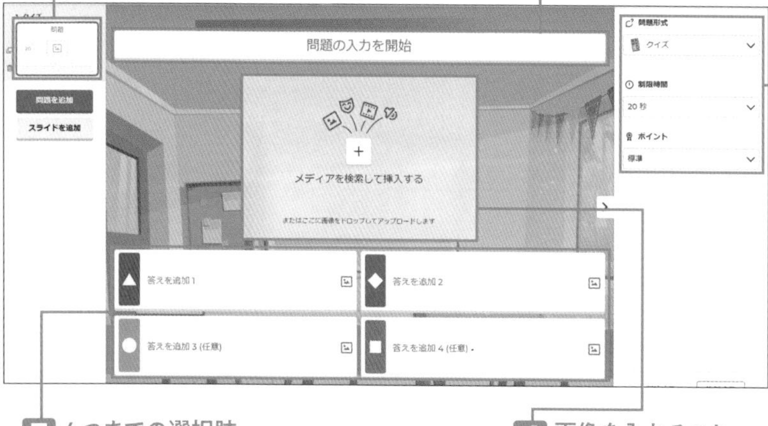

1 Googleスライドのように、画面の左に作成したクイズが並びます

2 クイズの問題文を入力します

5 クイズの設定を入力します

3 4つまでの選択肢を入力します

4 画像を入れることができます

MEMO
⑤のクイズの設定は、例えば「○×クイズ、制限時間20秒、正答時にもらえるポイントは通常の2倍」といった設定ができます。

MEMO
自分で撮った写真も問題に使えるので、「このおはじきの置き方をかけ算にすると？」といったクイズが作成できます。

❷ クイズを入力してみる

▶ クイズの設定画面が表示されている画

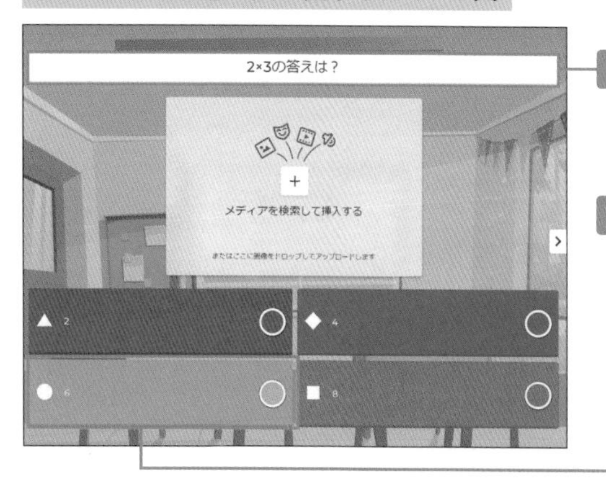

1 問題を入力する（2×3の答えは?）

2 選択肢（6）を入力して正答の「○」をクリック

MEMO
無料版では、「4択までのクイズ」「○×クイズ」の2タイプのクイズを作ることができます。

③ 問題を追加する

▶ 問題を1問作成した

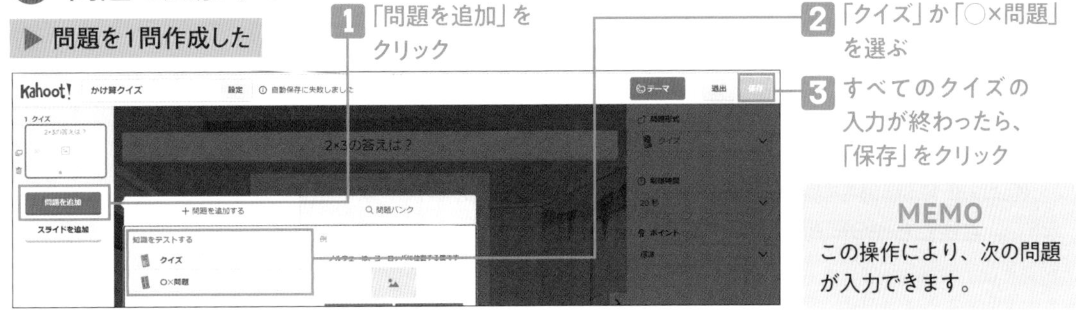

MEMO
この操作により、次の問題が入力できます。

▶ 問題作成が完了した

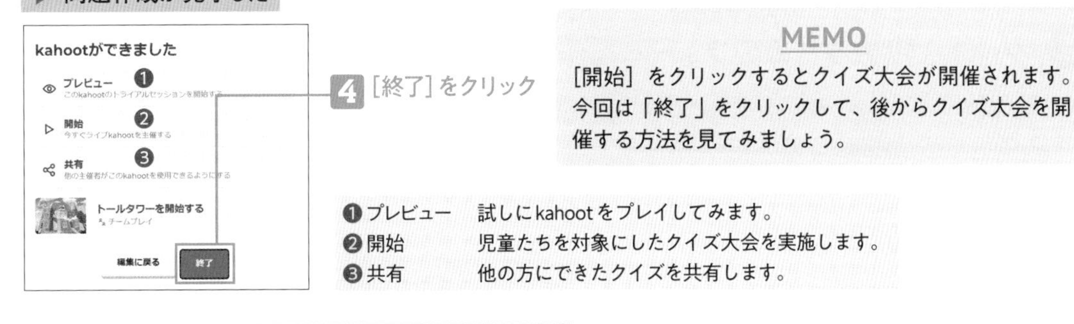

MEMO
[開始] をクリックするとクイズ大会が開催されます。今回は「終了」をクリックして、後からクイズ大会を開催する方法を見てみましょう。

❶プレビュー　試しにkahootをプレイしてみます。
❷開始　児童たちを対象にしたクイズ大会を実施します。
❸共有　他の方にできたクイズを共有します。

自作のクイズでクイズ大会を開く

① 「マイkahoot」を開く

▶ Kahoot! のページにログインしている

② クイズを選んでクイズ大会を実施する

▶ [ライブラリ]が表示された

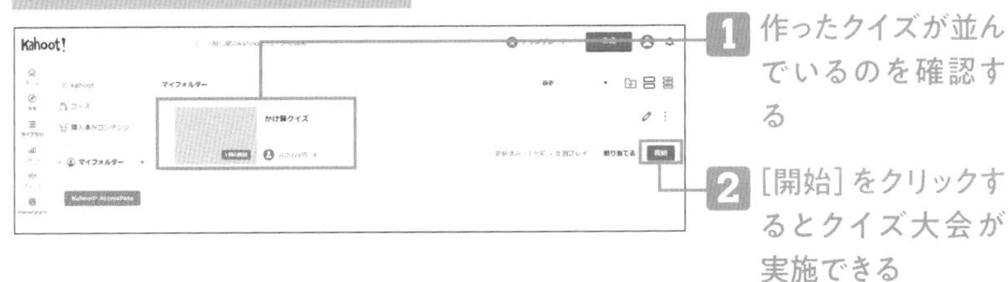

MEMO
画面右上の [マイkahoot] の欄があり、作ったkahootを確認できます。また、左側のメニューの [ライブラリ] でも同様にkahootを確認できます。

POINT

オリジナルのクイズで児童の集中力アップ

オリジナルのクイズを作ることで、児童の授業への参加意欲、授業への集中力はさらに増します。クラス作りという意味でも、学級びらきに、「先生クイズ」を作って児童たちと遊ぶと、楽しいクラスの始まりを演出できます。ぜひ、試してください。

Kahoot!

難易度★★★

オススメ教科
全教科

児童が作ったクイズでクイズ大会を開く

▶ 動画／解説

Kahoot! には、共同編集機能がありません。そこでこの事例では、教師がGoogle フォームを用いて、児童たちから問題と解答を集めて、自分たちで作ったクイズで、クイズ大会を開催します。

児童からクイズを集める

❶ クイズを集めるためのフォームを作成する

▶ Googleドライブから クイズ回収用のフォームを作成している

みんなでクイズを作ろう

クイズの内容が正しいか、しっかりと確認してから送ろう。

suzuya@gigabc.com アカウントを切り替える

共有なし

* 必須の質問です

出題者の名前 *

回答を入力

問題文 *
わかりやすい問題にしよう

回答を入力

選択肢1 *

回答を入力

選択肢2 *

回答を入力

選択肢3 *

回答を入力

選択肢4 *

回答を入力

制限時間（20秒にします） *

○ 20

答えの番号は？

○ 1
○ 2
○ 3
○ 4

送信　　フォームをクリア

1 名前を設定

2 問題文を設定

3 選択肢を設定1～4

4 答えの番号を設定

MEMO

Kahoot!では、スプレッドシート形式でクイズがインポートできるので、必要な情報を集めます。

MEMO

問題作成者の名前は任意ですが、スプレッドシートには以下の内容を含む必要があります。

問題文
選択肢1～4
制限時間（今回は20秒に固定）
答えの番号

② フォームの結果とリンクするGoogleスプレッドシートを作成して児童と共有する

▶ フォームが完成した　▶［回答］画面が表示されている

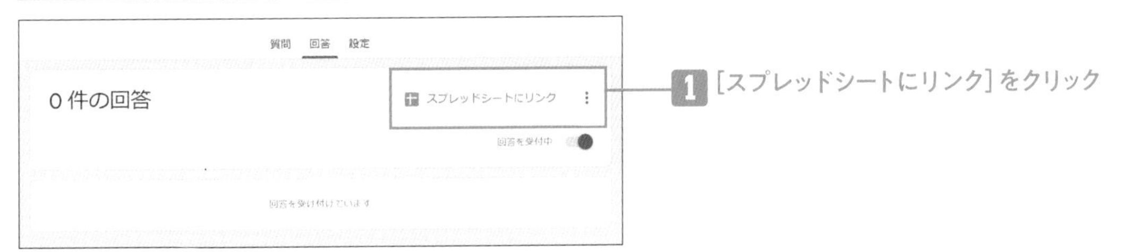

▶［回答の送信先を選択］画面が表示された

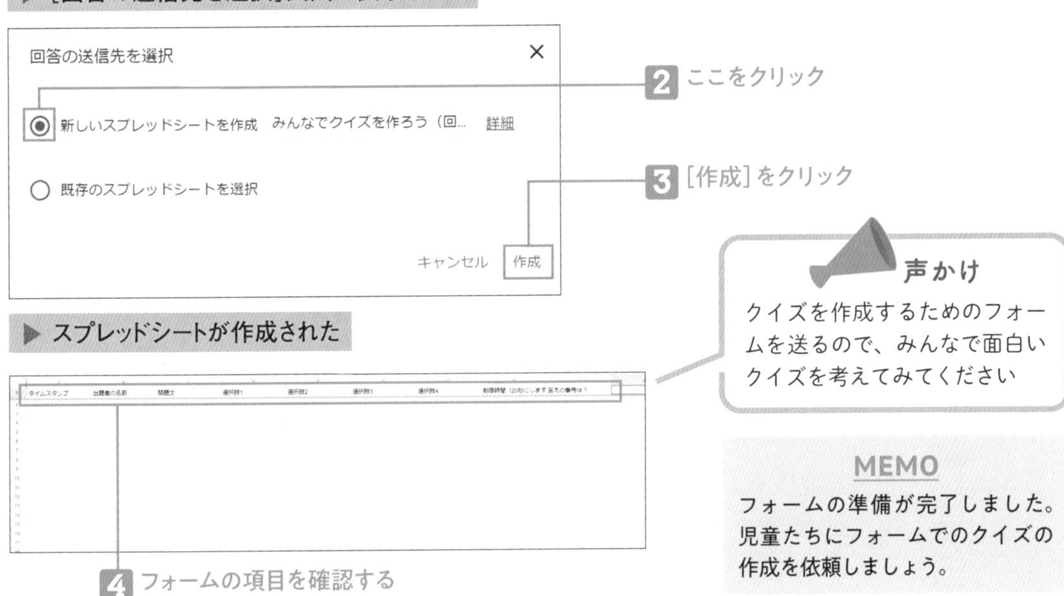

▶ スプレッドシートが作成された

4 フォームの項目を確認する

声かけ
クイズを作成するためのフォームを送るので、みんなで面白いクイズを考えてみてください

MEMO
フォームの準備が完了しました。児童たちにフォームでのクイズの作成を依頼しましょう。

児童からフォームで集めた回答を編集する

① Kahoot! からインポート用のファイルのひな形をダウンロードする

▶ 児童からクイズを回収している　▶ Kahoot! にログインしてクイズ作成画面が表示されている

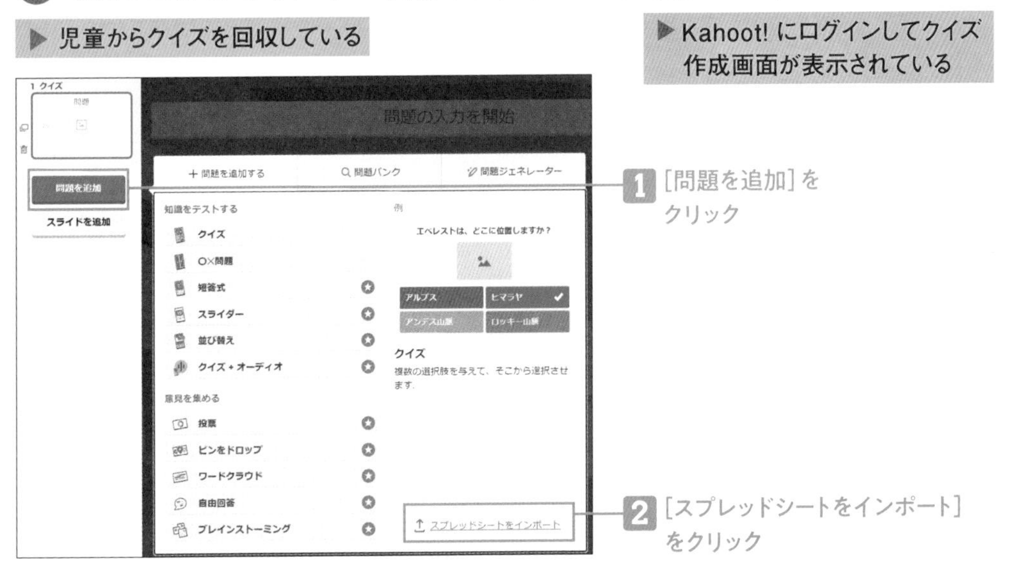

▶ [スプレッドシートからkahoot をインポート]画面が表示された

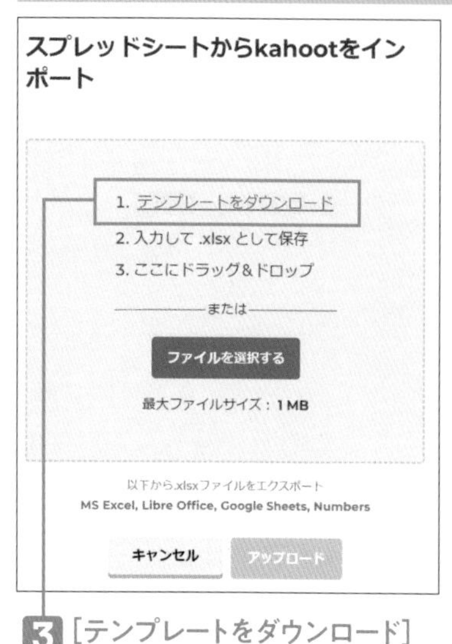

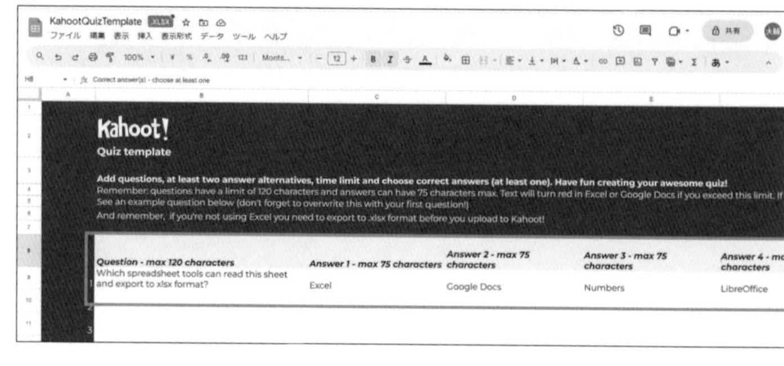

3 [テンプレートをダウンロード]をクリック

MEMO
ダウンロードが終わったら開きます。上画面のように表示されれば正常な状態です。

MEMO
次の工程では、タイトルになっている行をコピーして使用します。

② 一番上の行のタイトルを変更する

▶ フォームからリンクしたスプレッドシートが表示されている

1 Kahoot! のテンプレートのタイトルになっている行をスプレッドシートのタイトルに貼り付ける

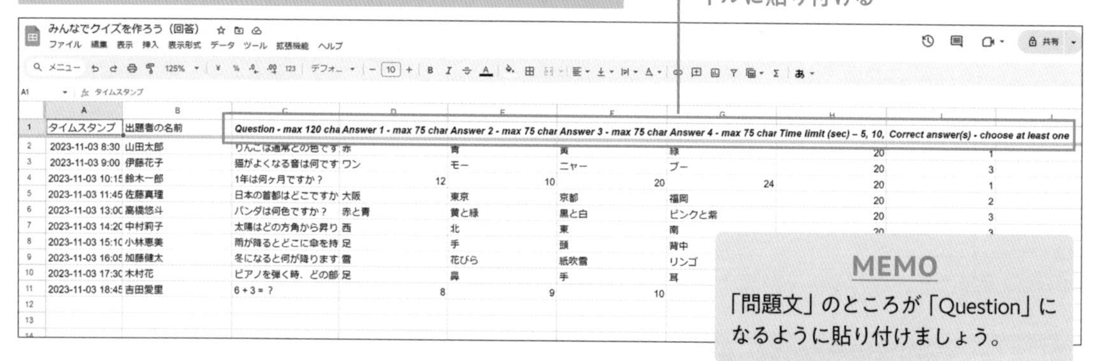

MEMO
「問題文」のところが「Question」になるように貼り付けましょう。

集めたクイズをKahoot! にインポートしてクイズを始める

① フォームから回収結果をダウンロードする

▶ クイズの回収が完了している

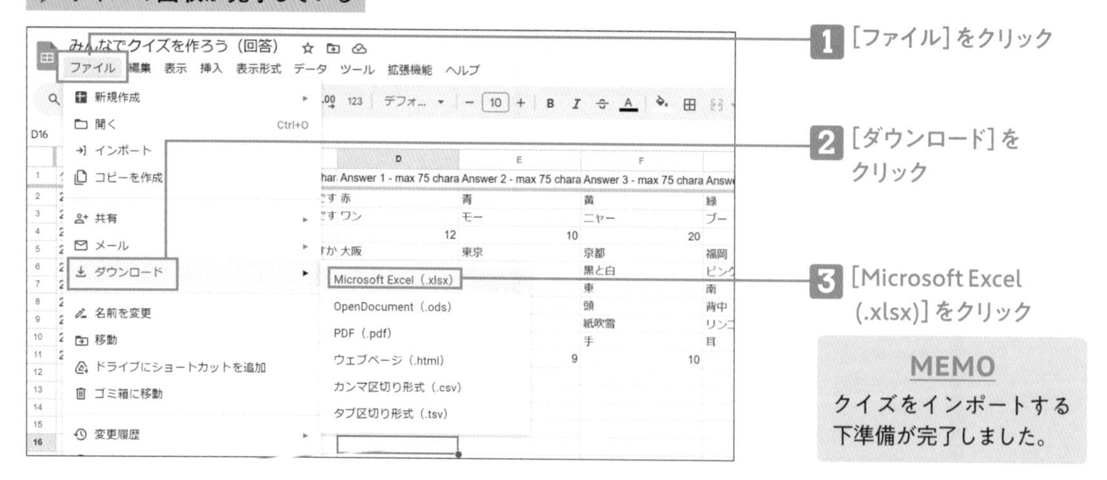

1 [ファイル]をクリック

2 [ダウンロード]をクリック

3 [Microsoft Excel(.xlsx)]をクリック

MEMO
クイズをインポートする下準備が完了しました。

❷ Kahoot! にフォームの結果(Excel)をインポートしてクイズにする

▶ [スプレッドシートからkahoot をインポート]画面が表示されている

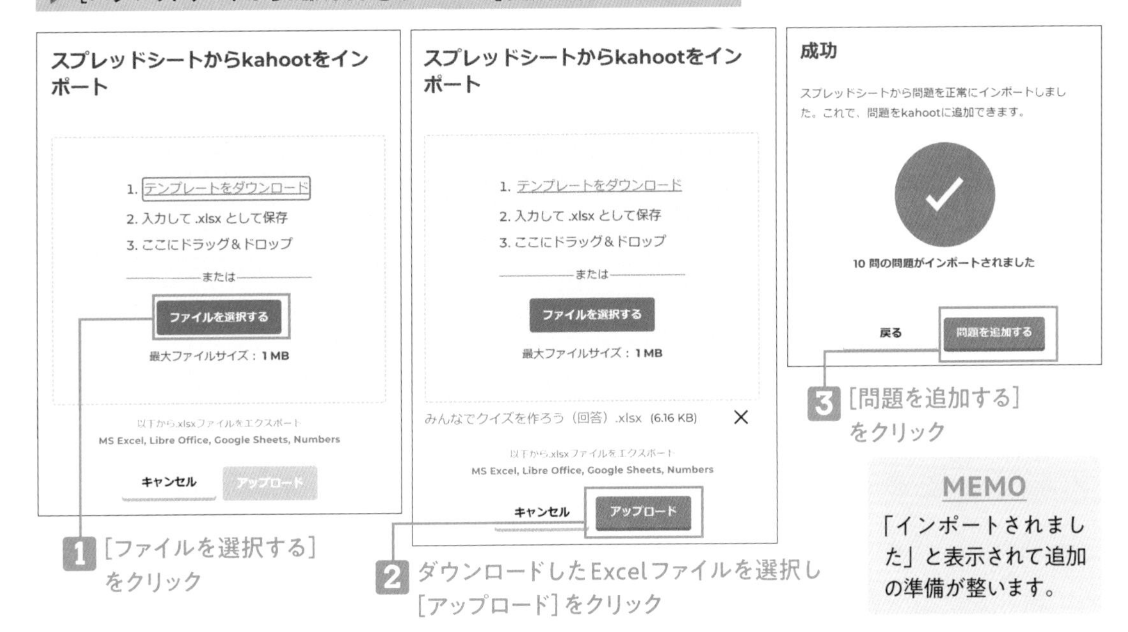

MEMO
「インポートされました」と表示されて追加の準備が整います。

▶ クイズの作成画面が表示されている

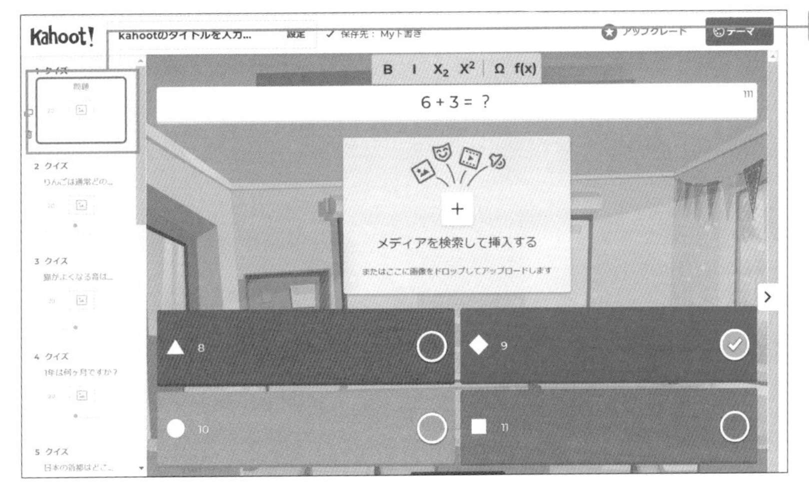

MEMO
1問目は空白のクイズなので、こちらを削除して準備完了です。

MEMO
通常のクイズと同様に保存してクイズ大会が開催できます。

POINT

児童が自作のクイズを実施する際のポイントと留意点

これまでに学習したことをクイズとしてアウトプットさせると、自分が学習したことが整理されたり、友だちが出題した問題をクラスのみんなで解くことで、学習へのモチベーションアップが期待できたりします。
しかしながら、児童たちが作成する問題は、問題内容、正答が誤っているケースもあります。そのため、実施前には内容の確認が必要です。
あるいは、クラシックモードを利用して、全員が一問ずつ同時に回答するという進め方ならば、問題が誤っている場合、クラス内で声が上がり、みんなで確認することができます。

Padlet

難易度★☆☆

オススメ教科
算数

話題ごとに投稿する(かけ算を探そう)

▶動画/解説

Padletはデジタル掲示板を作ることができるアプリケーションです。文字だけでなく写真やビデオ、YouTube動画など、さまざまなデータを添付して、貼り紙を貼るように投稿することができます。今回はユーザー登録から、よく使われる「シェルフ」の形式でPadletを作成するところまでを解説します。

Padletに登録する

❶ 新規登録してプラン設定まで行う

▶ Padlet (https://padlet.com) が表示されている

▶ Googleアカウントを持っている

1 [新規登録] をクリック

MEMO

Padletを使っている人が周りにいる場合は、その人に紹介コードを教えてもらうと、作れる掲示板の数が多くなるのでお勧めです。

▶ [新規登録] 画面が表示された

2 [Googleアカウントで登録する] をクリック

▶ [アカウントの選択] 画面が表示された

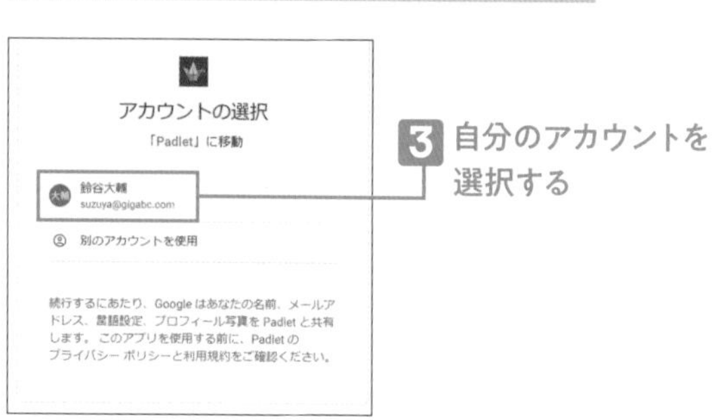

3 自分のアカウントを選択する

▶ [Padletをどんなことに利用しますか?] 画面が表示された

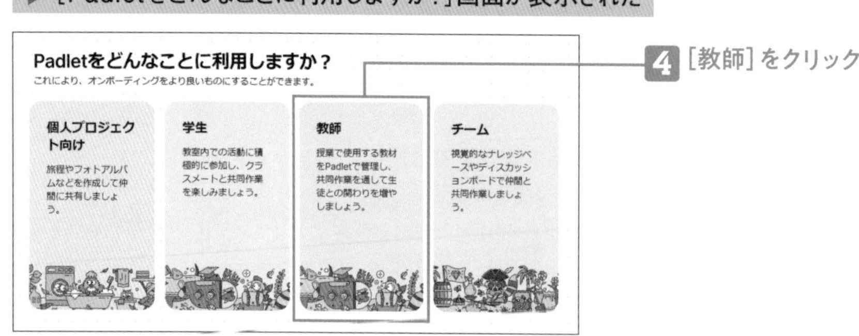

4 [教師] をクリック

▶ [プランを選択]画面が表示された

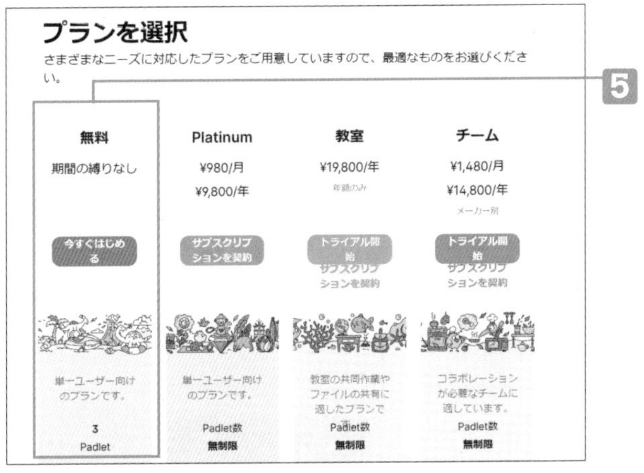

▶ 登録の最終画面が表示された

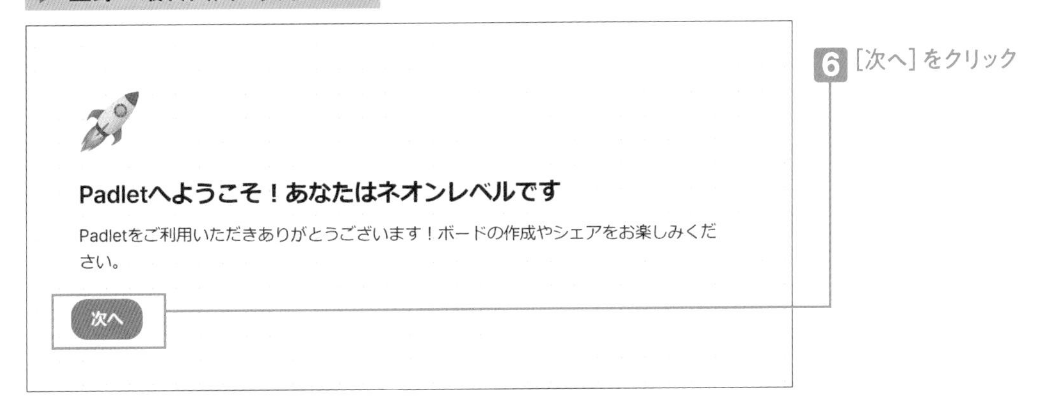

Padletを作成する

1 Padletを「シェルフ形式」で作成する

▶ ダッシュボード（ログイン後の画面）が表示されている

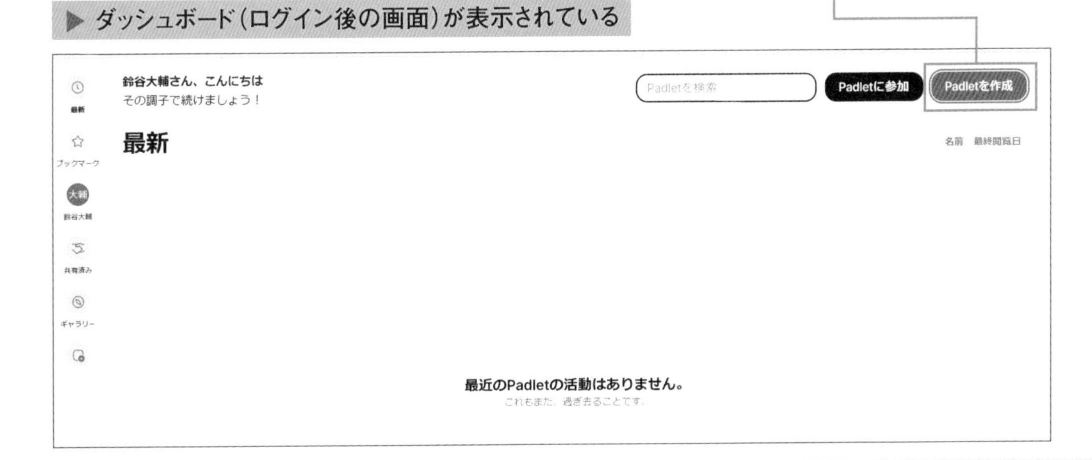

MEMO
登録が完了したら、早速Padletを作成してみましょう。

▶ [メイクイン]画面が表示された

▶ 新規Padletの設定画面が表示された

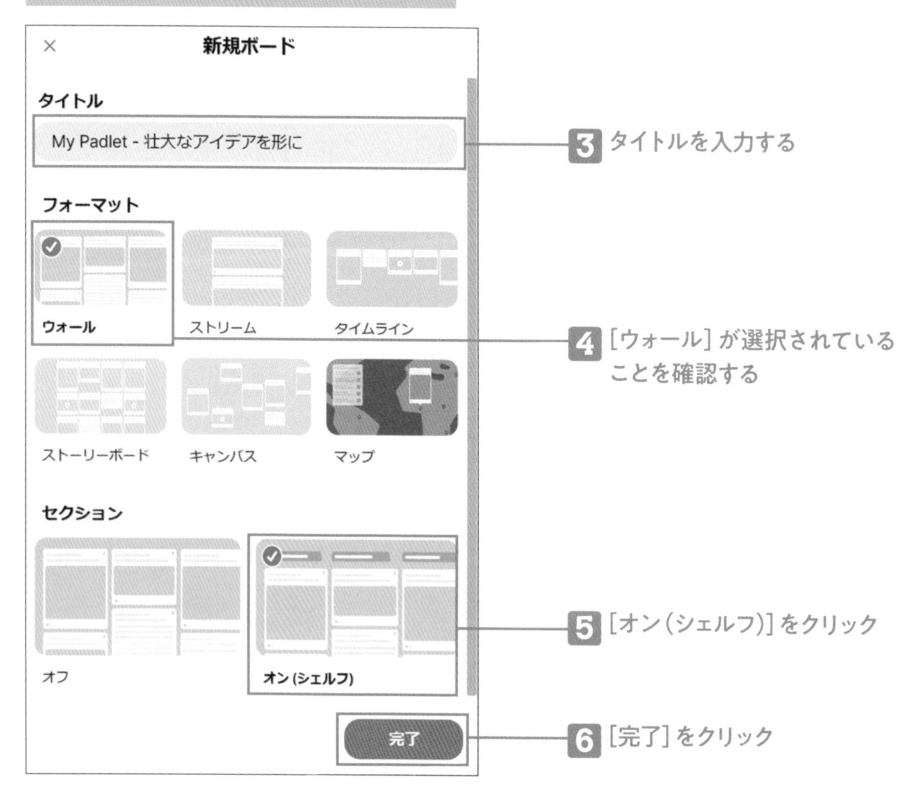

▶ 通知の確認画面が表示された場合

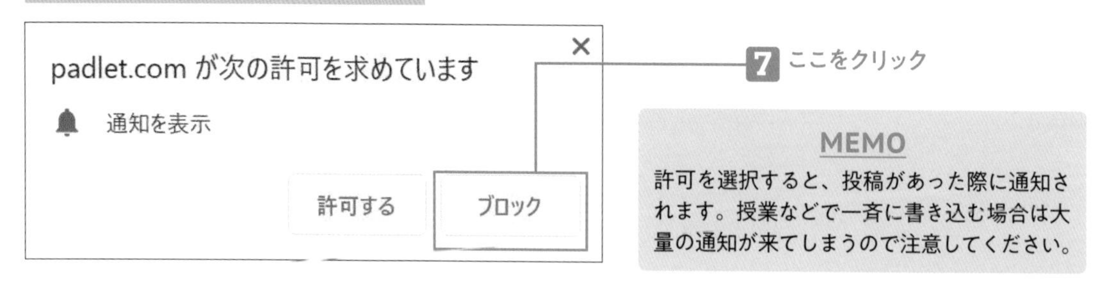

MEMO

許可を選択すると、投稿があった際に通知されます。授業などで一斉に書き込む場合は大量の通知が来てしまうので注意してください。

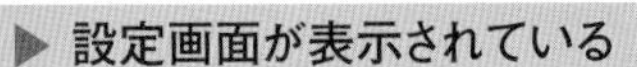

タイトルなどの初期設定を行う

❶ 投稿設定を確認する

▶ 設定画面が表示されている

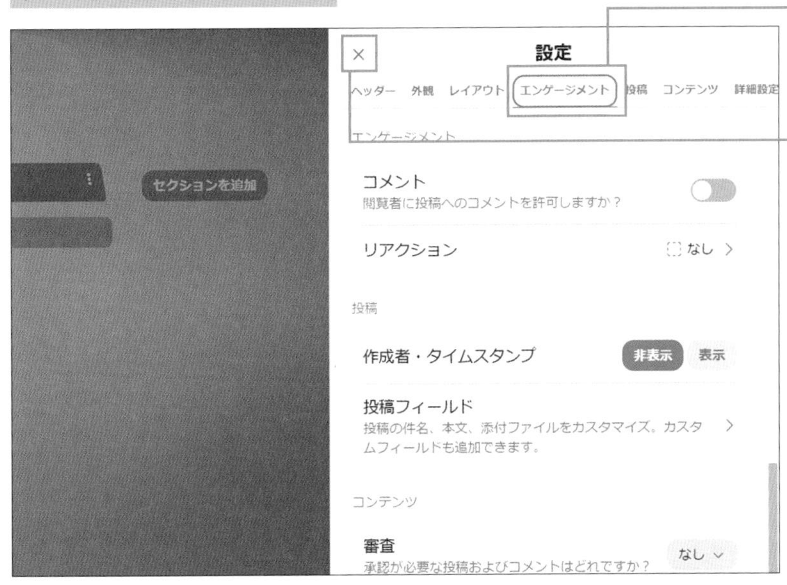

1 [エンゲージメント]をクリック

2 [×]をクリックして設定を完了する

[コメント]	投稿に対してコメントを許可するかを設定する。
[リアクション]	投稿に対して「いいね！」や☆の数などでリアクションする機能を設定する。
[作成者・タイムスタンプ]	投稿者と投稿時間が投稿に表示される。

MEMO

投稿者名の表示はユーザー登録が必要なので、児童名を表示させたい場合は児童のユーザー登録が必要です。管理職に外部サービスの利用許諾について確認しましょう。

MEMO

今回の事例では、2年生の算数で、身の回りからかけ算を見つける実践「九九を見つけよう」で活用してみます。

MEMO

設定画面には、画面右側の歯車マークから入ることができます

セクションを作成してPadletを共有する

❶ セクション（投稿のグループ）を作成、追加する

▶「九九を見つけよう」の画面が表示されている

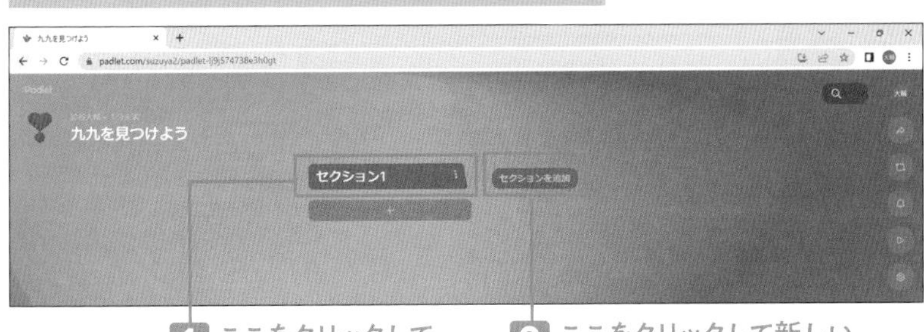

1 ここをクリックして名前を編集する

2 ここをクリックして新しいセクションを追加する

MEMO

今回は、班ごとのセクションを作成します。

POINT

セクション（投稿のグループ）の考え方

例えば今回の「九九を見つけよう」では、以下のようなグループ分けが考えられます。

・「1の段」「2の段」といった、九九の段数ごとのセクション
・「1班」「2班」といった、児童のグループのセクション
・「教室の中」「廊下」「特別教室」といった、場所のセクション

❷ Padletの共有設定をする

▶ セクションが追加された

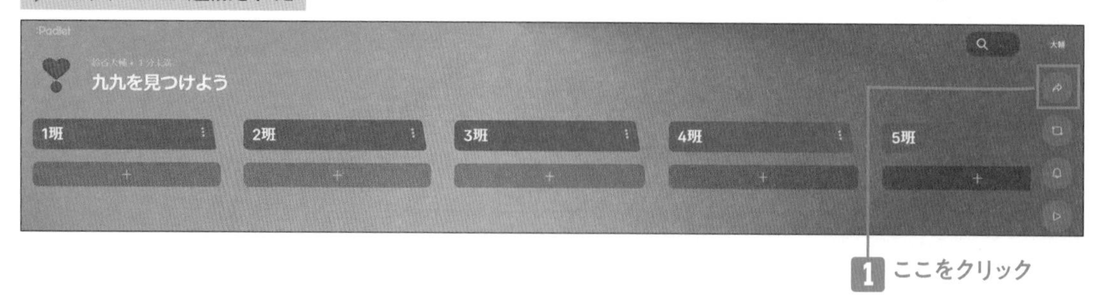

▶［共有］の設定画面が表示された

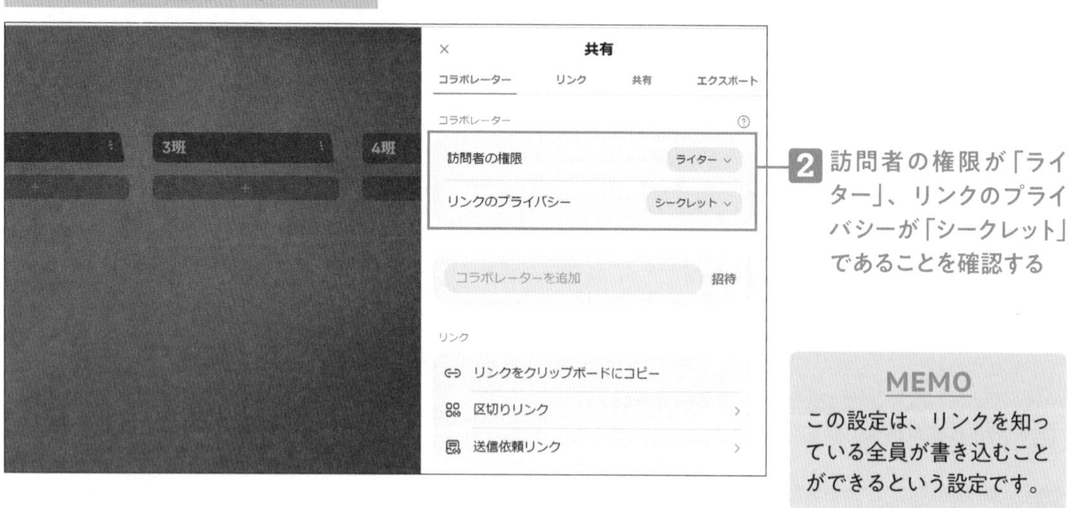

MEMO

この設定は、リンクを知っている全員が書き込むことができるという設定です。

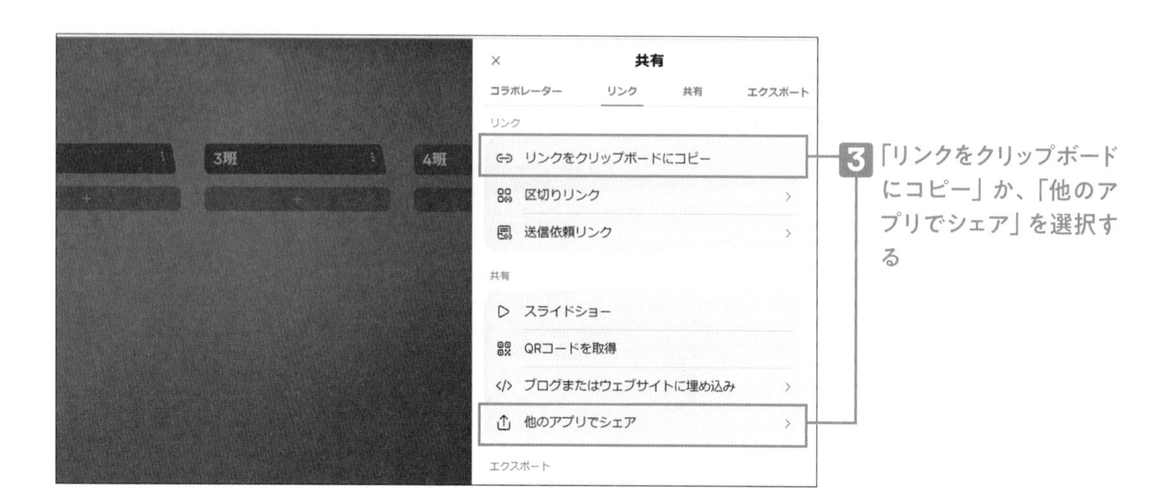

[その他のアプリ]を選択した場合

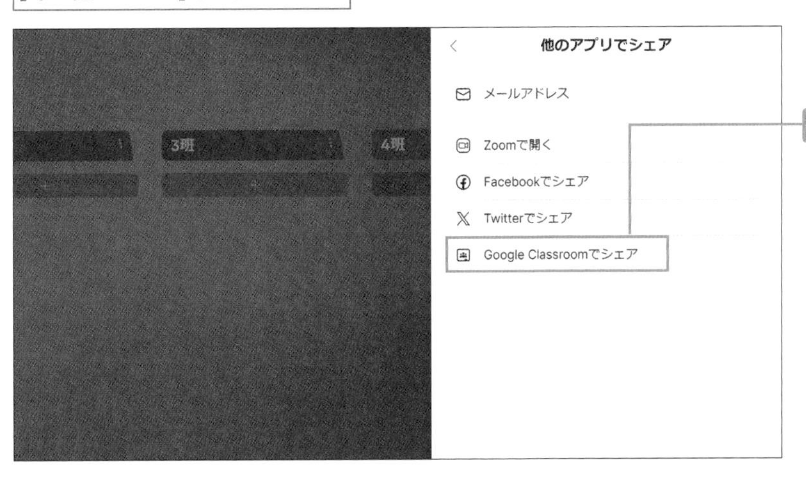

4 [Google Classroomでシェア]を選択する

MEMO

[リンクをクリップボードにコピー]か[Google Classroomでシェア]などを選択して、PadletのURLを児童と共有しましょう。

写真を添付して投稿する

① 投稿画面を開く

▶ 児童がPadletにアクセスできている

児童側の画面

1 ここをクリック

声かけ

グループの下にある、「+」ボタンを押してください

MEMO

児童にPadletの投稿方法を教えましょう。セクションと言わず、「グループ」と言った方が児童には伝わりやすいです。

▶ 投稿画面が表示された

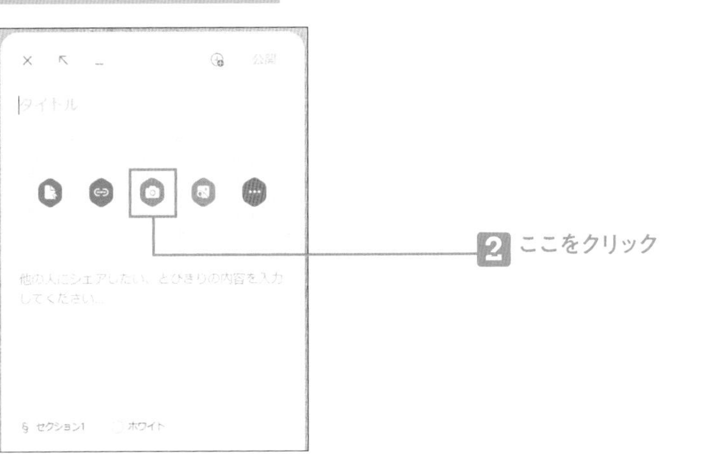

2 ここをクリック

MEMO

投稿画面には、「タイトルの入力欄」「添付ファイルを選択するボタン」「本文エリア」があります。

▶ カメラの使用許可を求めるメッセージが表示された

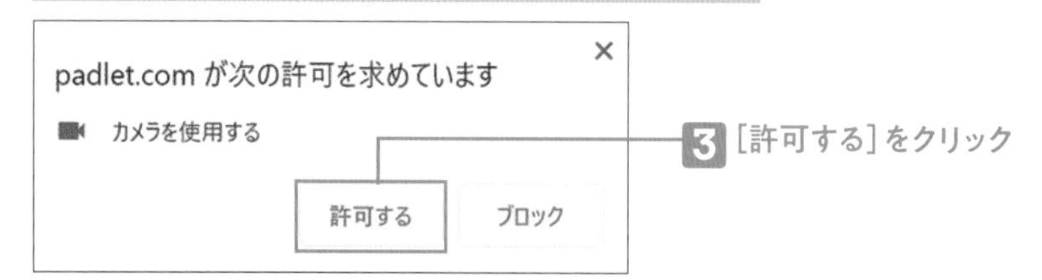

3 [許可する] をクリック

▶ カメラが起動した

※写真はイメージです

4 赤いカメラボタンを
クリックして撮影する

MEMO
カメラの設定が必要な場合は、シャッターボタンの左にカメラを選択する項目があるので、適切なカメラに切り替えます。

▶ 写真が撮影できた

5 [公開] をクリック

MEMO
公開前にタイトルやコメントを入れて完成です。

▶ 1班の写真が投稿された

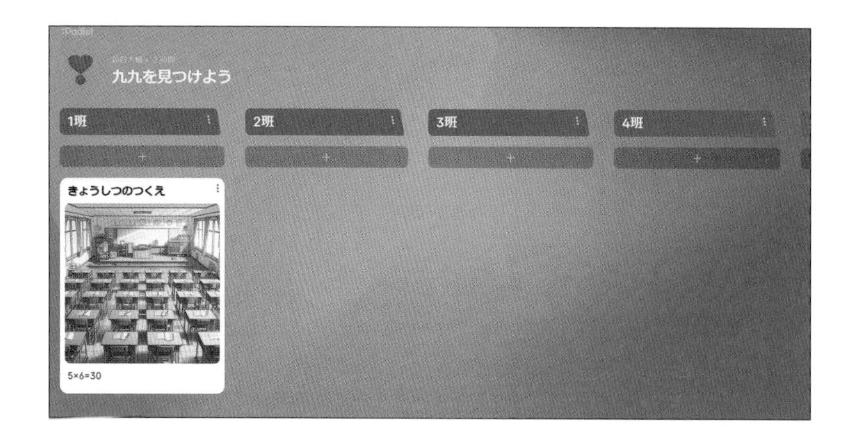

MEMO
複数の投稿があった際には、セクションごとに並びます。

投稿を1つひとつ確認する

❶ 投稿を拡大する

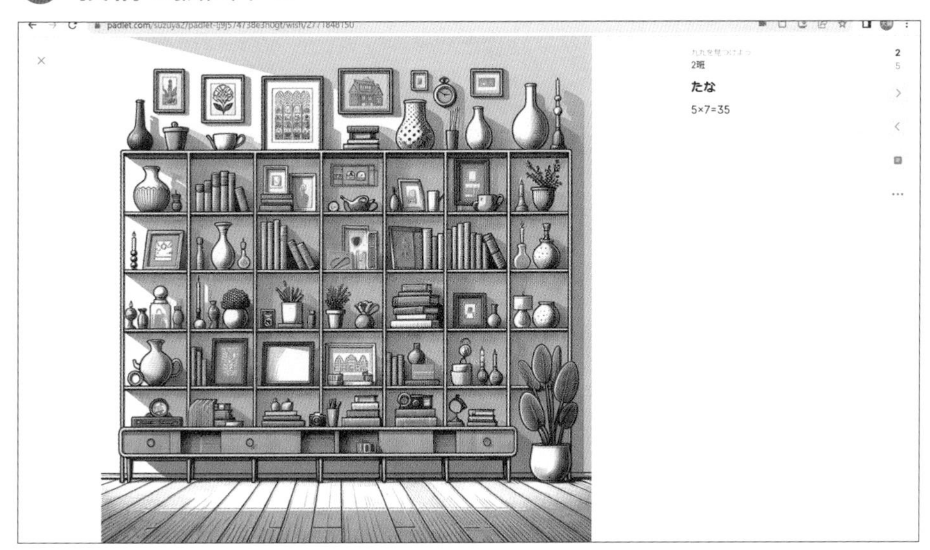

MEMO
投稿をクリックすると全画面で表示できます。投稿した写真を児童が説明するときに有効です。

POINT

まずは初歩的な内容から始めましょう

Padletの撮影での活用は、とても簡単でわかりやすい初歩的な内容です。「九九を見つけよう」のように、撮影するものが明確になっていることほど、失敗せずに児童が楽しんで学習できます。

Padlet

難易度★★☆

オススメ教科
全教科

自分たちの振り返りを残す

Padletのシェルフ形式で、セクションを児童各自の名前で作成し、振り返りを残します。それぞれの振り返りを見ることもできますし、そこにアクセスすれば自分の振り返りがずっと残っている点でも有意義な実践例です。

Padletを作成して児童が振り返りを投稿する

① シェルフ形式のPadletで個人名のセクションを設定する

▶ Padletを作成している

▶ 児童は共有している

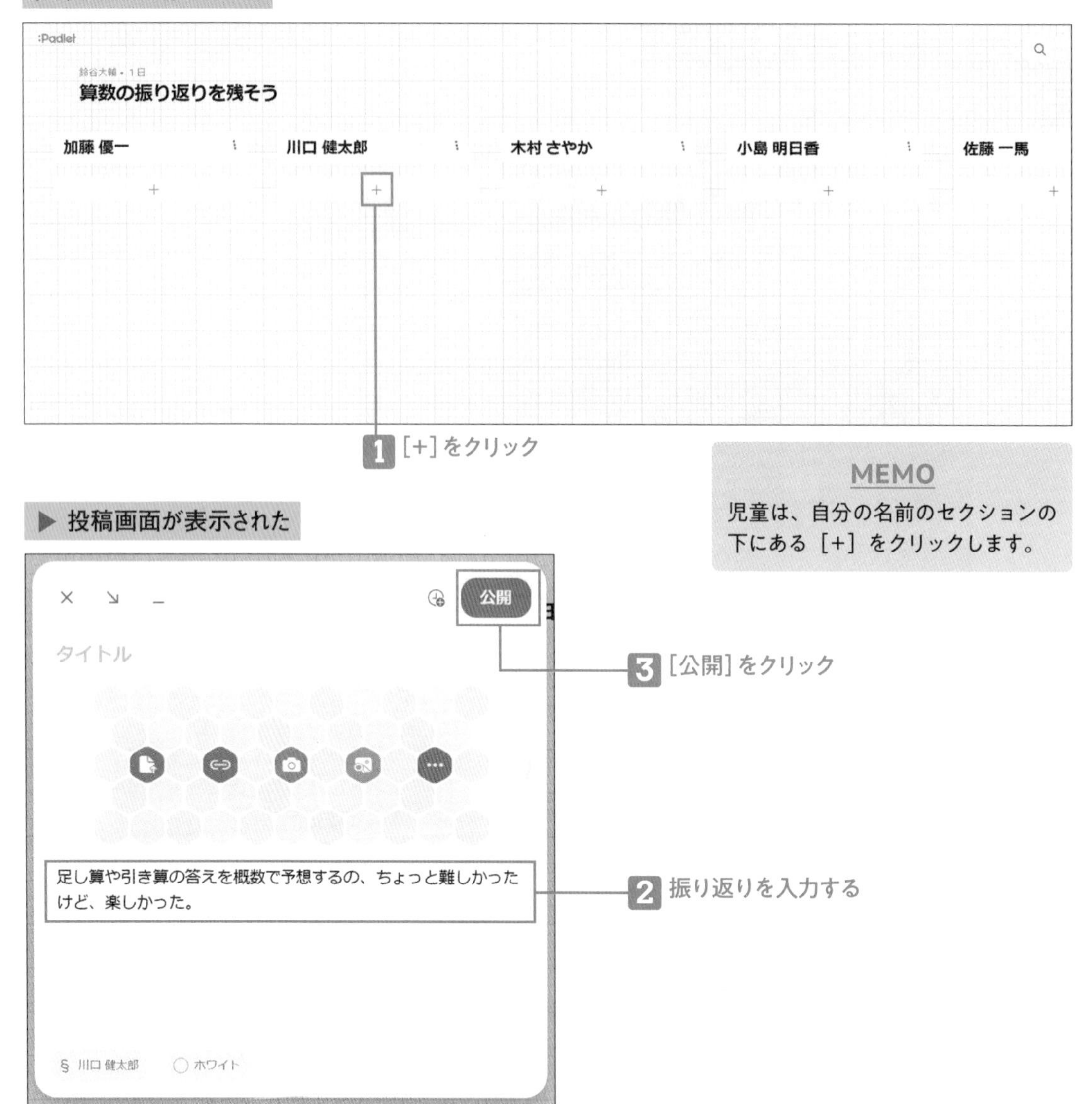

▶ 投稿画面が表示された

MEMO

児童は、自分の名前のセクションの下にある［+］をクリックします。

▶ セクションごとに投稿が並んだ

鈴谷大輔・1日
算数の振り返りを残そう

青木 太郎	石田 大樹	伊藤 花子	井上 悠真	井村 遥
概数って、ざっくりした数のことだったんだね！	今日は概数について学んだ。100近くっていう時の100って概数なんだって！	ざっくりとした数って、日常でもよく使ってるんだなって気づいた。	100とか、1000とか、そういうのが概数なんだって。	概数の使い方がわかったよ。ナの数を言いたい時に使うんだね
四捨五入って、5以上は上に、4以下はそのままなんだね！	四捨五入のやり方がわかった！5を境にして、四捨五入するんだって。	5以上だったら、次の数になるんだね。	四捨五入の授業、楽しかった！	四捨五入って簡単だった。5でするんだね。
概数での言い方、たくさんあるんだね！	"おおよそ"や"約"って言葉、概数を表してるんだって。	概数の言い方、いろいろあるんだなって知った	"約"っていうのも概数の一つなんだね。	"おおよそ"っていう言葉、今E業で初めて知ったよ。
数の範囲って、最小と最大の間ってことなんだね。	数の範囲を示す時、"〜から〜まで"って使うんだ。	範囲を示す言葉、使い方がわかったよ。	数の範囲、大事だね。	"〜から〜まで"っていうのは、範囲を示す時に使うんだって。
足し算や引き算の答えをざっくりと予想するのが概数なんだね。	概数で、掛け算や割り算の答えを予想するの、楽しかった！	ざっくりとした答えを出すのって、意外と難しいなって思った。	概数での答えの予想、新しい発見がたくさんあったよ	概数を使って、計算の答えを予するのって面白い！

MEMO

ノートに振り返りを記入してノートの写真を撮影し、投稿してもよいでしょう。書くことが苦手な児童は、動画で撮影する手段もあります。

▶ [設定]画面が表示されている

4 「作成者・タイムスタンプ」を[表示]にする

MEMO

[設定]画面で「作成者・タイムスタンプ」を[表示]にすると、投稿時間と、ユーザー登録済みの場合は名前が表示されます。

※今回の画面は、著者がすべての投稿を作成しているため、このような表示となっています

POINT

Padletを利用するメリット

ノート、プリント、手書きのもの、写真など、各授業で作成した「振り返り」となるものを、最終的に「Padlet」のセクションにまとめておくと、児童は「Padlet」を開くだけで自分の授業の履歴を見ることができます。

ノートに振り返りを書く以上の利点はやはり、何か月前の振り返りでも見直せるという点でしょう。使い方に慣れてきたら、リアクションやコメントをONにすると、児童たち同士での交流が活発になります。もちろん、使用のルールを作りましょう。

Padlet

難易度★★★

オススメ教科

算数

見つけた作戦ごとに説明を投稿する

▶ 動画／解説

低学年算数の授業で九九の計算の事例を紹介します。授業を進めながら児童たちとさまざまな「作戦名（解法）」を考え、Padletのセクションを複数作成します。九九の解法が考えられたら、児童は自分の解法に合った「作戦名」（セクション）に自分の解法を投稿します。

児童が九九の解法を作戦名をつけて投稿する

① シェルフ形式のPadletで「作戦名」ごとのセクションを設定する

▶ Padletを作成している　▶ 児童に共有している　▶ ［設定］画面が表示されている

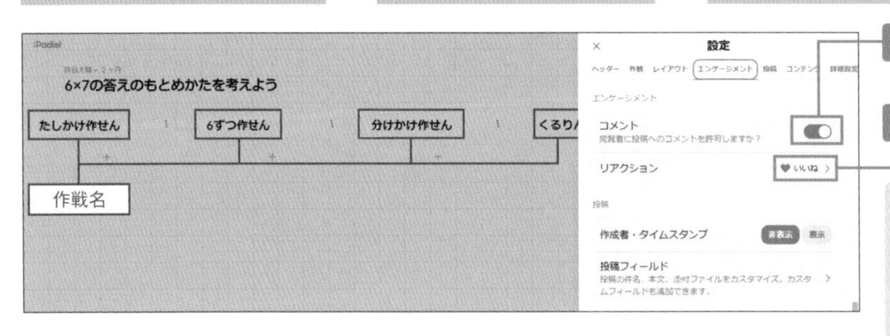

1 ［コメント］を［表示］にする

2 ［リアクション］を［いいね］にする

MEMO

「作戦名」（セクション）は、児童が新しく学習する段の九九の答えを求める解法について、児童たちと考えて名付けます。

② Classroomやプリントで児童にアレイ図を配布する

▶「アレイ図」（○を縦横に規則正しく並べた図）を用意している

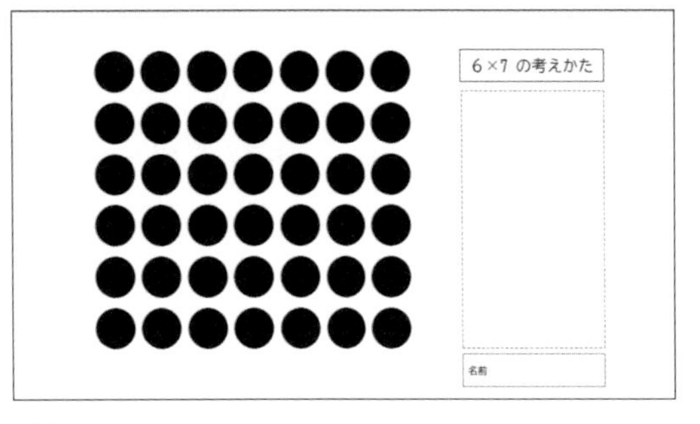

MEMO

アレイ図を配布し、児童に自分の九九の解法（今回は6×7）を記入してもらいます。

MEMO

画像として配布する際には、「描画キャンバス」に読み込んで使うと便利です。(p000で紹介します)

③ 児童がアレイ図のスクリーンショットや写真を投稿する

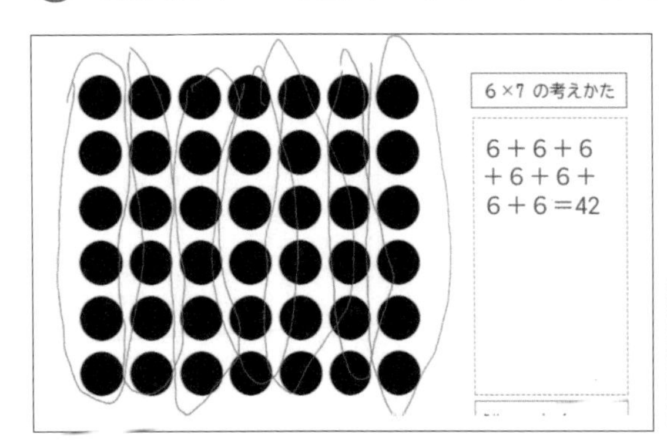

MEMO

アレイ図の右側には文字や式で考え方を記述します。これをスクリーンショットや、撮影して投稿します。

▶ Padletの画面が表示されている

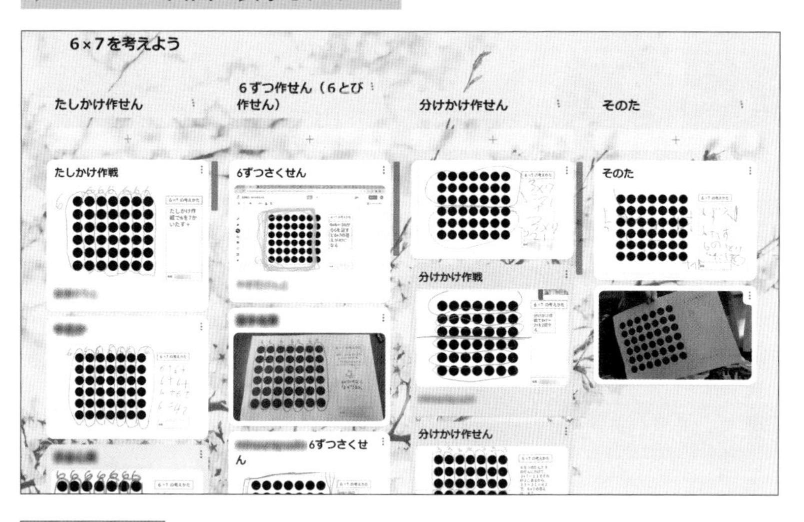

MEMO
自分の解法がどの作戦名（セクション）に該当するのか、児童たちが考えて投稿します。

MEMO
誤って、ちがうセクションに投稿してしまった場合は、一覧表示されている画面で投稿者またはPadletの作成者が投稿をドラッグ＆ドロップすることで、希望のセクションに移動できます。

発表会を開く

よいと思った解法は、クリックすることで大きく見ることができます。クラス全体の「練り上げ」を行う際には、電子黒板などに大きく映し出して発表してもらうことも可能です。

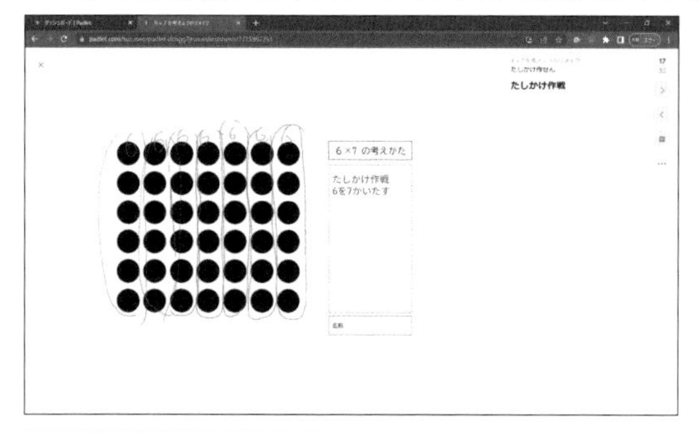

声かけ
これは！と思ったら「いいね」をしたり、すてきなコメントをしたりしてみよう

著者が実践したときの作戦名

「たしかけ作戦」　同数累加を考えのベースに答えを求める
6×7なら「6＋6＋6＋6＋6＋6＋6」と考える
「○ずつ作戦」　その段の数を足していく
6×7なら「6×6＋6」と考える
「分けかけ作戦」　既に知っている段へと分配法則を使って変換する
6×7なら「2×7＋4×7」などと考える
「くるりんぱ作戦」　交換法則を使って、前後を入れ替える

POINT

この事例を成功させるには

セクションを作成するときは、授業の導入、見通しを持つときに「どんな作戦があったかな？」と問いかけながらその場で作成すると、児童はこれまで習った九九の計算方法を思い出しながら「作戦名」を想起します。それにより、自力解決の見通しを持たせることができます。
この事例では、かけ算九九の構成を例にしていますが、「複合図形の面積の求め方」「三角形、平行四辺形などの求積の公式を創り出す過程」でも、今回の事例は活用できるでしょう。

Flip

難易度★☆☆

オススメ教科

国語

音読練習の動画を提出する

▶ 動画／解説

Flip はトピック（お題）に対して動画を投稿し、お互いに見合ったり、コメントをしたり、動画で返信したりすることができるスペースを提供するサービスです。動画の投稿に特化しているため、数多くの動画に関する機能が追加されています。今回は基本編として、音読練習を投稿するまでを見てみます。

Flipに登録してグループを作る

❶ Flipに登録する

▶ Googleアカウントを持っている

▶ Flip（https://info.flip.com/en-us.html）が表示されている

1 [Sign Up] をクリック

MEMO

このステップでは生年月日を入れるので、研修などで教師が同時に操作する際には、年齢を知られることに配慮しましょう。

▶ 登録画面が表示された

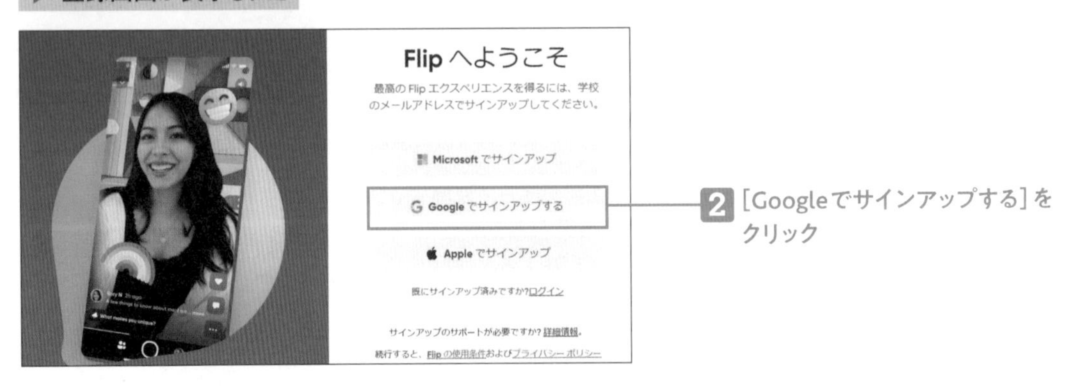

2 [Googleでサインアップする] をクリック

▶ [アカウントの選択] 画面が表示された

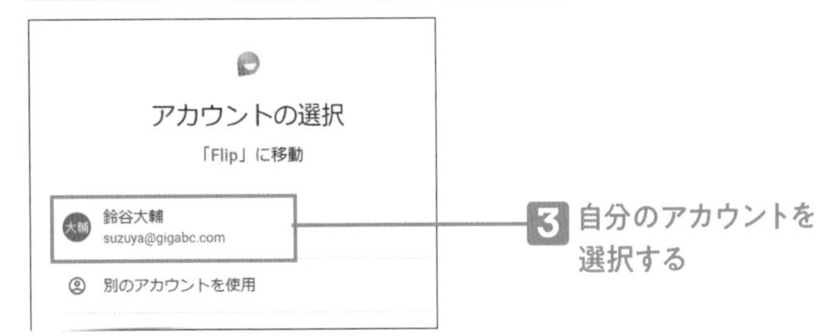

3 自分のアカウントを選択する

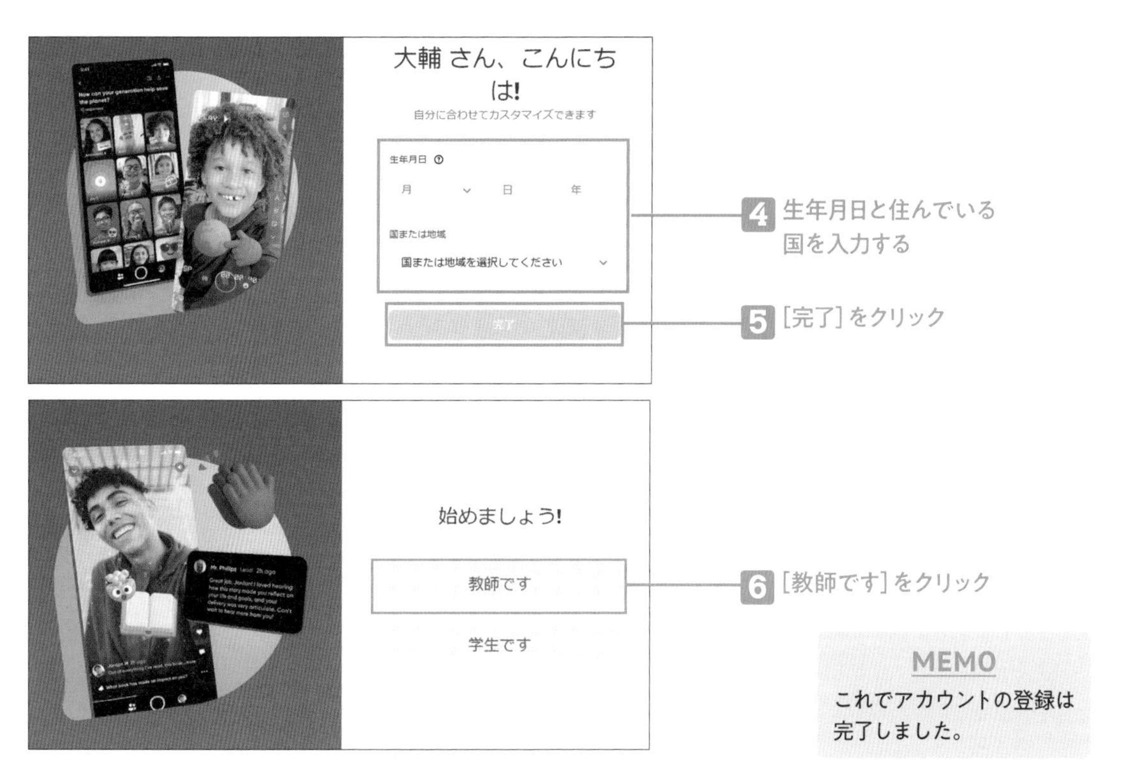

4 生年月日と住んでいる国を入力する

5 [完了] をクリック

6 [教師です] をクリック

MEMO
これでアカウントの登録は完了しました。

2 グループを作る

▶ グループ作成の画面が表示されている

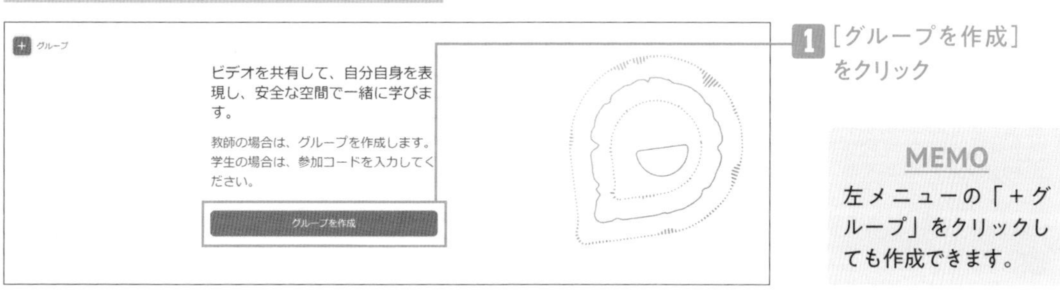

1 [グループを作成] をクリック

MEMO
左メニューの「+グループ」をクリックしても作成できます。

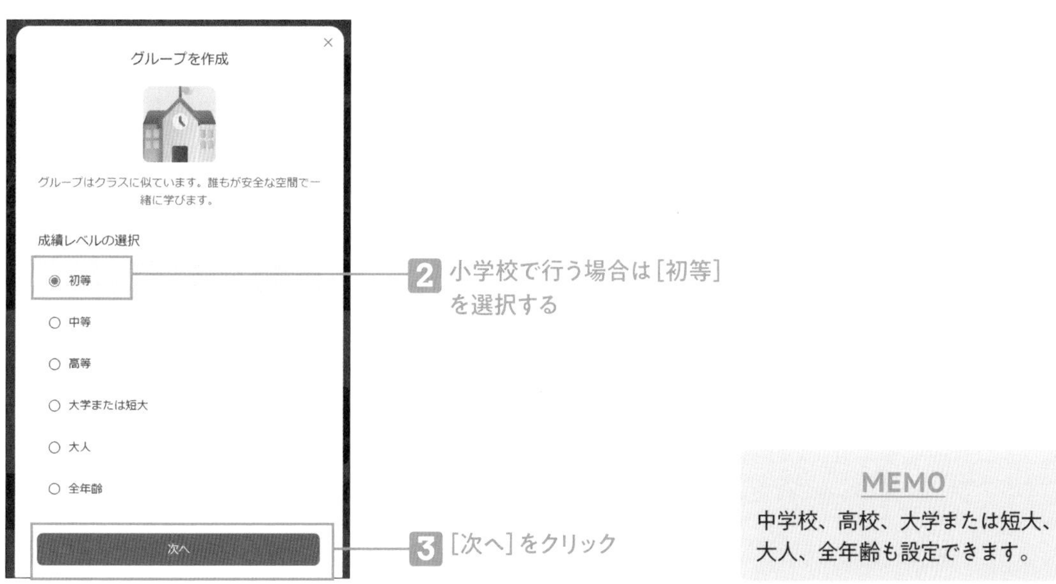

2 小学校で行う場合は [初等] を選択する

3 [次へ] をクリック

MEMO
中学校、高校、大学または短大、大人、全年齢も設定できます。

児童をグループに招待する

MEMO

これで、グループが作成されました。次に、児童を招待するステップへ進みます。

❶ Google Classroomで招待用のリンクを共有する

▶ [グループを共有]画面が表示されている

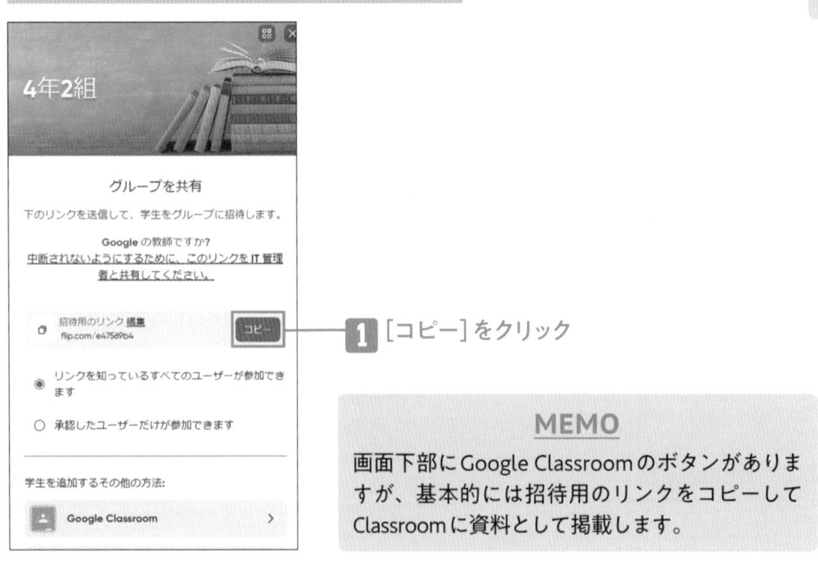

MEMO

画面下部にGoogle Classroomのボタンがありますが、基本的には招待用のリンクをコピーしてClassroomに資料として掲載します。

❷ コピーした招待用のリンクをClassroomから資料として共有する

▶ Classroomが表示されている

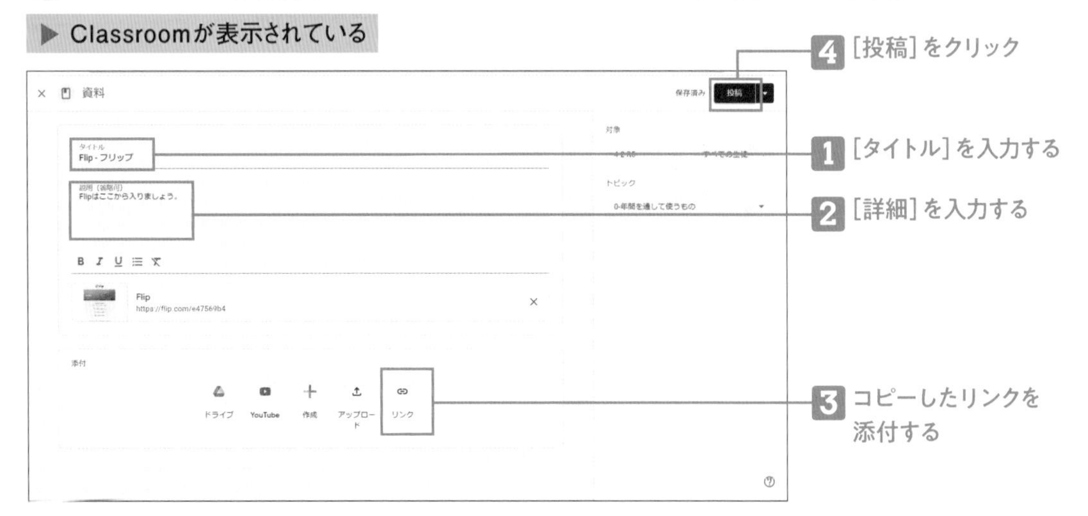

▶ 児童がリンクを共有し画面が表示された

児童側の画面

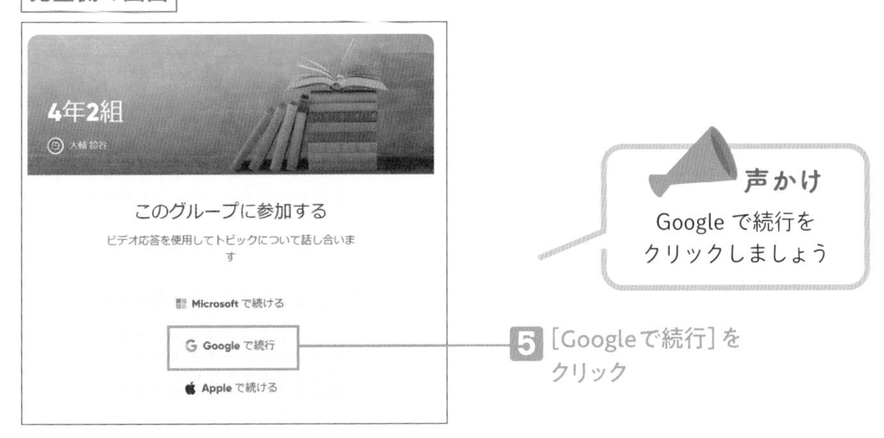

声かけ
Google で続行をクリックしましょう

5 [Googleで続行]をクリック

▶ [アカウントの選択]画面が表示された

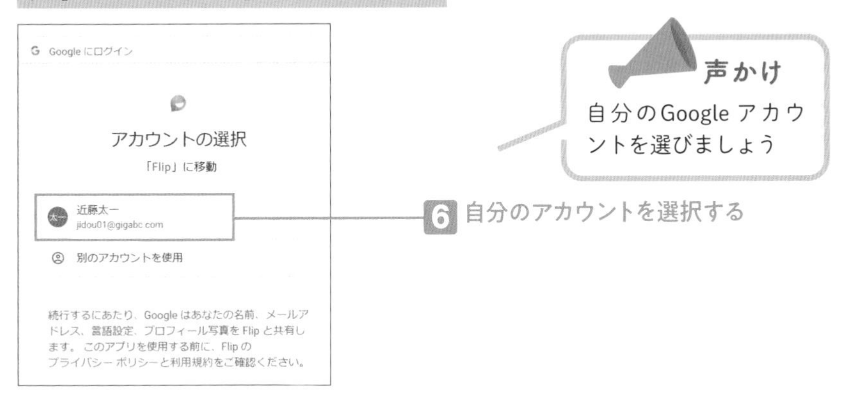

声かけ
自分のGoogle アカウントを選びましょう

6 自分のアカウントを選択する

▶ 登録が完了してグループのトップページが表示された

MEMO
次回以降は同じリンクを使って入ると、登録は完了しているのでトップページに入れます。

トピック(お題)を設定する

トピックに対して児童が動画を投稿する流れ

①トピックを設定する
②トピックのリンク（URL）が発行される
③Classroomでリンク（URL）を課題として出す
④児童がトピックに対して録画し投稿する

❶ はじめからあるトピックを削除する

▶ グループのトップページが表示されている

2 [トピックを削除] をクリック

1 [⋯] をクリック

MEMO

はじめからいくつかのトピックが設定されていますが、トピックは自作するので削除しましょう。

▶ [トピックを削除]画面が表示された

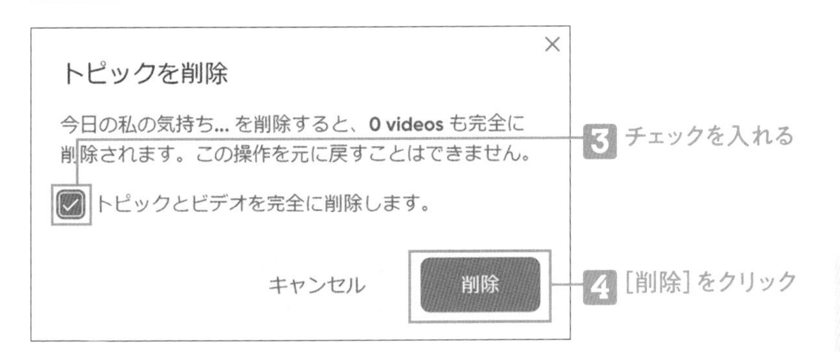

MEMO
この要領で、すべてのトピックを削除します。

❷ トピック(お題)を設定する

▶ すべてのトピックが削除された

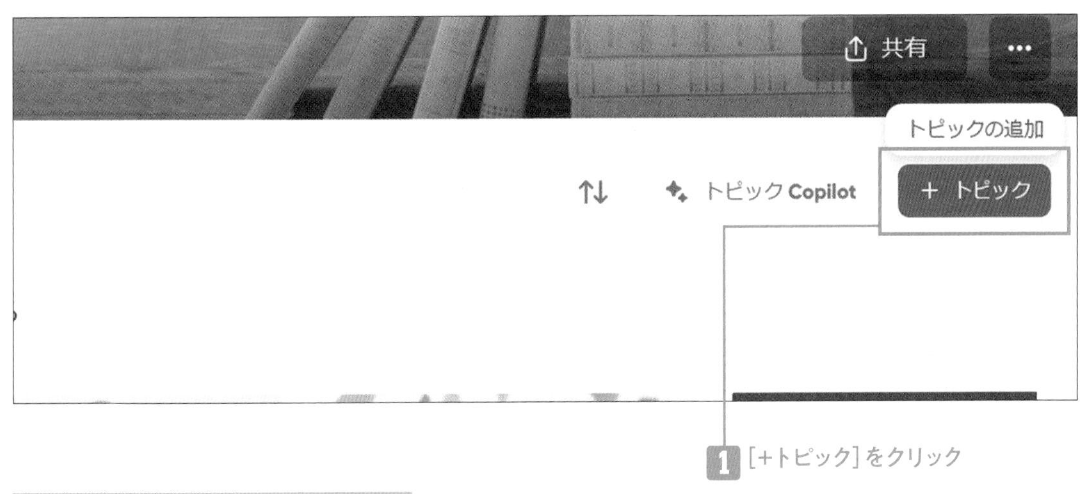

▶ [トピックを設定]画面が表示された

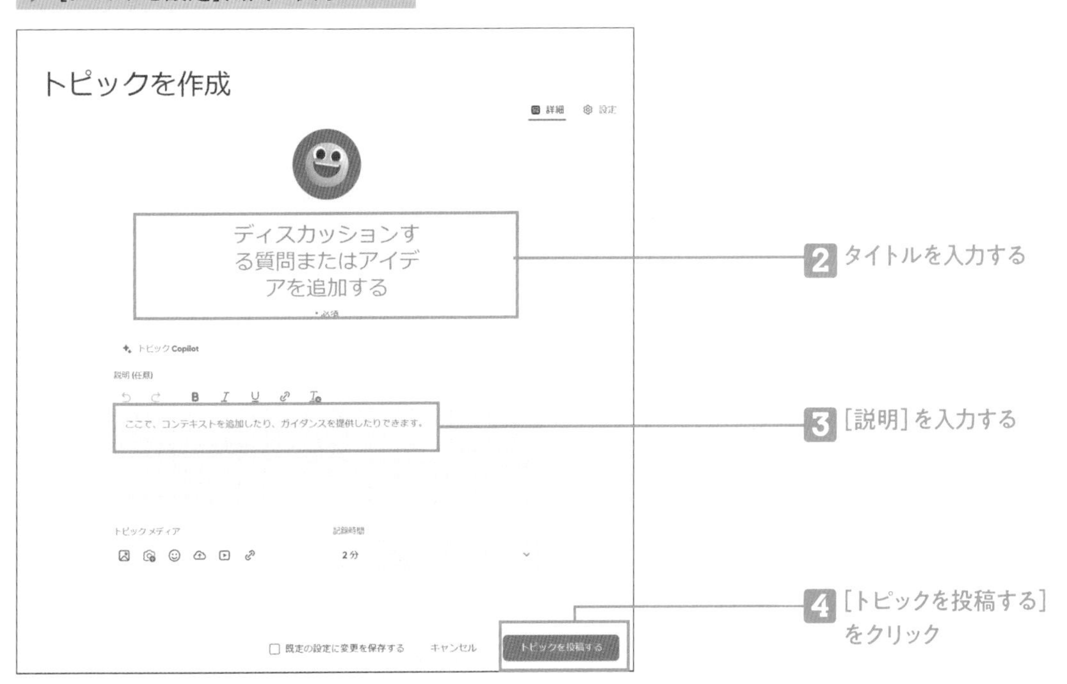

❸ トピック(お題)をClassroomで共有する

▶ トピックの設定が完了して[トピックの共有]画面が表示された

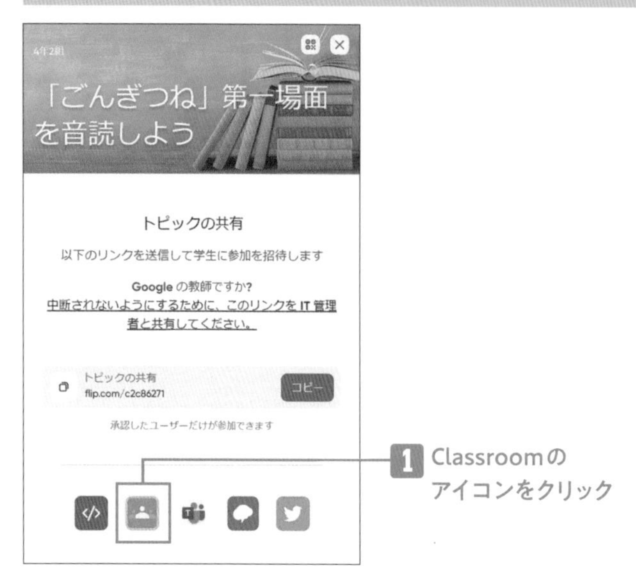

MEMO
前回はリンクのコピーで共有しましたが、ここではClassroomのアイコンからの共有方法を解説します。

▶ [Classroomで共有]画面が表示された

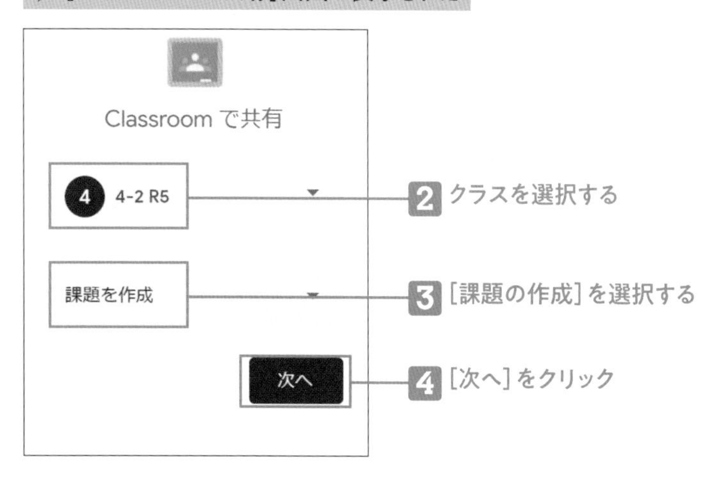

▶ Classroomの[課題]画面が表示された

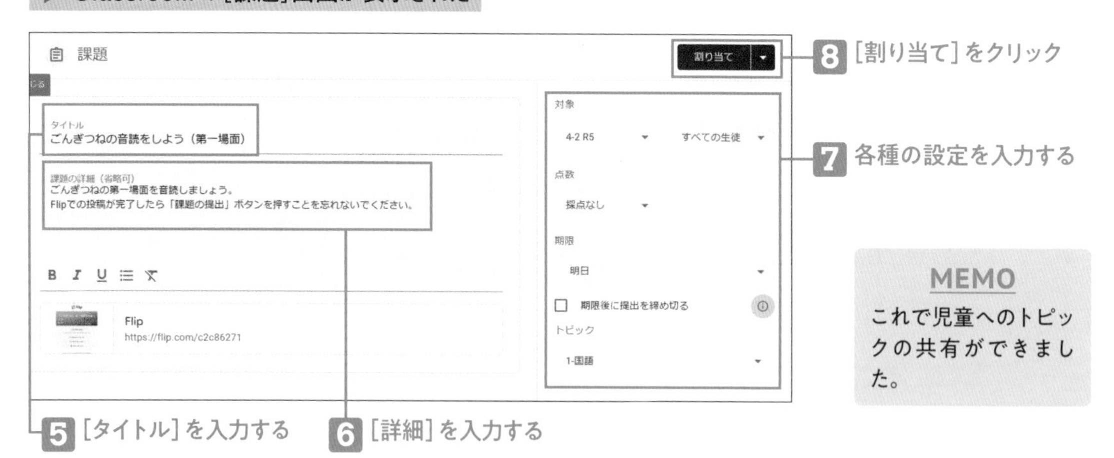

MEMO
これで児童へのトピックの共有ができました。

動画を投稿する

❶ 児童がClassroomからトピック(お題)へと入る

▶ Classroomの画面が表示されている

児童側の画面

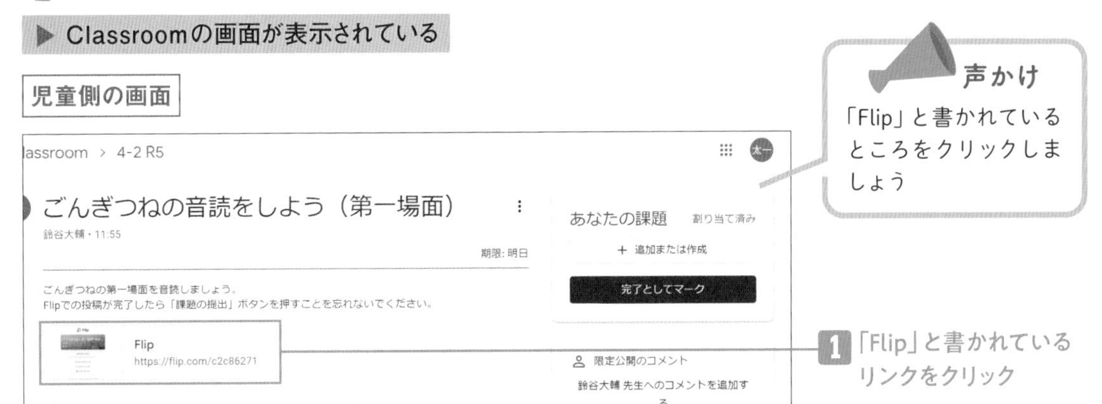

声かけ
「Flip」と書かれているところをクリックしましょう

1 「Flip」と書かれているリンクをクリック

MEMO
リンクをクリックするとFlipのトピックへ移動します。

MEMO
Flipに投稿したことはClassroomでは管理できません。投稿後に児童が自分で「完了としてマーク」をクリックすると投稿したことがわかります。

❷ 録画する

▶ グループの画面が表示された

声かけ
紫色のカメラボタンをクリックして撮ってね

MEMO
今回は音読練習の動画を投稿します。

1 [録画]をクリック

▶ カメラの権限設定の画面が表示された

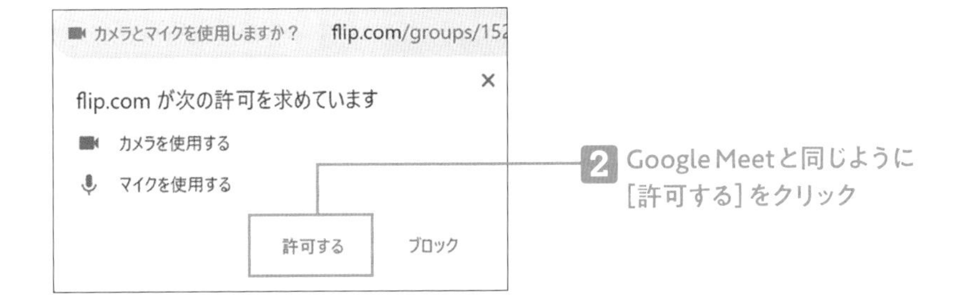

2 Google Meetと同じように[許可する]をクリック

▶ カメラが起動して録画画面が表示された

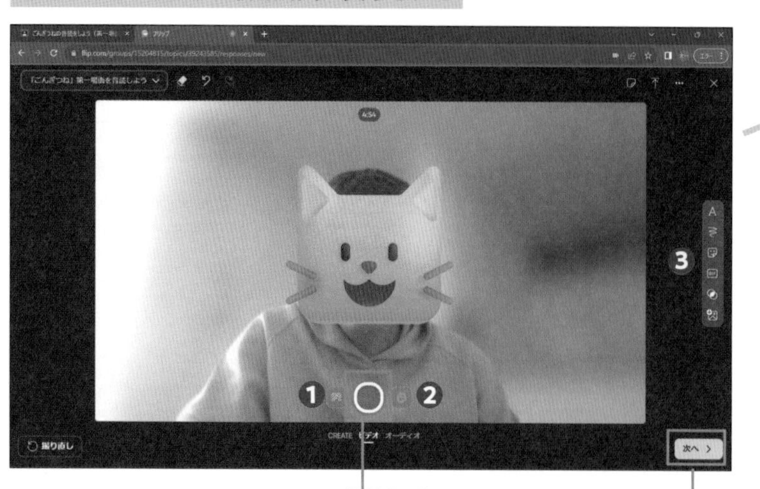

3 [〇]をクリック

4 録画が終わったら[次へ]をクリック

声かけ
録画を始める前に背景の設定などをしよう

MEMO
〇ボタンで録画開始、録画停止を操作します。
❶背景を設定するボタン
❷エフェクトをかけるボタン
❸文字や絵の描写などの編集をするボタン

❷ 録画した動画を投稿する

▶ 内容を確認する画面が表示された

声かけ
削除したいところはないかな。もう一度、見返してね

1 ここを操作して不必要な部分を削除する

2 確認ができたら[次へ]をクリック

▶ [ビデオの投稿]画面が表示された

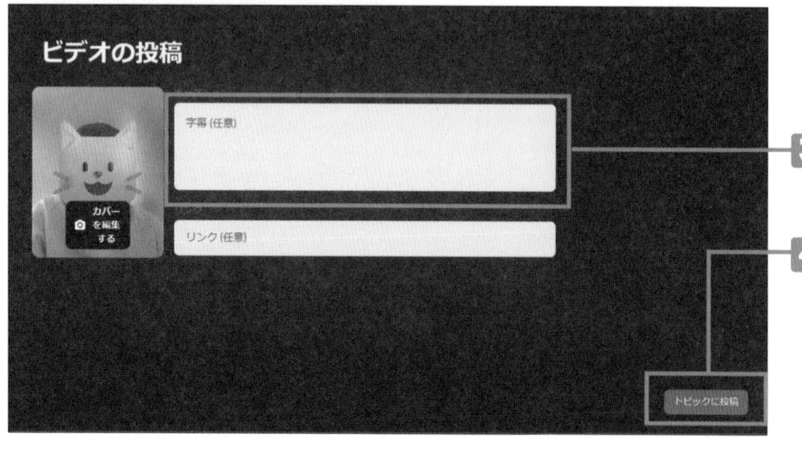

3 説明文などを入力する

4 「トピックに投稿」をクリック

MEMO
説明文は入れなくても投稿できます。

▶ グループの画面に投稿されました

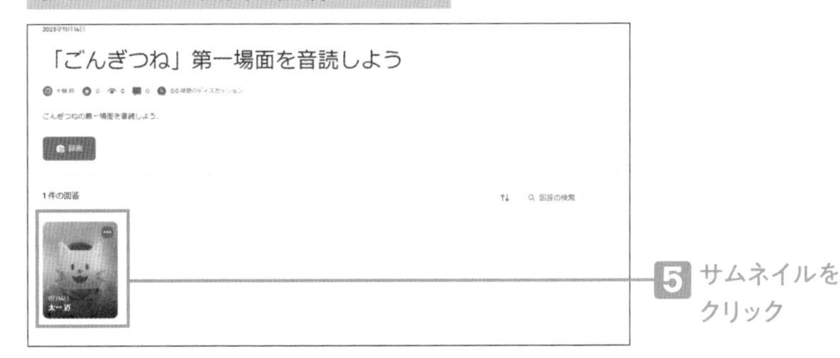

▶ 投稿の詳細画面が表示された

MEMO
コメントを残したり、動画で返信をしたりできます。

MEMO
最初の動画を再生すると、自動で次の動画に移行します。すべての動画を見たいときに便利です。

トピックを設定する際に投稿の詳細設定をする

❶ [設定]画面で詳細設定をする

▶ [トピックの設定]画面が表示されている

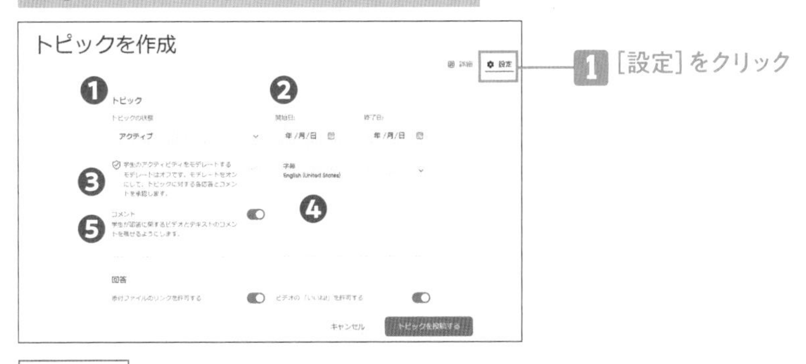

主な設定

❶トピック　[アクティブ] で投稿を受け付ける
❷開始日、終了日　投稿の受付期間を設定する
❸学生のアクティビティをモデレートする
ONにすると、教師の承諾なしでは投稿が保留となる（児童同士で動画は見られない）
❹字幕　自動で各言語の字幕が付く
❺コメント　コメントできるかどうかを設定する

投稿型アプリの制限について

投稿型アプリの活用ではトラブルが発生する可能性もあるので、児童の様子に応じて、制限の設定、解除をしていきましょう。

Flip

難易度★★☆

オススメ教科
外国語

英語／日本語の音読を自動採点する

▶ 動画／解説

Flip にある「Reading Coach」という機能を使うと、「音読」が自動で評価されます。日本語にも英語にも対応しており、採点画面では苦手な単語を教えてくれるのでとても便利です。
ここでは、英語と日本語の音読を自動で採点する事例を紹介します。

音読のトピック（お題）を作成して音読を練習する

❶ 読んでほしい文を説明欄に入れたトピックを作成する

▶ トピックの作成画面が表示されている

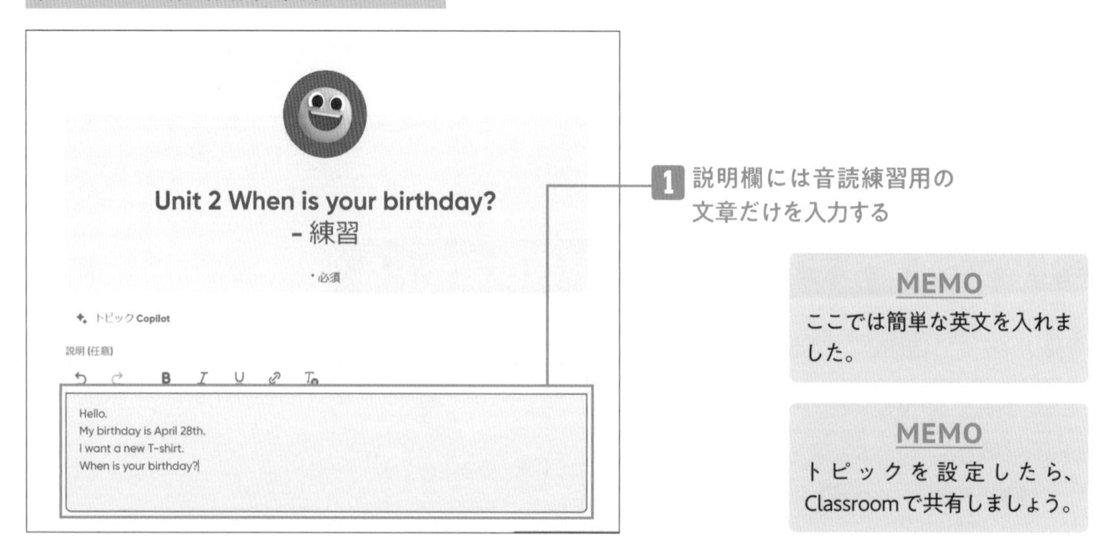

MEMO
ここでは簡単な英文を入れました。

MEMO
トピックを設定したら、Classroomで共有しましょう。

❷ 「イマーシブリーダー」を立ち上げて読み上げ（音声）を聞いて練習する

▶ 児童がトピックにアクセスした

▶ トピックの画面が表示されている

児童側の画面

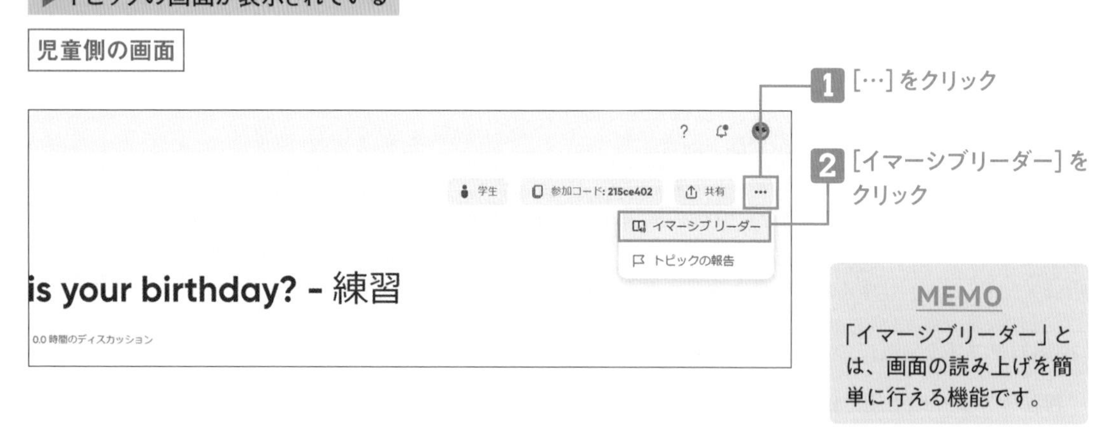

MEMO
「イマーシブリーダー」とは、画面の読み上げを簡単に行える機能です。

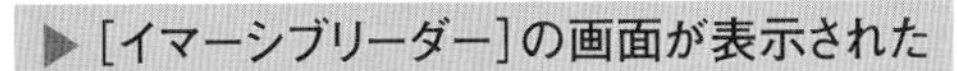

▶［イマーシブリーダー］の画面が表示された

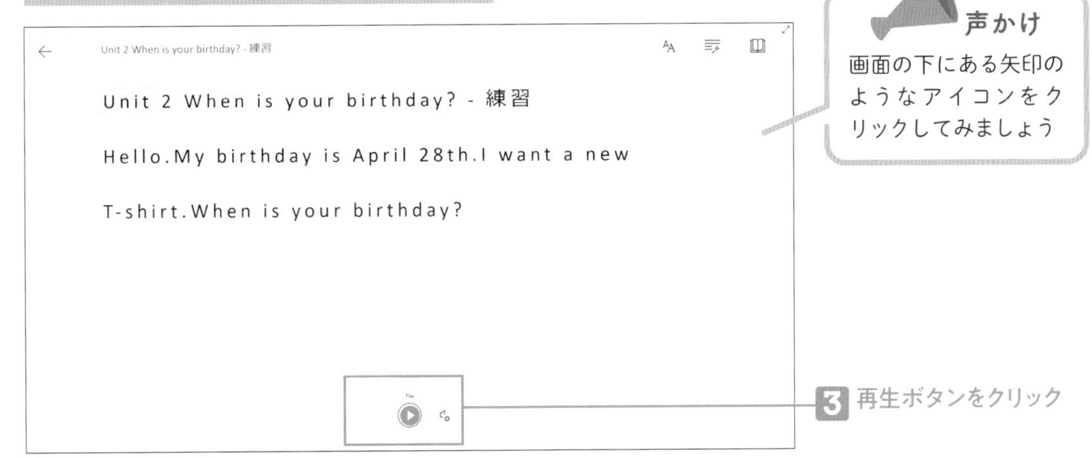

▶ 文章の読み上げ（音声）が開始された

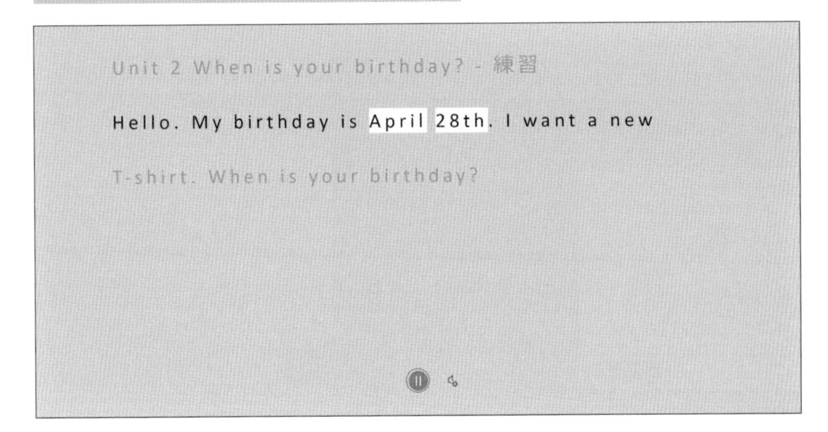

MEMO

再生ボタンを押すと、読み上げが行われます。読み上げ中は読み上げている単語がハイライト表示されます。

児童が音読を録音して自動採点する

❶ Reading Coachを立ち上げる

▶ トピックの画面が表示されている

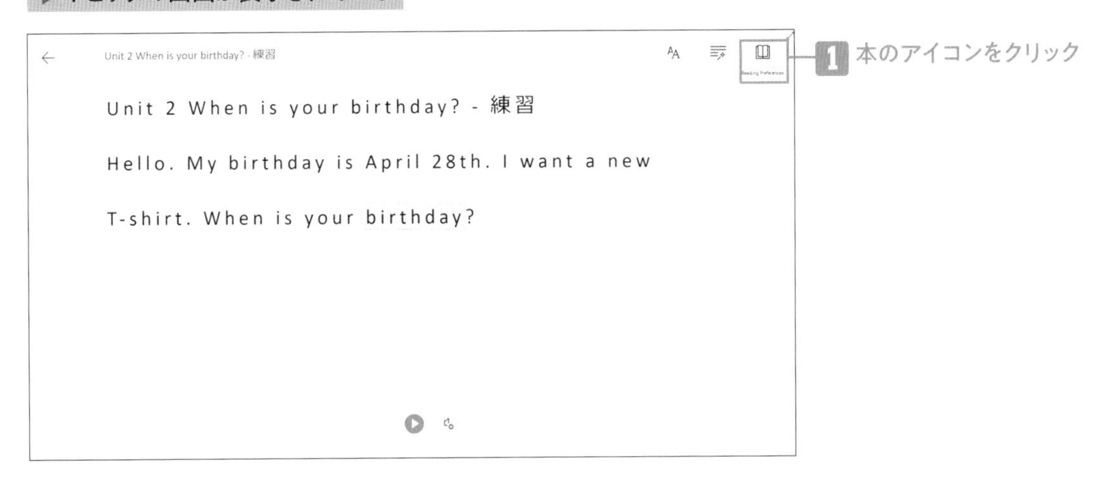

▶ メニューが表示された

2 [Reading Coach]のチェックをONにする

MEMO
「Reading Coach」とは、音読を自動採点する機能です。

▶ [Reading Coach]が起動した

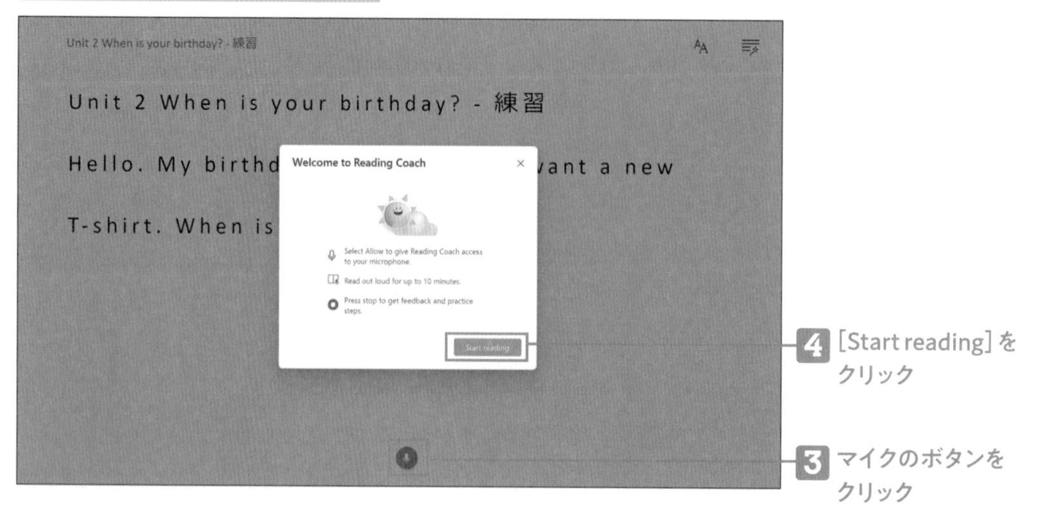

4 [Start reading]をクリック

3 マイクのボタンをクリック

❷ 児童が音読を録音する

▶ 録音開始のカウントダウンが始まった

声かけ
はい、音読開始です

MEMO
カウントダウン後に録音が開始されます。音読を開始しましょう。

▶ 音読が終了した

MEMO
分析結果が表示されます。正確さ(95%)、実際に読んだ時間(00：15)、速さ(96)、練習が必要な単語数(5)などが表示されます。

MEMO
「Practice words」では、発音に課題のあった単語のみを練習できます。

▶ 単語の発音練習をする画面が表示された

MEMO
マイクボタンをクリックすると録音が開始され、前回と同じように自動採点されます。

MEMO
発音に課題が見られた最大5個の単語が表示されます。

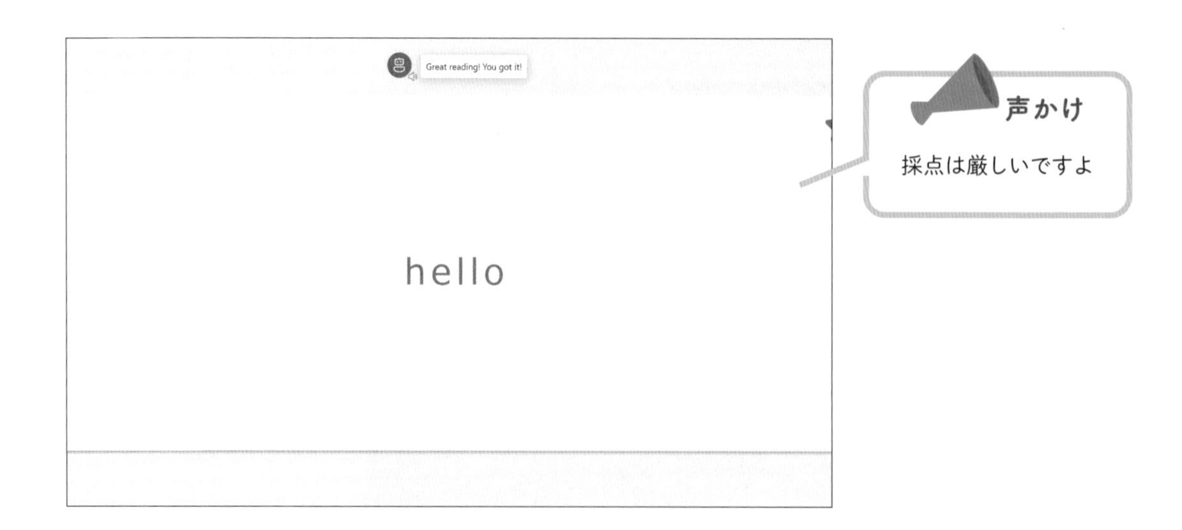

MEMO

単語「hello」の練習画面です。「☆」マークがつけば合格です。

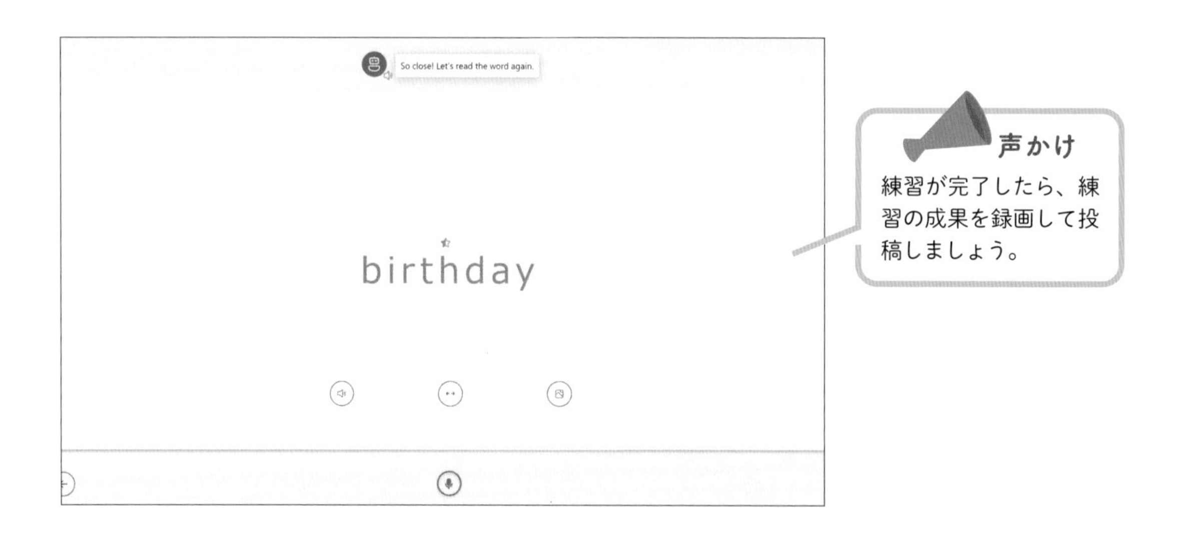

MEMO

単語「birthday」の練習画面です。「☆」マークは得られませんでした。

日本語の音読も自動採点できる

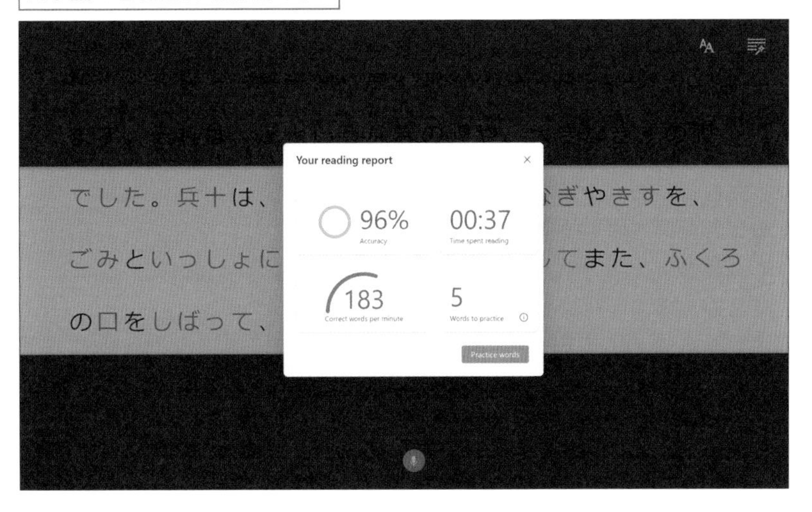

MEMO

トピック作成の際、説明欄に日本語で文章を入力すると、英語と同様に日本語の練習、自動採点ができます。

POINT

読み上げが苦手な児童も練習できる

行ごとにハイライトすることで、読み上げのときにちがう行に飛んでしまう児童への対策もできます。

手順3のReading Coachを設定したときの設定画面に、「Line Focus」という機能があります。この機能は、1行ごと、または3行ごとにその行以外を隠してくれるというものです。児童の様子を見て、調節してあげるとよいでしょう。

「自動読み上げ」のときは自動で移行しますが、「Reading Coach」のときは自分で矢印をクリックして移動させます。

Flip

難易度★★☆

オススメ教科

図工

作った作品紹介動画をQRコードで掲示する

▶動画／解説

Flip は、基本的に情報が外部へ発信はされず、安全性を担保しています。しかし、外部に発信して動画を閲覧できるようにしたい場合もあるでしょう。そこでここでは、図工の作品紹介動画のQR コードを作成して、実際に展示されている作品にQR コードを貼り付けて、誰でも動画を閲覧できるようにするという事例を紹介します。

トピックを設定してQRコードを作成する

① 図工の作品を映しながら紹介するというトピック(お題)を設定する

▶ トピックが設定されている

▶ 児童が投稿している

MEMO

特別な設定は必要ありません。児童は各自でFlip に投稿します。

② QRコードを作成して印刷する

▶ すべての投稿が完了した

▶ QRコードが作成された

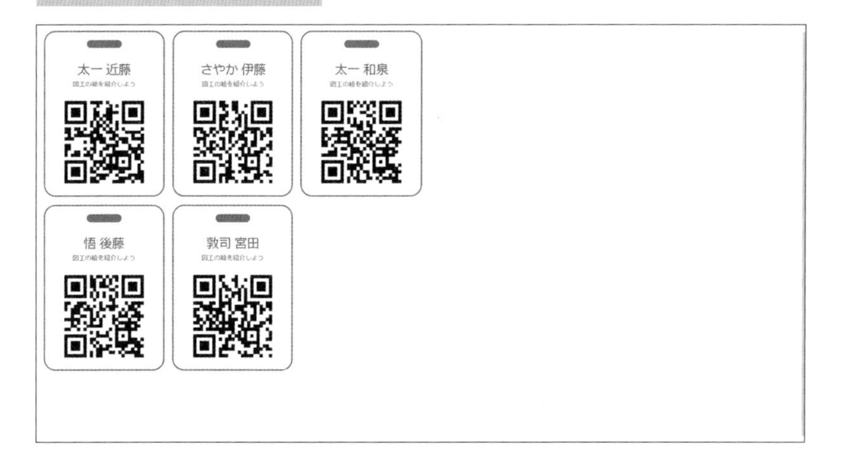

MEMO
すべての投稿（動画）ごとにQRコードが作成されました。

QRコードを作品に貼り付けて誰でも動画を閲覧できるようにする

❶ 作品の名札に貼り、掲示する

MEMO
PDF保存するなどして、作成されたQRコードをプリンターからプリントアウトしましょう。

印刷が終わったら、切り離し、それぞれの作品の名札にのり付けしましょう。
これで、『作者本人が作品解説をする動画付きの作品』が完成しました。授業参観前の廊下掲示などで大活躍します。

POINT

そのほかの『動画付き』の利用方法

読みとるのはスマートフォンでも問題なく可能です。ここでは図工の作品紹介をしました。それ以外にも、「新1年生が学校探検をする前に、理科室、図工室、音楽室など、2年生が校内のそれぞれの特別教室について解説する動画を作り、入り口に貼っておく」「書き初めの作品の振り返り動画を作品と掲示する」等々、さまざまな活用が考えられます。ぜひオリジナルの活用を考案して活用してみてください。

※この事例のヒントは、青森県公立小学校教諭の前多昌顕先生からいただきました。

ふきだしくん

難易度★☆☆

オススメ教科
道徳

ふきだしくんで意見を簡単に集める

▶ 動画／解説

株式会社ティーファブワークスが提供している「ふきだしくん」を使うと、意見の集約が簡単に行えます。ホワイトボードアプリでよくある、勝手に他の人の意見を編集したり移動したりしてトラブルになることがなく、スムーズな活用がスタートできます。

ボードを作成して児童を招待する

❶ ボードを作成する

▶「ふきだしくん」(https://477.jp/)のページが表示されている

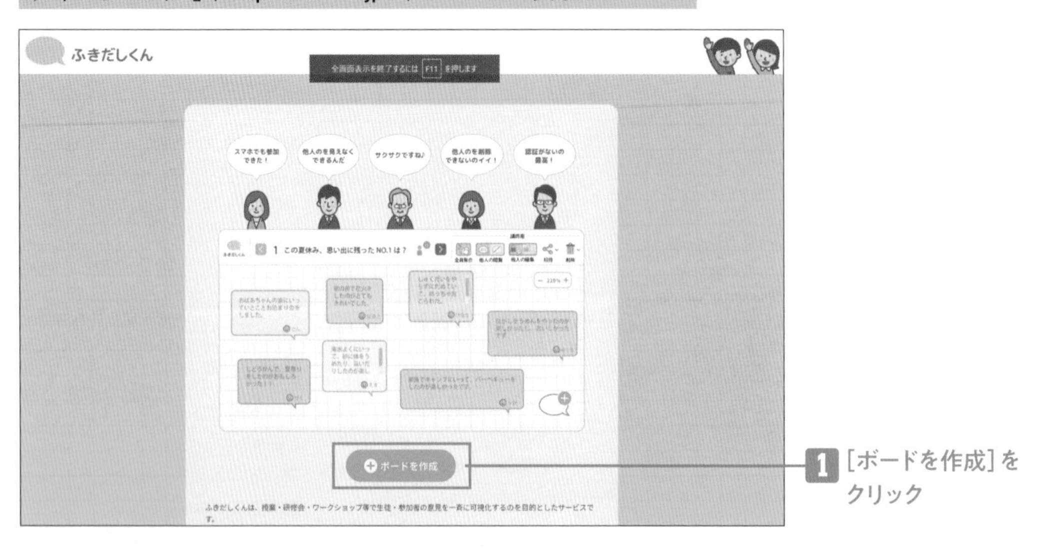

▶ 名前を入力する画面が表示された

MEMO

書いたふきだしに自動で入力した名前がつきます。匿名で意見を集める場合には名前を入力せずに決定をクリックします。

▶ 意見を出し合うボードが完成した

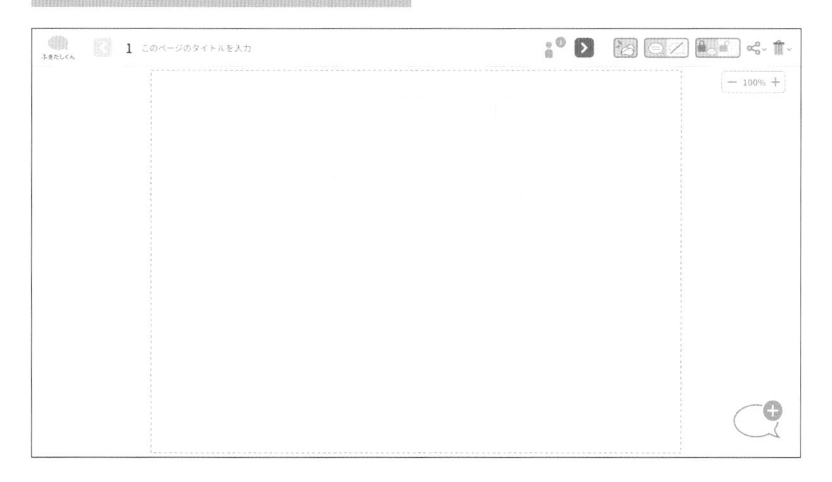

❷ 児童とURLを共有する

▶ ボードが完成している

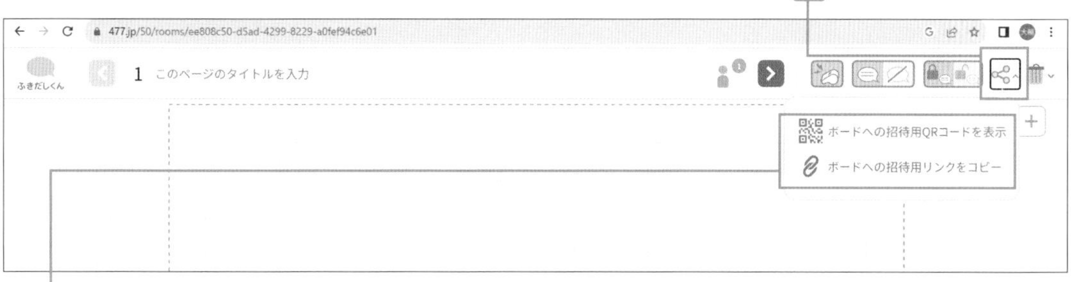

MEMO

[QRコードの表示]を選ぶと、現在の画面にQRコードが大きく表示されるので、電子黒板などで大きく映して共有できます。

MEMO

招待用の[リンクのコピー]は、選択するとクリップボードにURLがコピーされるので、Classroomなどで児童と共有しましょう。

MEMO

ふきだしくんはセキュリティの観点から、URLは午前4時にリセットされ、すべての情報が消去されます。URLを取得して共有する際には利用する当日または、直前に行いましょう。

意見の書き込みを行う

❶ 児童が書き込みする

▶ 児童は名前を入力している(手順①参照)

児童側の画面

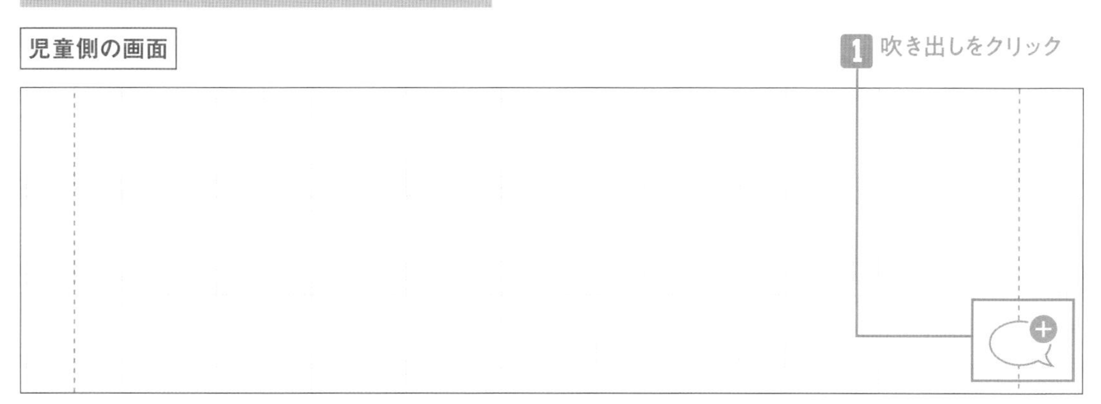

▶ 内容の入力画面が表示された

▶ ふきだしが表示された

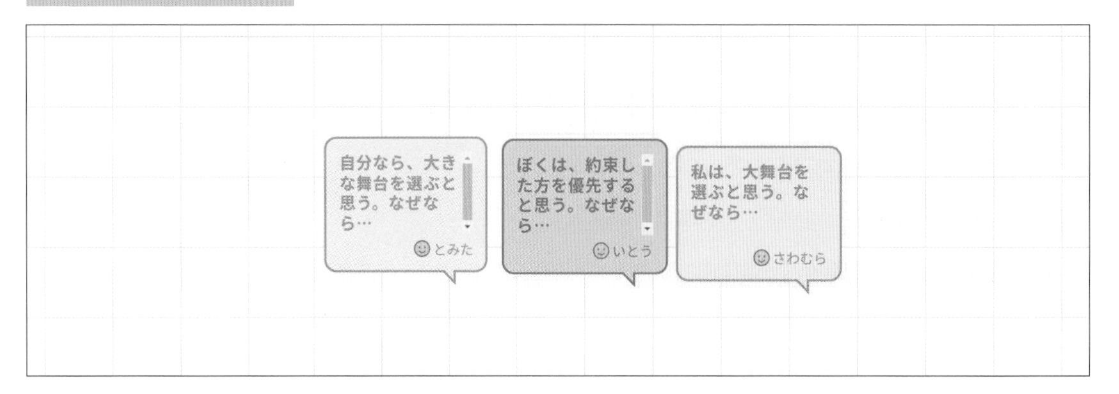

❷ 他の人のふきだしを見えないようにする

▶ 児童が共有したボードにふきだしを貼っている

教師側の画面

POINT

自分の意見をまずは表明する

道徳の学習で2つに分かれそうな意見を集める場合、ボードの内容を読むことで自分の考えが他の意見に引っぱられてしまうことがあります。その変容はとても素晴らしいのですが、まずは自分の意見をしっかりと表明してほしいと考えた場合は、他の人が書いたふきだしを一時的に見えない設定にしてみましょう。

▶ 児童の画面は自分以外のふきだしが非表示になった

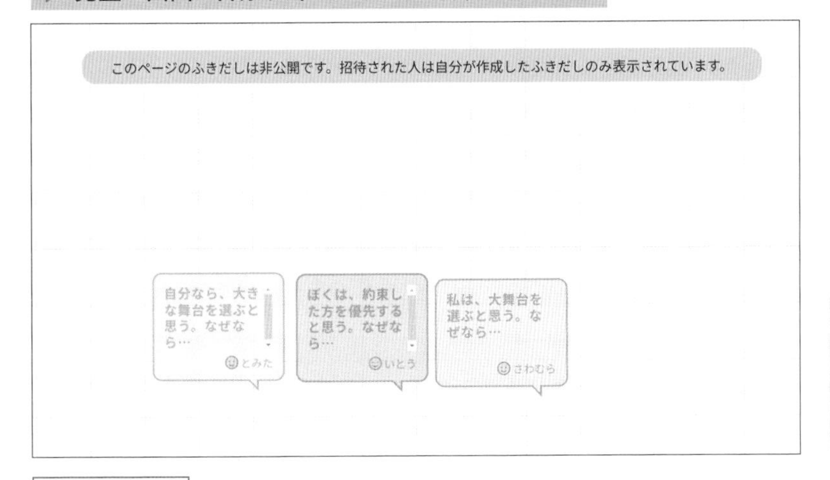

MEMO
教師側の画面ではすべてのふきだしが表示されています。

児童側の画面

MEMO
児童側の画面では、自分以外のふきだしが表示されていません。このような状態で意見を集め、非表示機能をオフにすると、今まで書かれた内容が一斉に他者にも表示されます。

❸ そのほかの便利な機能

❶ ボードの作成者（教師）がいるページに参加者（児童全員）を集める
❷ ふきだしの作成者以外がふきだしを編集できるようにする
他の人が編集できる（南京錠がかっていない）
他の人が編集できない（南京錠がかかっている）

MEMO
ふきだしくんには保存機能が無いため、ページを保存する際は、スクリーンショットを取って保存します。毎日リセットされるので、忘れずにスクリーンショットを取っておきましょう。

描画キャンバス

難易度★☆☆

オススメ教科
図工

写真を撮って自分だけの落書きをする

▶動画／解説

絵を簡単に描ける「描画キャンバス」を利用して、校内の写真を撮影して、自分だけの落書きをするという事例を紹介します。「学校のどこかに、落書きしたいと思ったことはない ？」という投げかけから、撮影タイムスタートです。児童は「ここにも落書きできるかも ！」とさまざまな場所で写真を撮ります。

描画キャンバスの特徴

「描画キャンバス」で描いた内容は自動でクラウドに保存されるため、端末が故障した場合や複数の端末を使っている場合に、「描画キャンバス」から最新のデータを参照できるので便利です。画像を加工する際は、統一して「描画キャンバス」を利用することをお勧めします。

撮影した写真を描画キャンバスに読み込む

❶ 描画キャンバスを起動する

▶ 児童が撮影した画像が保存されている

児童側の画面

1 [画像から新規作成] をクリック

MEMO
描画キャンバスは、Chromebookだと「Chrome描画キャンバス」という名前でアプリドロワーに登録されています。赤いパレットのアイコンです。

MEMO
iPadなどから利用する場合は、「https://canvas.apps.chrome/」を開きます。

▶ 画像が描画キャンバスの画面に表示された

❶ペン各種などの画材の選択や、色、太さ、透明度の設定ができる
❷失敗したときに描きこみを戻したり、進めたりできる
❸レイヤーが設定できる

MEMO
「レイヤー」とは、画像と同サイズの透明なシートのようなものです。レイヤーに何かを描いて、そのレイヤーを見えない設定にするとレイヤーに描いたものが見えなくなります。レイヤーは複数設定できます。

落書きをして「ミニ展覧会」を開く

1 落書きをする

▶ 画像が読み込まれている

1 色や画材を選び、落書きをする

MEMO
失敗してもやり直せることを伝えると、児童はいろいろな挑戦を始めます。

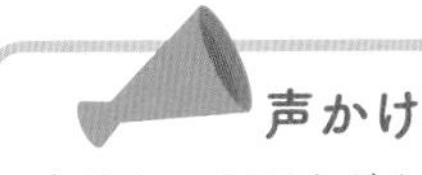

声かけ
失敗しても戻すボタンを使えば大丈夫だよ

2 画像を保存する

▶ 落書きが完了した

1 ここをクリック

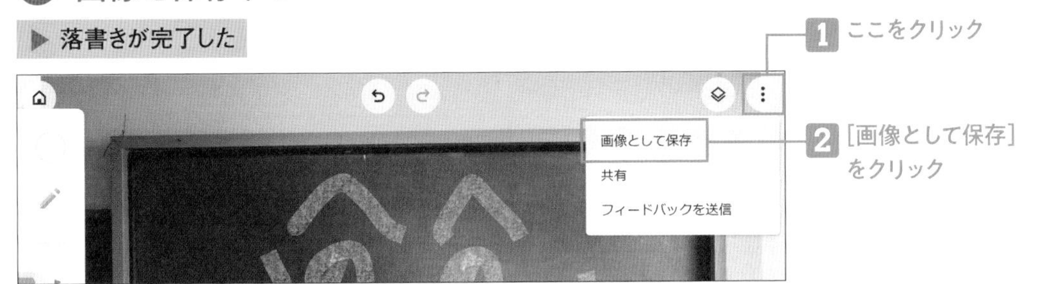

2 [画像として保存]をクリック

落書きのミニ展覧会の作品「笑う校庭の植物」

MEMO
作品の画面のままデバイスを机に置いて、児童たちが自由に作品を見て回るとちょっとした「落書きのミニ展覧会」となります。

MEMO
Padletに貼り付けて「落書きのミニ展覧会」を開くこともできます。

POINT

簡単で学年を選ばずにすぐにできる事例

とても簡単かつ、やり直しが何回もできるというデジタルの利点を生かした事例です。低学年でも簡単に取り組むことができるので、1時間だけ時間があるといった場合にもすぐに取り組めてお勧めです。

※この事例の紹介にあたっては、兵庫教育大学附属小学校の林孝茂先生のご協力をいただきました。

描画キャンバス

難易度★☆☆

オススメ教科
外国語

スクリーンショットで道案内をする

今後、児童用デジタル教科書が端末に導入される機会が増えてきます。デジタル教科書の描画機能もありますが、スクリーンショットを撮って描画キャンバスに読み込ませ、描き慣れた環境で描くこともできます。ここでは、出題者が英語地図にスタートとゴールを描き込んでそれを見えないようにし、出題者が解答者に英語で道案内をして解答者がゴールにたどり着かせる、という事例を紹介します。

スクリーンショットの撮り方を覚える

① スクリーンショットの撮り方を覚える

Windows	Win+Shift+S を同時に押す または PrintScreen キーを押す 簡易編集ソフト（Snipping Tool）が起動して保存される
iPad	電源ボタンと音量+キーを同時に押す 電源ボタンとホームボタンを同時に押す 画面左下から右上に向かってスワイプする スクリーンショットは「写真」と一緒に保存される
Chromebook	スクリーンショットキーを押す Shift＋Ctrl＋ウィンドウ表示キー（ ）を押す 右下の時刻を押した後「スクリーンキャプチャ」を選択する スクリーンショットはダウンロードフォルダに保存される

英語の地図画像を使って英語で道案内をする

① 道案内の準備をする

児童(出題者)側の画面

▶ 地図の画像が読み込まれた

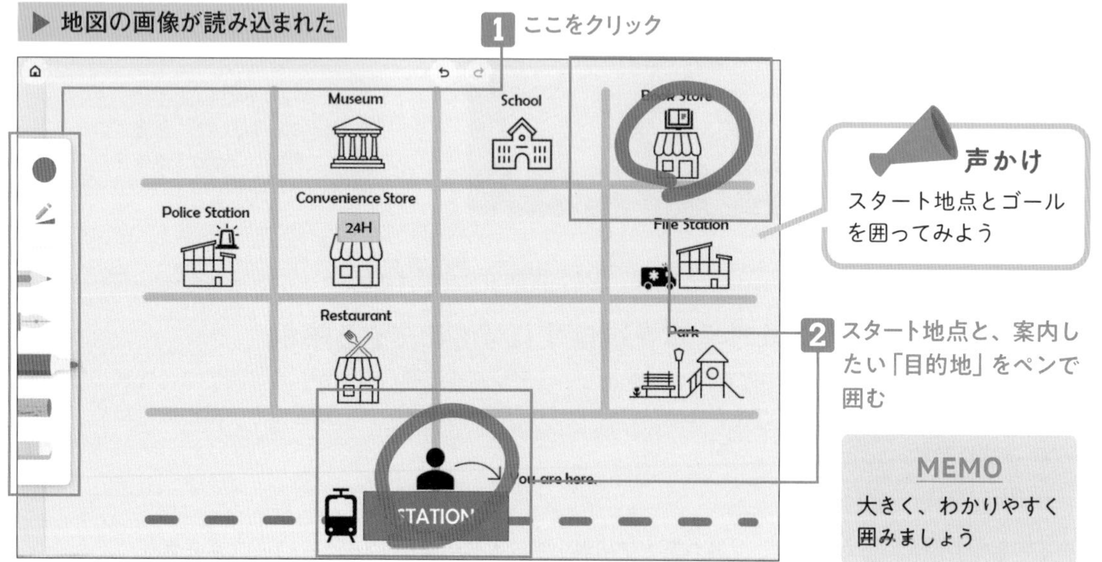

MEMO
大きく、わかりやすく囲みましょう

② レイヤーの設定で描き込んだ内容を隠す

▶ 描き込みが完了した

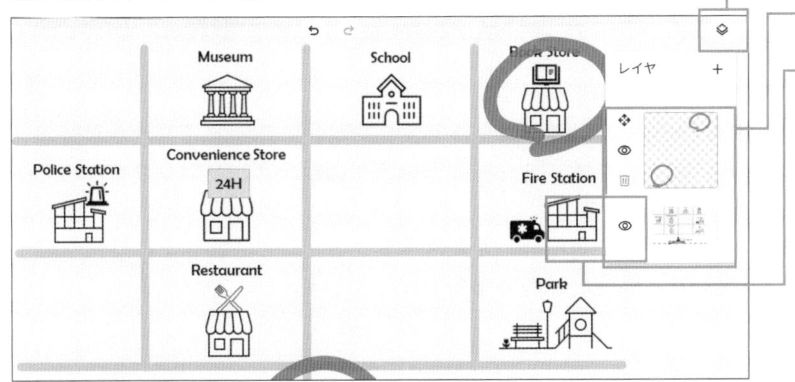

1 レイヤーの設定ボタンをクリック

2 レイヤーを確認する

3 目のアイコンをクリックして描き込みを隠す

MEMO

レイヤーとは、透明なシートを何枚も重ねているイメージで、各シートに描いた情報が保存されます。

▶ 描き込んだ内容が一時的に見えなくなった

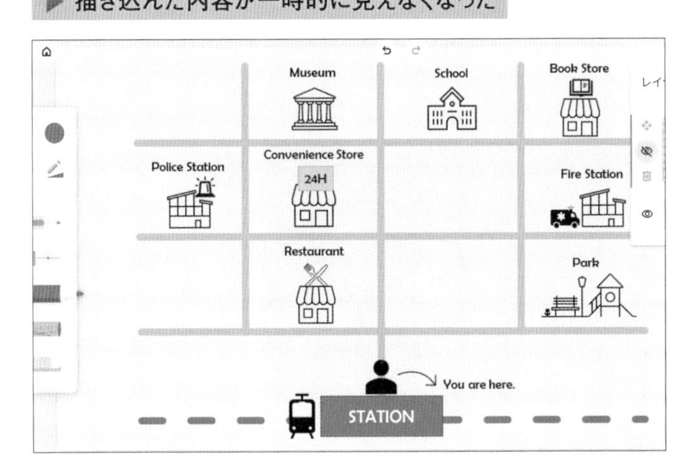

MEMO

地図の画像は一番下のレイヤー、今描いたスタート地点と目的の情報は、その上のレイヤーに情報が保存されています。

英語で案内開始

スタート地点と案内したい目的地を隠した状態で、相手にスタート地点を伝え、「Go straight」「Turn left」「Turn right」などというように、目的地に向かって英語で道案内をします。

道案内が終わったら、相手に、案内された「目的地」を画面上で指さしている状態でいてもらいます

正解を確認する

手順②の「目のアイコン」を再度クリックして、隠したレイヤーを表示します。相手が指を指している場所と、自分がマークした場所が一致すれば、道案内成功です。

POINT

スクリーンショット利用の注意点

スクリーンショットは学習での活用を積極的に進めたい技術です。自分だけのまとめや、スライドを作るときに大いに活躍します。ただし、著作権への配慮は必要不可欠です。学習における複製、個人利用目的の複製は許可されていますが、それ以外は注意が必要です。児童には、他者へ発表する資料に入れる際には、出典を示す、引用の範囲に留めるなどの指導をしましょう。

Scratch

難易度★☆☆

オススメ教科
算数

サンプルあり

Scratchで正多角形を作図する

▶ 動画／解説

5年生の算数では、正多角形の作図においてプログラミングを用いて作図することが学習指導要領に例示されています。そこでここでは、「Scratch というプログラミングアプリを使って正多角形を作図する」という事例を紹介します。

この事例のねらいは、繰り返しの回数や角度などの条件を変えるだけでさまざまに結果が変化するプログラミングの特徴を知り、論理的思考力を育てることです。

Scratchの特徴を知る

❶ Scratchのページで「作る」を選択する

▶ cratch (https://scratch.mit.edu/) が表示されている

❶ 画面内を確認する

▶ プログラミングの画面が表示された

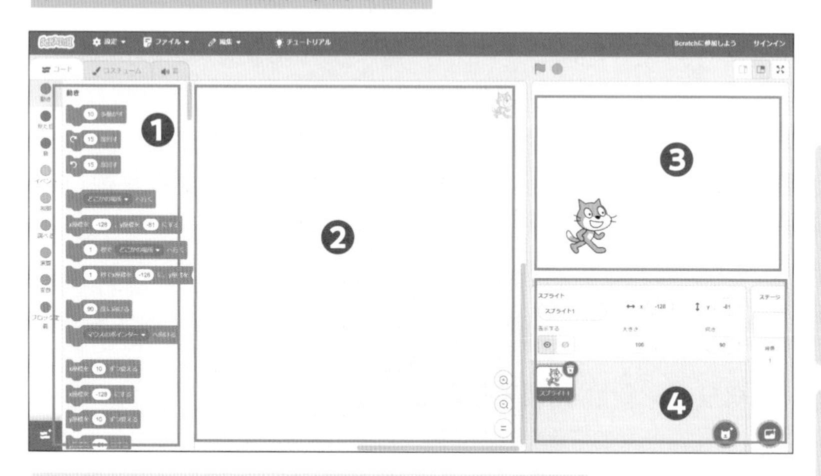

❶ プログラミングのブロックが置いてあるエリア
❷ プログラミングをするエリア
❸ プログラミング結果が表示されるエリア
❹ スプライト（ネコ）の情報が表示されるエリア

MEMO

ユーザー登録をするとできることが広がりますが、授業で扱うにはユーザー登録は必要ありません。

MEMO

初めて使用する場合は、チュートリアル（使用方法解説）が出るかも知れませんが、「×」をクリックして閉じて問題ありません。

▶ 画面右下のエリアを確認している

MEMO
プログラミング対象となる部品はスプライトと呼ばれます。

MEMO
x,y座標などの数字を直接入力してもネコに反映されます。

MEMO
ネコが予定外の場所に移動してしまったら、マウスで戻すこともできます。

プログラミングによる操作方法

プログラミングによって動かす場合、[10歩動かす] というブロック（プログラム）は、ネコが向いている方向に「10歩動く」という意味を持っています。ブロックをクリックして直接命令を送ることができます。クリックして動きを確かめましょう。

プログラムを作ってみる

❶ ブロック（プログラム）を置く

1 ［緑の旗が押されたとき］ブロックを置く

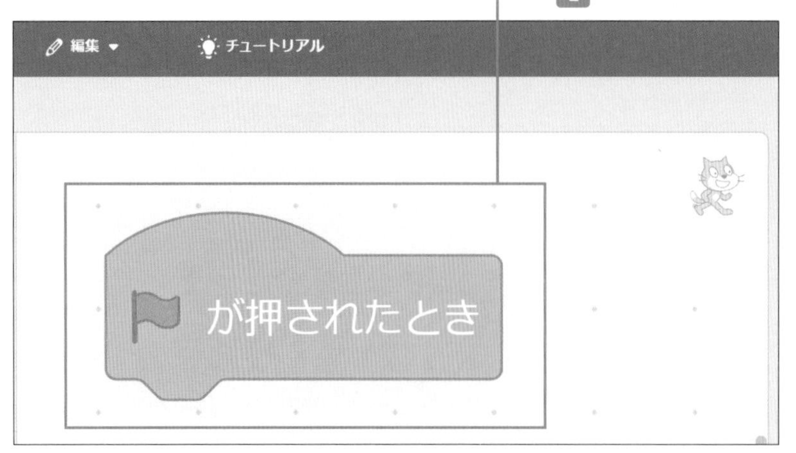

MEMO
真ん中のプログラミングをするエリアに、左側のブロックを置いてプログラムを作ります。

MEMO
画面上の［緑の旗］をクリックすることがプログラムをスタートするきっかけとなります。

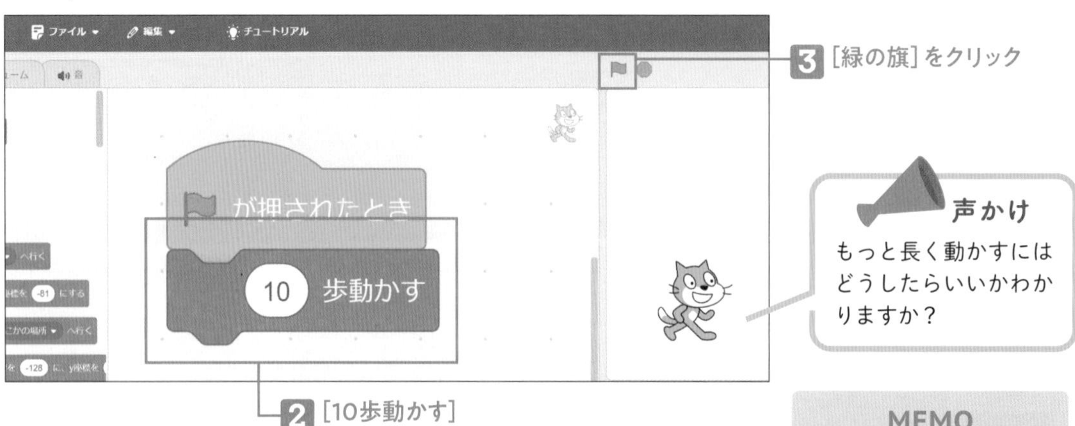

3 ［緑の旗］をクリック

2 ［10歩動かす］ブロックを置く

声かけ
もっと長く動かすにはどうしたらいいかわかりますか？

MEMO
この状態で［緑の旗］をクリックすると、ネコが少しだけ前に進みます。

4 100と入力する

MEMO
10歩を100歩にすると、たくさん動くことを確認しましょう。

❷ 動いた軌跡を描かせるようにする

1 ここをクリック

MEMO
このままではただ動くだけなので、動いた軌跡が描かれるようにしましょう。

▶ 拡張機能の一覧が表示された

2 ［ペン］をクリック

MEMO
さまざまありますが、ここでは［ペン］を選びます。

▶ ペンの機能が追加された

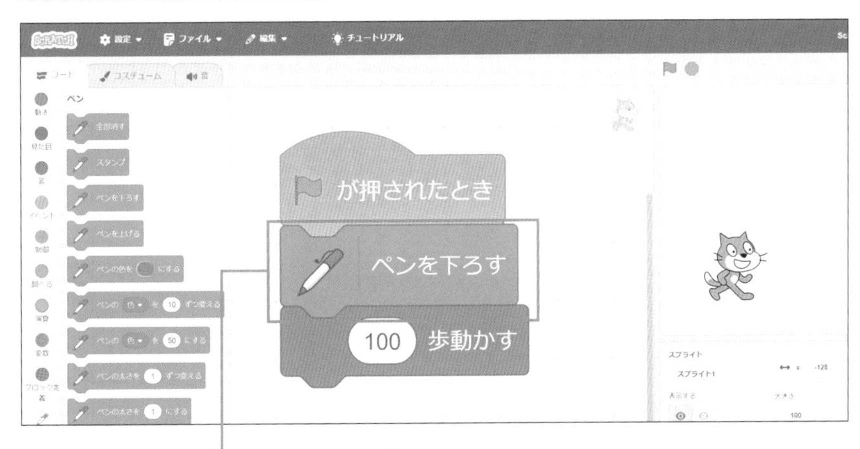

3 ［ペンを下ろす］ブロックを置く

MEMO
緑の旗が押されると、ネコが軌跡を描いて動きます。

MEMO
軌跡を消したいときは、ブロックが置いてあるエリアの［全部消す］ブロックをクリックしましょう。

図形を描く

❶ 正方形を描くブロック（プログラム）を置く

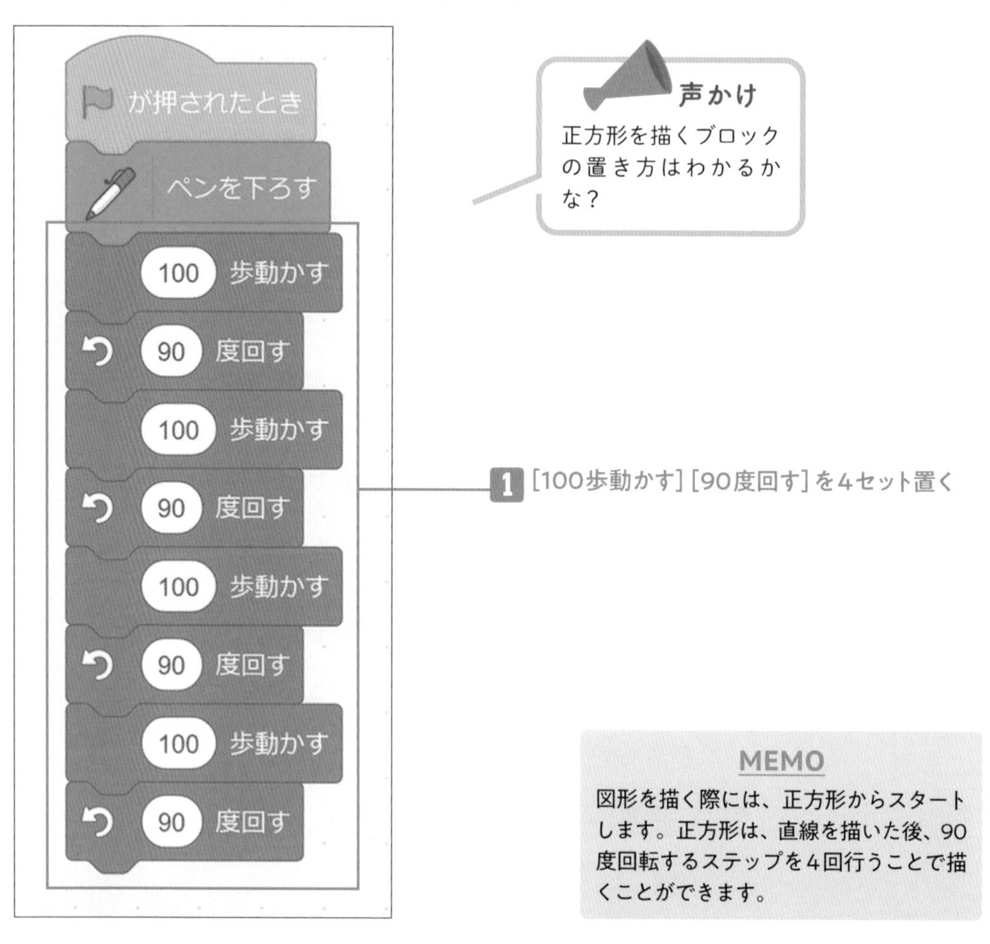

MEMO

図形を描く際には、正方形からスタートします。正方形は、直線を描いた後、90度回転するステップを4回行うことで描くことができます。

❷ 児童に[繰り返し]ブロックを使うことを発見させる

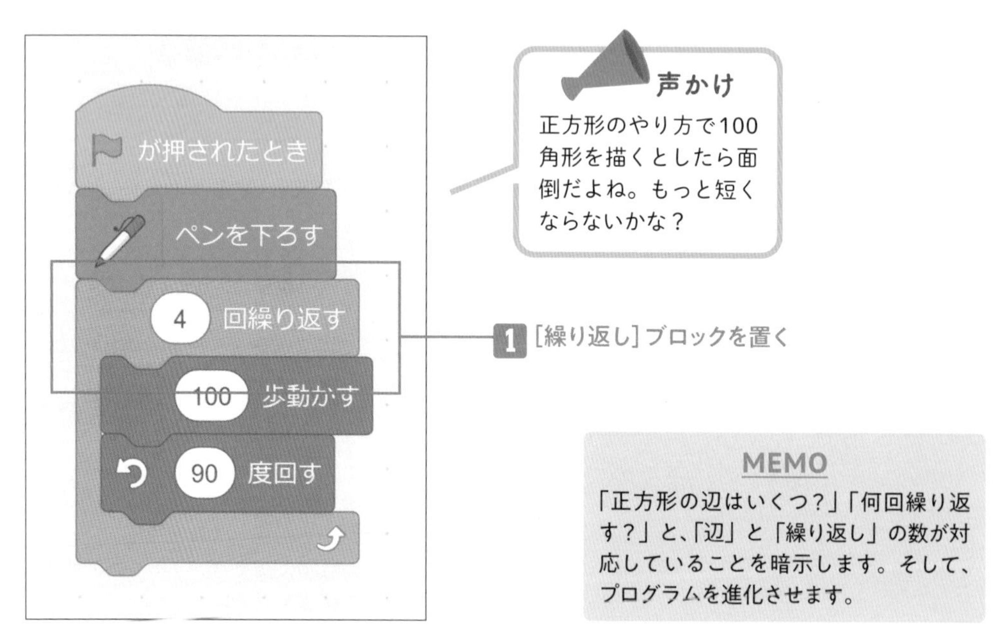

MEMO

「正方形の辺はいくつ？」「何回繰り返す？」と、「辺」と「繰り返し」の数が対応していることを暗示します。そして、プログラムを進化させます。

POINT

正多角形を描くときのブロックを押さえる

正多角形はすべての辺の長さが等しい。すべての辺の内角が等しい。繰り返しの数が辺の数になっている。このことから、[100歩動かす]ブロック、[90度回す]ブロック、[繰り返す]ブロックが正多角形を描くのに使えることを押さえておきます。

❸ 正方形を描くブロックから正三角形を描くブロックに置き換える

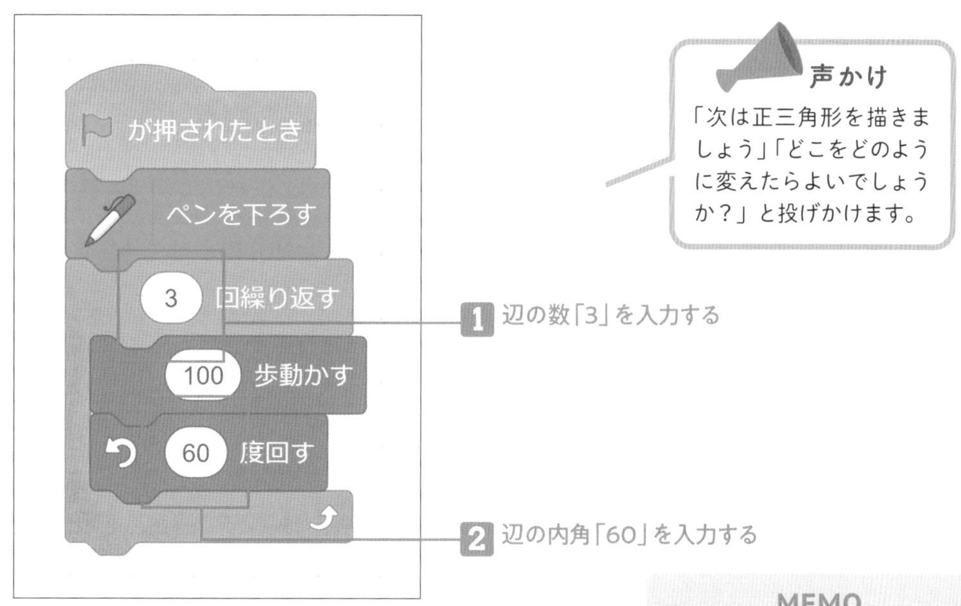

声かけ
「次は正三角形を描きましょう」「どこをどのように変えたらよいでしょうか？」と投げかけます。

MEMO
正三角形の辺の数が3つ、内角がすべて60度ということで作成されたプログラムです。

MEMO
しかし、このプログラムでは上記のように正三角形を描くことができません。コンピュータに対しての指示と、私たちの自然な発想の間にちがいがあるからです。

正多角形の内角の計算方法を学習する

❶ コンピュータへの指示と私たちの自然の発想のちがいを教える

コンピュータに対しての指示「60度回す」は、**真っ直ぐに行こうとする方向から60度回転するという意味（すなわち、外角）になります**。

回転の数値を変えて試行錯誤しているうちに、120度を発見する児童が出ます。そこで「この数字を計算で出せるといいんだけどなぁ」と投げかけてみます。

『180－60＝120』が出てきたら、「いい発見だね！」と返し、内角が既知である正五角形や正六角形はその方法でできることを確認します。(始めに正方形から描くのは、内角と外角が同じ大きさだからです。)

次にもう一問、投げかけます。

「その方法で正七角形も描けるかな ？」
「ネコが正『三』角形を描くのに、1回につき「120度」回って、最終的にはぐるっと『一周、360度回転』しているんだよね。これって、計算で求められないかな」

その結果、次のような関係を皆で共有できます。

回す角度	何角形	ねこ
120	3	360
90	4	360
72	5	360
60	6	360

こうすることで、回す角度は「360÷頂点の数」で求められることがわかります。そして、この計算もプログラムに行わせればよいことを伝えます。

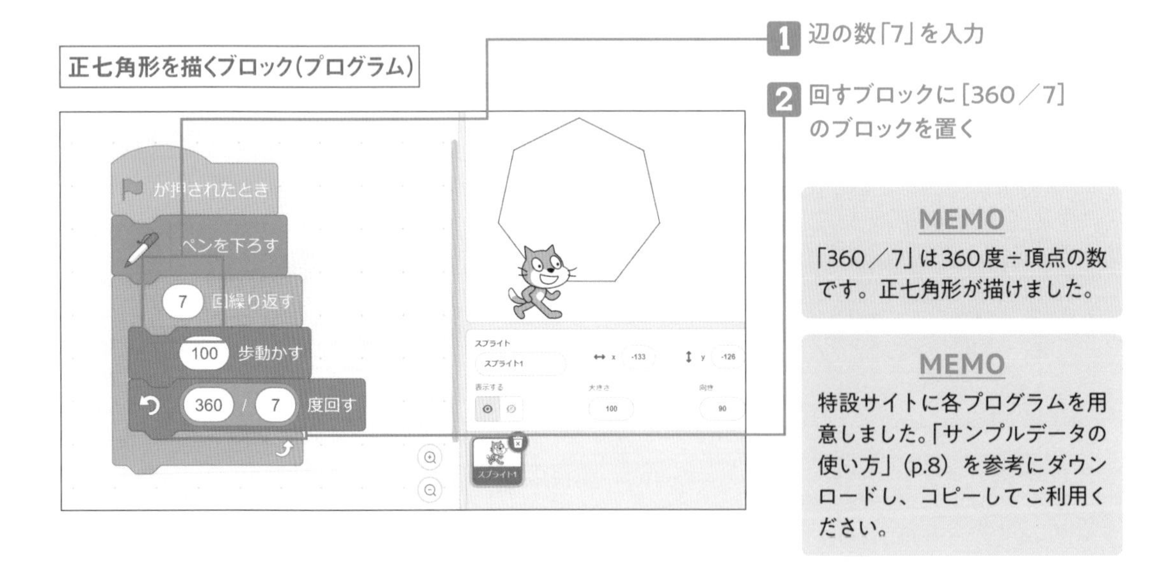

POINT

まとめとして図形の性質の確認をする

コンピュータで「繰り返し」を使ったプログラムを作ることで簡単に正多角形が作図できるのは、正多角形の辺の長さと角の大きさがすべて等しいという正多角形の性質を使うことができたからです。こうした算数としてのまとめを児童と共有し、手描きとどっちが楽だった？と問いかけてコンピュータのよさにも触れて授業を終えます。

ADVANCE

さらにステップアップしたプログラム

「みんながスゴいから、先生も頑張って作ってみたよ」と言って、さらにステップアップしたプログラムを見せると、それを再現しようとする児童が出てきます。

次のプログラムは、正何角形を描くかネコが尋ね、数字で答えるとその正多角形を作図してくれるというプログラムです。挑戦してみてください。

ブロック(プログラム)の内容

プログラムが起動した結果

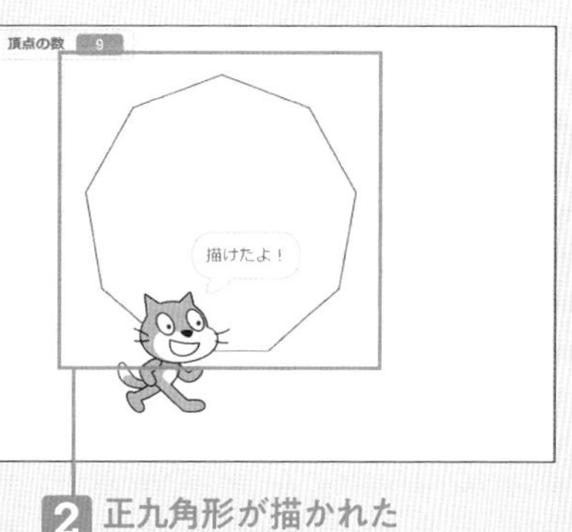

1 頂点の数「9」を入力する

2 正九角形が描かれた

Scratch
難易度★☆☆
オススメ教科
総合

Scratchの基礎をポケモンと学ぶ

▶動画／解説

「ポケモンプログラミングスタートキット」では、ポケモンという児童が大好きなキャラクターを用いてScratchでのプログラミングに挑戦することができます。総合的な学習の時間での活用を念頭に、指導案やスライドなどもすべて用意されているので、挑戦してみましょう。今回はChromebookで実施する際の準備段階でつまずきやすいポイントだけを紹介します。

注意事項

「ポケモンプログラミングスタートキット」は、児童が大好きなキャラクターを用いてのプログラムが作れることから、その利用においては利用規約への同意・遵守が大切です。教師側はポケモンの素材だけを活用せず、キットの想定する授業の流れの中で使用すること、児童側は作ったプログラムを共有しないことが大きな注意点です。必ず守って使うようにしてください。

キットをダウンロードして児童と共有する

❶ 利用規約に同意してキットをダウンロードする

▶「ポケモンプログラミングスタートキット」(https://startkit.pokemon-foundation.or.jp/)が表示されている

1 ［スタートキットを使用する］をクリック

MEMO

利用規約の確認・同意を行い、スタートキットをダウンロードします。ZIPファイルとしてひとまとめになった教材がダウンロードできます。

❷ 教材のデータをGoogleドライブにアップロードする

▶ Chromebookでの操作を想定している

▶「ダウンロード」フォルダ内の[pokemonstartkit.zip]を開いている

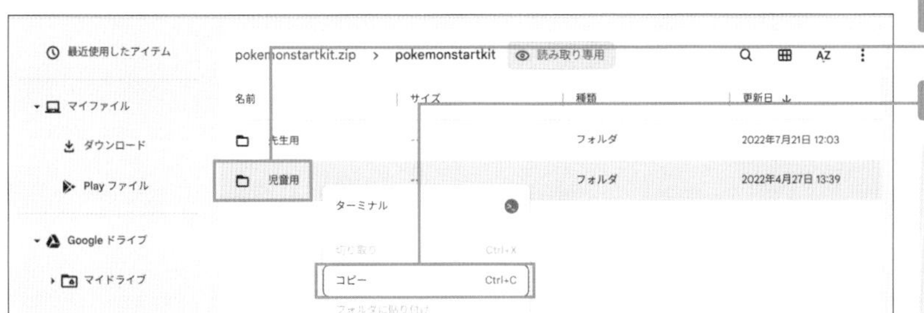

1 [児童用]フォルダを右クリック

2 コピーをクリック

MEMO
児童用と書いてあるフォルダが児童に共有するものです。

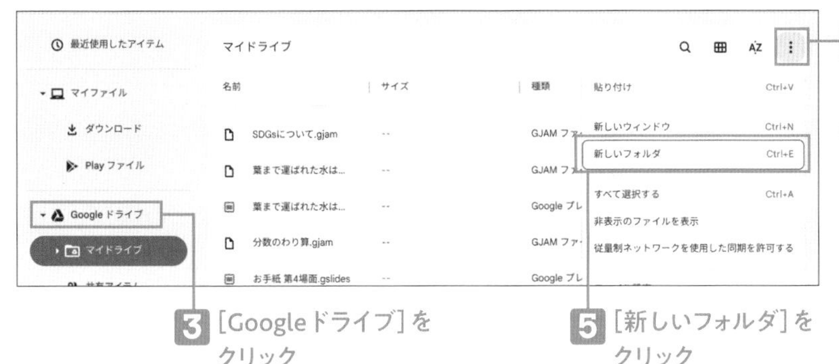

4 ここをクリック

3 [Googleドライブ]をクリック

5 [新しいフォルダ]をクリック

MEMO
コピーしたフォルダをGoogleドライブにアップロードします。わかりやすいように、新しくフォルダを作ってからアップロードしましょう。

▶ 新しいフォルダができた

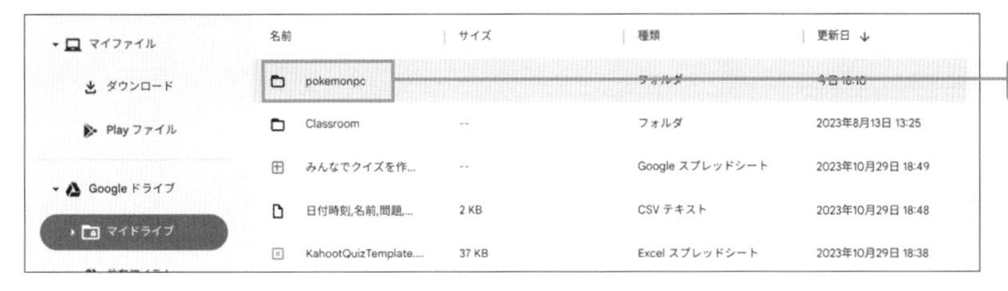

6 「pokemonpc」と入力する

MEMO
新しいフォルダに名前をつけます。今回は「pokemonpc」としました。

▶「pokemonpc」という名前のフォルダができた

7 [pokemonpc]をクリック

8 右クリックして[貼り付け]をクリック

MEMO
先ほどコピーした[児童用]フォルダを貼り付けます。

❸ 配布用の[児童用]フォルダを児童と共有する

▶ Googleドライブにアップロードできた

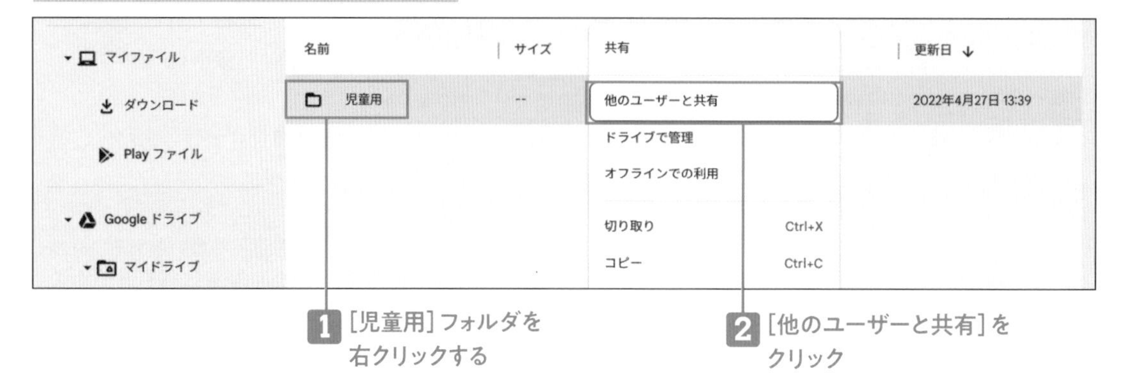

1 [児童用]フォルダを右クリックする

2 [他のユーザーと共有]をクリック

▶ [児童用を共有]画面が表示された

3 [リンクをコピー]をクリック

MEMO
何も変更せずに「リンクをコピー」を選んでリンクをコピーします。

▶ リンクをコピーした

▶ Google Classroomの[資料]画面が表示されている

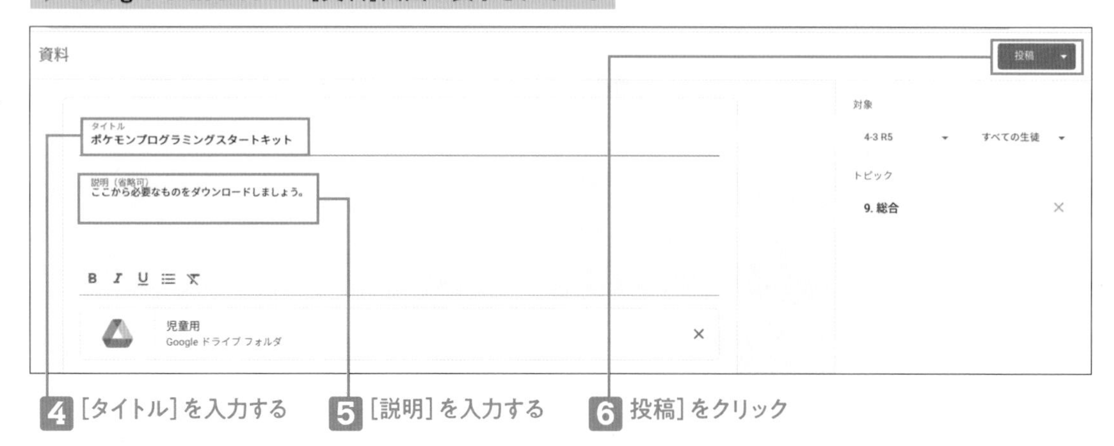

4 [タイトル]を入力する

5 [説明]を入力する

6 投稿]をクリック

MEMO
コピーしたリンクを資料としてClassroomに掲載します。これで児童もアクセスできるようになりました。

ポケモンの素材をScratchで利用する

❶ 児童が素材をダウンロードする

▶ 児童は[児童用]フォルダを開いている

1 素材を選んでここをクリック

MEMO
児童は、自分の利用したいファイルを開いてダウンロード、保存します。

❷ ポケモンの素材をアップロードする

▶ Scratchのページが表示されている

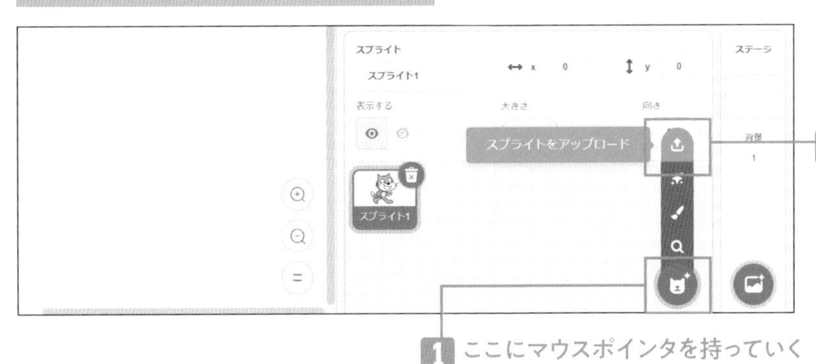

2 ここをクリック

1 ここにマウスポインタを持っていく

MEMO
アップロード画面が表示されるので保存したポケモンの素材をアップロードしましょう。

▶ キャラクターが反映された

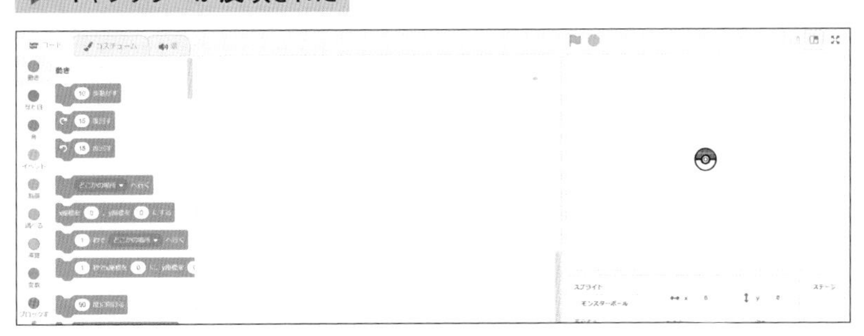

MEMO
Scratchにモンスターボールが登場しました。

POINT

授業での利用について

授業の流れについては、ダウンロードしたファイルの「先生用」フォルダに詳細なマニュアルがあります。そちらを参照しましょう。また、YouTubeでも説明する動画があります。
※ポケモン公式YouTubeチャンネル
【ポケモンプログラミングスタートキット】先生向け研修
https://www.youtube.com/watch?v=baGXEj5cbaQ

Scratch

難易度★★★

オススメ教科
理科

サンプルあり

水溶液を判定するプログラムを作る

▶動画／解説

6年理科の「水溶液の性質」では、さまざまな角度から水溶液の性質について調べ、まとめます。ここでは単元の終末を想定して、6種類の水溶液を判定するプログラムを作成し、水溶液の性質をまとめます。ブロック（プログラム）をよく見て、同じように作成してみましょう。本文中のプログラム①②③④をつなげると完成です。

使用する水溶液

「水」「食塩水」「石灰水」「炭酸水」「うすい塩酸」「うすいアンモニア水」です。
例えば、以下のようなフローのプログラムを作るとしましょう。**実際の授業ではこのフローを考えることが一番大切**です。

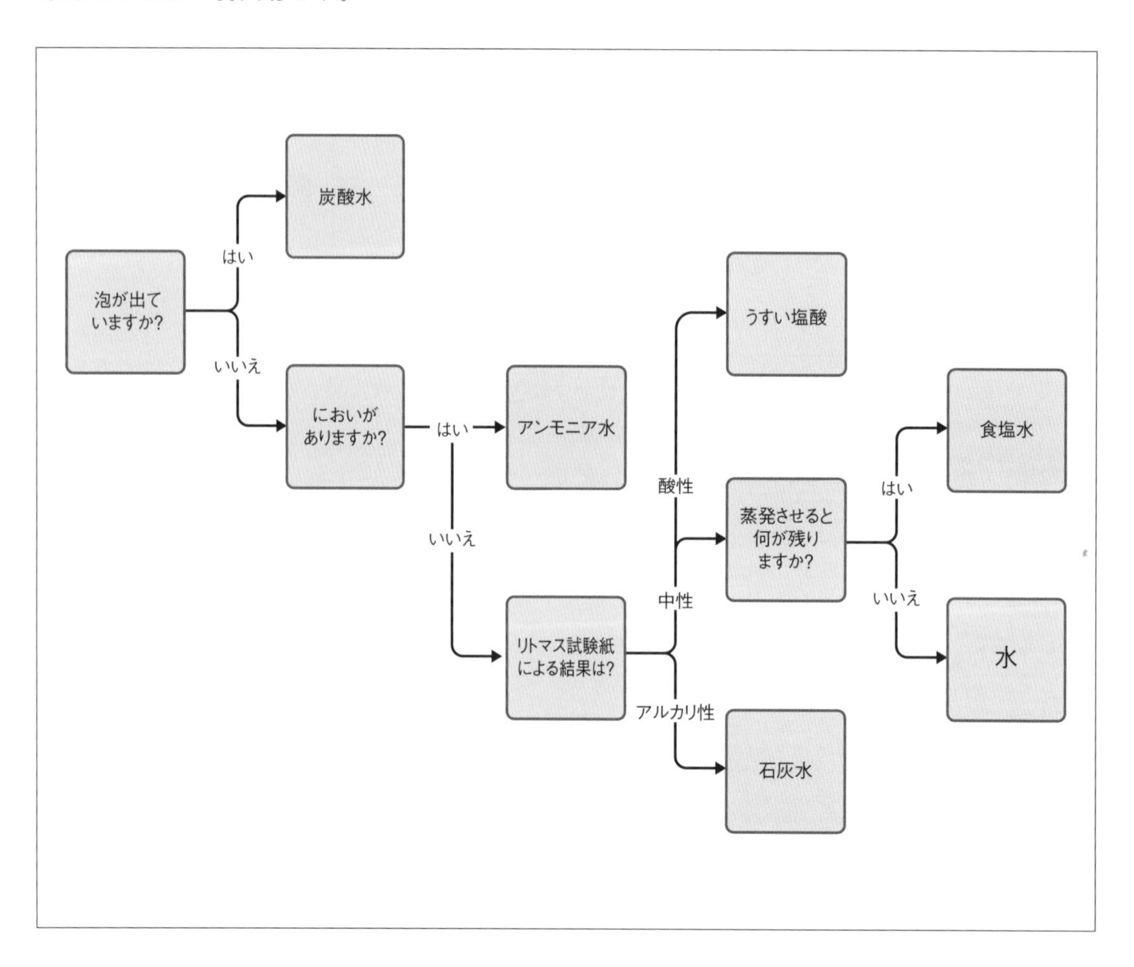

Scratchでプログラムを作成する

1 フローに沿ってブロック(プログラム)を置く

▶ Scratchのプログラムを作成している

プログラム①

が押されたとき
水溶液を調べるね！ と 1 秒言う
試験管に泡はついているかな？（はい・いいえ） と聞いて待つ
もし 答え = はい なら
なるほど！その水溶液は炭酸水だね！ と言う
でなければ
もし 答え = いいえ なら
2問目へ を送る
でなければ
もう一度やり直してね。 と言う

上から次の順でボックスを置いている
スタートの条件
セリフ
質問内容
質問による分岐
・あてはまる場合は答えを言う
・ちがう場合はメッセージで次の質問へ

プログラム②

上から次の順でボックスを置いている
スタートの条件
※スタートの条件が変更されている
セリフ
質問内容
質問による分岐
・あてはまる場合は答えを言う
・ちがう場合はメッセージで次の質問へ

MEMO
「スタートの条件」に使われているのは「メッセージを送る」というプログラムです。

❷ [イベント]のカテゴリに入っているブロックを確認する

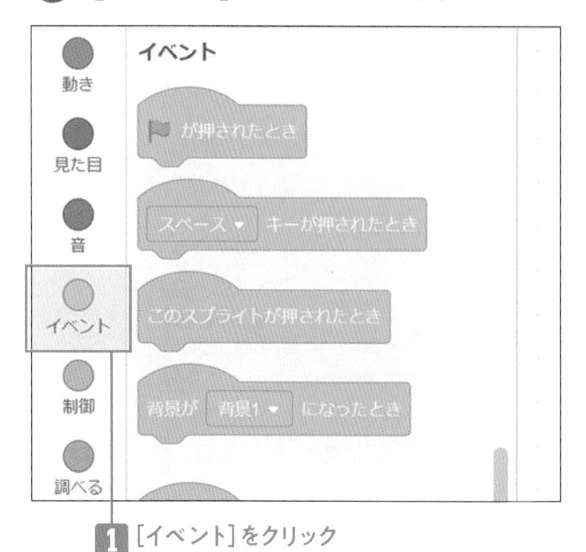

1 [イベント]をクリック

[イベント] のカテゴリに入っているブロックは、次の処理に移行することをわかりやすくしてくれます。
このブロックを使うと、質問と判定を一つのセットとして作成することができます。

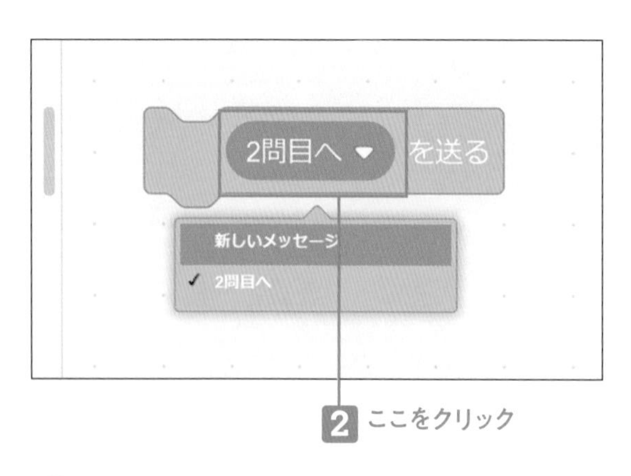

2 ここをクリック

新しい名前のメッセージは、「○○を送る」の○○の部分をクリックすることで作成することができます。

❸ 3つの条件を判定する

プログラム③

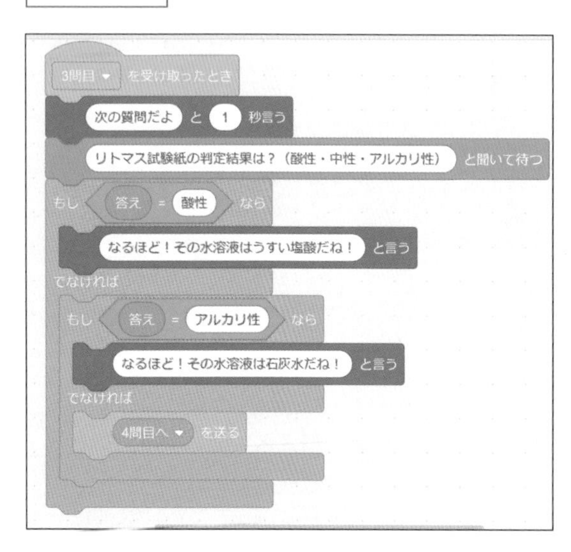

酸性・中性・アルカリ性といった3つの条件を判定する際は、一つを判定し、そうではない場合にもう一つを判定するといったように入れ子にして判定を実施します。
このときに、質問結果で1つに決まるものを先に条件として設定し、徐々に絞り込んでいくようにプログラムを作成します。

作ったプログラムを試す

❶ 友達とお互いにプログラムを試してみる

▶ プログラムが完成した

自分が作ったプログラムだけではなく、友だちが作ったプログラムもテストして判定結果がおかしくないかを確認してみましょう。そうして、児童は何度もプログラムの作成、テストを通じて、水溶液の性質を何度も想起するため、水溶液の性質に対する理解が定着します。

また、判定結果がおかしかった場合、プログラムが誤っているのか、水溶液の性質の理解が間違っているのかという2つの側面から検討をすることで、「理科」「プログラミング」の両面から理解が深まります。

❷ 入力間違いも判定したい場合

例えば、「酸性」を「賛成」と入力してしまった場合、今回作成したプログラムでは、「賛成」はどれにも当てはまらないため、「中性」と判断されて処理が進みます。

そのような入力間違いも判定したい場合は、少しだけプログラムを修正します。

プログラム③修正版

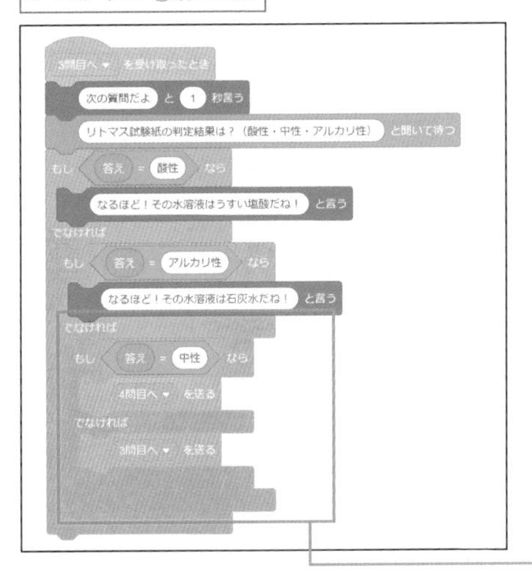

1 ここを修正する

修正したものでは、「もし～なら、でなければ」の処理をもう一回追加し、中性ならば4問目へ、そうでない場合は想定する答えの3種類とも合致しなかったので、もう一度入力するように話し、同じ質問をし直すようにメッセージを送っています。

こうすることで、入力間違いによる判定ミスを防ぐことができます。

プログラム④

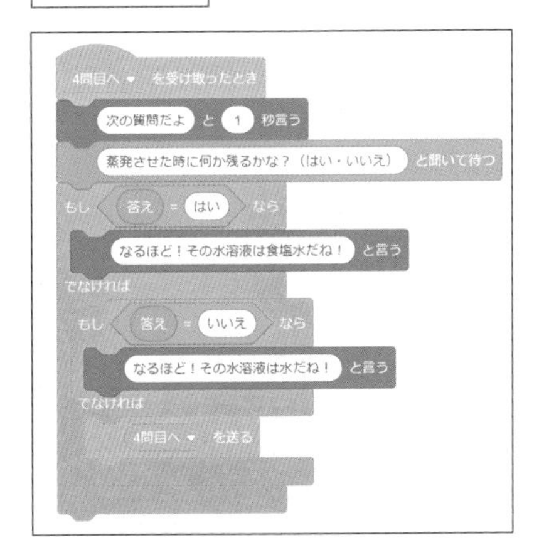

MEMO

プログラムが完成しました。

MEMO

特設サイトに各プログラムを用意しました。「サンプルデータの使い方」(p.8) を参考にダウンロードし、コピーしてご利用ください。

タイピングアプリ

難易度★☆☆

オススメ教科
授業外

タイピングスキルを高めるサイトの紹介

▶動画／解説

株式会社教育ネットが実施した「第3回全国統一タイピングスキル調査」（2023年4月1日から4か月間。全国の児童生徒8,294人参加）によると、1分間あたりの入力文字数の中央値は6年生以上で50文字を超えていました。タイピングでは、正しい「ホームポジション」が重要です。今回は、ホームポジションの意識も考慮された小学生向けタイピングサイトを紹介します。

❶ 児童の成長進捗が把握できる「キーボー島アドベンチャー」

（https://kb-kentei.net/）

小学生向けのキーボード学習・検定サイトです。使用する際には、教師用のIDを取得して、その後に児童用のIDとパスワードを児童自身で発行します。導入の難易度は少し高いですが、それぞれの児童の進捗を容易に把握できるという特徴があります。30級から始まり、一つ一つ使う指なども示しながら教えてくれるので、ステップを踏んで上達することが可能です。

低学年には例文に使われている漢字が少し難しい場面があるので、そちらはサポートが必要です。

提供・スズキ教育ソフト株式会社

❷ 基礎から徹底的に反復して覚えられる「Typing Land」

（https://typingland.higopage.com/jp.html）

Web版があり、アクセスするだけで使用できます。ユーザー登録の必要はありません。このサイトの特徴は、指の使い方を何度も反復して行うことです。左手の使い方を覚えるために、「右手でJキーを押しっぱなしにしないと進行しない」といった工夫が至るところに見られます。児童一人一人の進捗状況がブラウザに自動で保存されます。ユーザーIDやパスワード発行の手間がなく、Classroomからプレイ用のURL（ https://typingland.higopage.com/play/ ）を共有するだけでプレイできます。

開発・ひごよしゆき

❸ 大人気キャラクターで児童の「やってみたい」を引き出す「ポケモンPCトレーニング」

（https://startkit.pokemon-foundation.or.jp/）

「ポケモンプログラミングスタートキット」に含まれている教材です。スタートキットのページ（https://startkit.pokemon-foundation.or.jp/）から、「スタートキットを使用する」を選んで規約に同意し、ポケモンPCトレーニングのURLを取得します。ブラウザに児童の進捗状況が保存されます。ユーザーIDやパスワード発行の手間がなく、Classroomからプレイ用のURLを共有してプレイできます。

この教材の特徴は、児童に大人気のキャラクターがたくさん登場することです。課題をクリアすると「バッジ」が取得でき、このバッジも条件によって進化したポケモンのバッジになります。バッジはコレクションでき、児童は楽しんでタイピングに取り組みます。

提供・一般財団法人ポケモン・ウィズ・ユー財団

❹ ゲーム形式で自分のスキルを確認できる「寿司打」

（https://sushida.net/）

自分の現在のタイピングレベルが確認できます。コースがいくつかあり、それぞれ難易度がちがいます。最後の結果画面が点数では無く金額で表示され、いくら得したかを競うような仕掛けになっています。

ホームポジションを身につけるため、前述①〜③の練習タイプのアプリから利用しましょう。

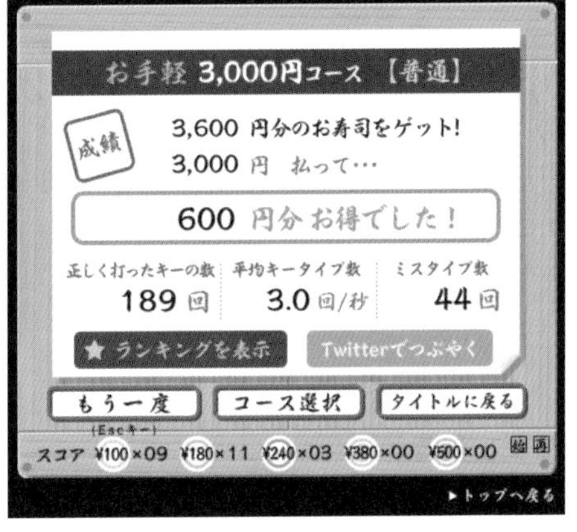

提供・Neutral

▶動画／解説

テクノロジーの善き使い手•市民を育てるために

GIGAスクール構想が導入されてから、「デジタル・シティズンシップ教育」にスポットライトが当たりつつあります。ここでは、デジタル・シティズンシップ教育についての概要と、カリキュラム例をご紹介します。さらに詳細に知りたい方は、参考となる本のリストを最後に掲載しているので、そちらも合わせてお読みください。

❶ デジタル•シティズンシップ教育とは

デジタル・シティズンシップ教育について欧州評議会が2020年にDigital citizenship education - Trainers' Pack (2020)を発行しており、日本では坂本旬先生がWeb（https://note.com/junsakamoto/n/nb09deb70a86a）に冒頭部分の翻訳を載せています。以下はそちらからの引用です。（一部表記を合わせるため、シチズンをシティズンに変更しています。）

◆デジタル・シティズンシップとは

　デジタル・シティズンシップとは、デジタル技術の利用を通じて、社会に積極的に関与し、参加する能力のことです。

◆デジタル・シティズンシップ教育とは

　デジタル・シティズンシップ教育とは、若者が効果的なデジタル・シティズンになるために必要な能力を身につけることを目的とした教育です。

これだけでは、わかりづらいかも知れませんが、両者をまとめると、「デジタル技術の利用を通じて、社会に積極的に関与し、参加するために必要な能力を身につけることを目的とした教育」と言えるでしょう。使う使わない論はそこにはなく、どのように役立て、社会に働きかければよいのかを考え、能力として獲得していく営みが、デジタル・シティズンシップ教育です。

❷ 情報モラル教育とのちがい

「情報モラル教育」という言葉は、特別の教科道徳の指導要領にも出てくる、今でも多く見かける言葉です。「ICT活用の負の側面に対応するためには情報モラル教育を充実すべきだ」という考えから、外部講師を招いての情報モラル教育が行われる学校も少なくありません。しかしながら、情報モラル教育はICT活用の負の側面に対して危険性への警鐘を鳴らす一方で、ではどのように向き合うべきかという問いについては「使わないようにしましょう」という結論で終えてしまうことが多々ありました。

「情報モラル教育」は、「ゲームは一日30分まで！」「それ以上は依存症！」といった論調で児童に制限を与え、「悪い大人」とのコミュニケーションを未然に防ぐために、SNSをはじめとするオンラインでのコミュニケーションを排除するのには役立ちますが、それだけでいいのでしょうか。

もちろん、情報モラル教育においても、ICTを正しく使う方法は紹介されています。しかし、情報モラル教育は、新しくなった生徒指導提要で謳われている「発達支持的な指導」というよりは、「課題予防的な指導」の側面が強いと言わざるを得ません。

デジタル・シティズンシップ教育は、「発達支持的な指導」の分野において新しい考え方をもたらします。

それは、「デジタル技術の活用能力の向上には『学ぶこと』と『実践すること』の両輪が大事である」という考え方です。この両輪を、失敗が許容される場であり、公的な場でもある学校で日常的に回すことにより、児童はデジタル技術の積極活用を身につけることができます。基本を押さえて、実践を繰り返す。これは、全児童生徒を対象にした発達支持的な指導そのものです。

❸ 具体的なカリキュラム

実際のカリキュラム例を見てみましょう。一番触れやすいものとして、経産省が運営している「未来の教室STEAMライブラリー」に登録されている、「GIGAスクール時代のテクノロジーとメディア～デジタル・シティズンシップから考える創造活動と学びの社会化」が挙げられます。

こちらには、小学校低学年から取り組めるさまざまな教材が提供されています。教師には、特にイントロ動画から、どのような問いが立てられるかを考えながら見てみることをお勧めします。系統立てられた教材になっているので、ぜひ一つずつ取り組んでみてください。道徳の授業で情報モラル教育の代替として取り組んでもよいでしょう。一度取り組んで終わりではなく、学活の取り組みのように、事後指導まで含めて行うように心がけることが大切です。

「GIGAスクール時代のテクノロジーとメディア～デジタル・シティズンシップから考える創造活動と学びの社会化」
製作：国際大学GLOCOM・NHKエンタープライズ
https://www.steam-library.go.jp/content/132

❹ 目的外利用に対する声かけの工夫

デジタル・シティズンシップ教育では与えられたルールを守ること以上に、「善き使い手」としての自律を高めることが強調されています。

GIGA端末は、学習者用端末として貸与されていることが一般的です。そして、使用前の利用規約や約束では、学習目的で使用するように書かれていることがほとんどです。私は、日々の実践の中で、児童に対して「その使い方はあなたにとって学びになっていますか？」という意味の問いを投げかけるようにしています。児童が自分の端末利用を、自分で学びに役立てているかを考えながら振り返ることで、道具としての使い方が上達すると考えるからです。

もしも、「それは学びとしての使い方ではないのでは」と思ったときは、私はその違和感を児童に伝え、どのような使い方だったのかを一緒に確認するようにしています。

児童の意図する使い方と、教師から見た印象が一致しないことも少なくありません。せっかく児童に何らかの意図があっても、先に教師が完全否定してしまうと、その後児童が何を言っても、教師には言い訳に聞こえてしまいます。

目的外の使用かなと思った際には、まず立ち止まり、児童の認識を確認することから始めましょう。そうすることで、誤りがあれば児童自身が気付き、自分の行動に生かしていく力を身につけ、自律的に使い方を学んでいくでしょう。

参考書籍

デジタル・シティズンシップ教育については、JDiCE（日本デジタル・シティズンシップ教育研究会）が日本での普及活動を行っています。

また、以下のような書籍は特に参考になります。

『子どもの未来をつくる人のためのデジタル・シティズンシップ・ガイドブック for スクール』
［著者］ マイク・リブル＆マーティ・パーク
［訳者］ 日本デジタル・シティズンシップ教育研究会／豊福晋平
［出版年・出版元］ 2023年・教育開発研究所

『デジタル・シティズンシップ　プラス』
［著者］ 坂本旬　豊福晋平　今度珠美　林一真　平井聡一郎　芳賀高洋　阿部和広　我妻潤子
［漫画］ たき りょうこ
［出版年・出版元］ 2022年・大月書店

『はじめよう！デジタル・シティズンシップの授業：善きデジタル市民となるための学び』
［著者］ 日本デジタル・シティズンシップ教育研究会
［出版年・出版元］ 2023年・日本標準

PART 4

校務でアプリを活用

この章では、主にGoogle for Educationで利用できるアプリケーションの校務での活用方法を解説します。教師間での情報共有や、保護者との面談スケジュールの作成など、校務の効率化を図ることができます。

Googleカレンダー

予定をカレンダーで共有する

多くの学校で、Google Classroomに「職員用クラス」が作られるようになってきました。実は、Classroomでクラスを作るとそのクラスに参加している全員が見ることのできるカレンダーが作られます。それにより、職員用クラス内で予定を共有したり、自分のクラスの児童に対して予定を共有したりすることが簡単にできるようになりました。今回は職員用クラスのカレンダーに行事予定を入れて、職員同士で共有できるようにしてみましょう。委員会やクラブ、学年のClassroomで共有しても便利です。

予定を登録するカレンダーを設定する

❶ Googleカレンダーを開く

▶ Classroomに教師として参加している

1 ここをクリック

2 ここをクリック

MEMO

クラスのカレンダーに予定を登録できるのは、Classroomの「教師」のみです。そのため、予定を登録する人は該当クラスに教師として参加している必要があります。

MEMO

教師として参加する方法は、クラスを作成するか、教師として招いてもらうかの2通りあります。Part1でどちらも解説しているので参照してください。

❷ 月予定ビューに切り替える

▶ Googleカレンダーが表示されている

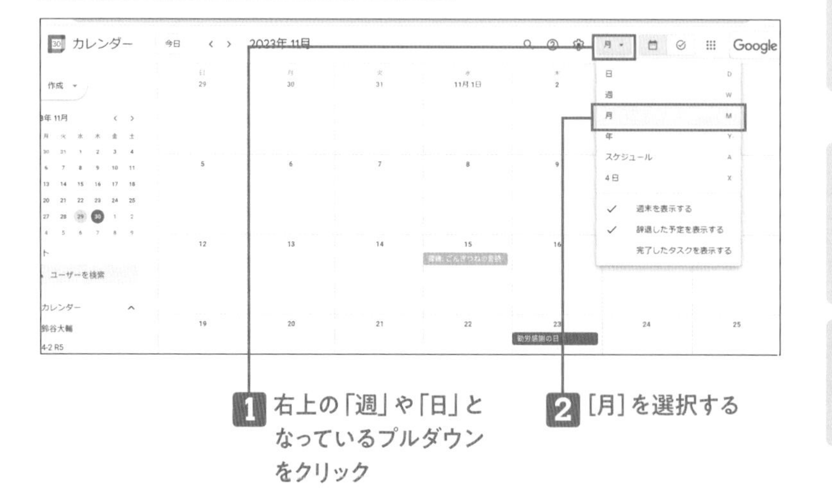

MEMO

予定を登録しやすくするため、月予定のビューに切り替えます。

MEMO

キーボードの「M」キーを押しても切り替わります。

③ 予定を登録したいカレンダーを明確にする

▶ 月ビューでカレンダーが表示された

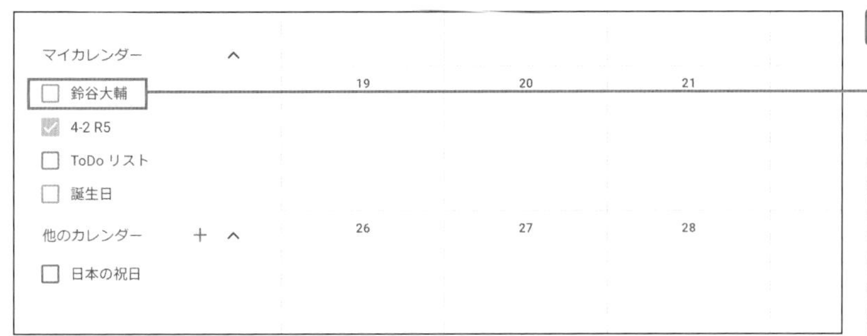

1 [マイカレンダー]のチェックを外す

MEMO

登録したいカレンダー（ここでは[4-2 R5]）よりも上のカレンダーのチェックを外します。そうすると、新しく予定を登録したい際にチェックの入った一番上のカレンダーが登録先としてすぐに表示されます。

Googleカレンダーに予定を登録する

❶ 登録したい日に予定を登録する

▶ 予定を登録するカレンダーが設定された

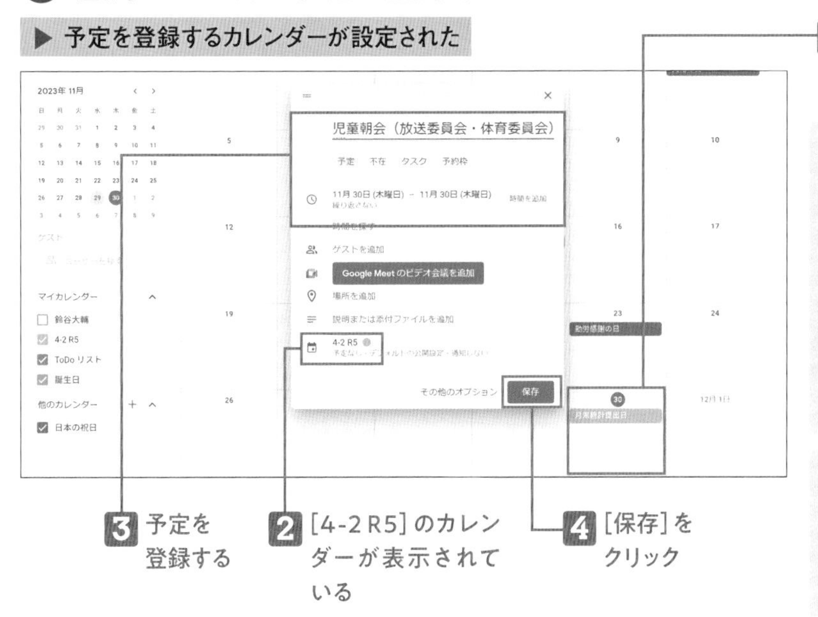

1 予定を登録したい日をクリック

2 [4-2 R5]のカレンダーが表示されている

3 予定を登録する

4 [保存]をクリック

MEMO

月ビューで表示している場合、カレンダー登録のデフォルトは「終日の予定」となります。
時間を設定したい場合は、登録画面で「時間を追加」ボタンをクリックして設定しましょう。

MEMO

別のカレンダーに予定を登録したい場合は、2で希望のカレンダーを選ぶことができます。

▶ 予定が登録された

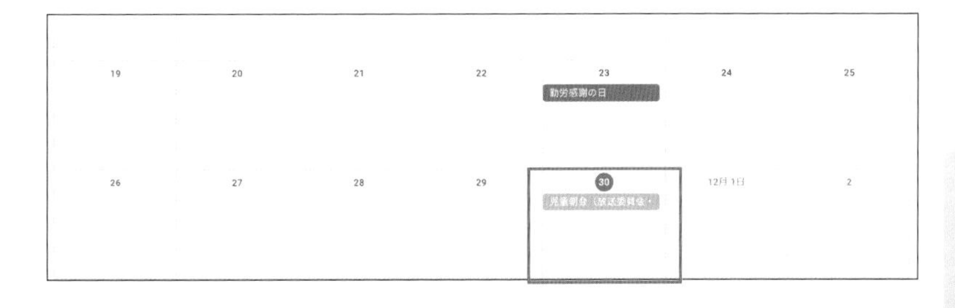

MEMO

予定が登録され、クラスに参加している人なら誰でも見られるようになりました。これを繰り返すことで、予定表の共有が可能になります。

Googleカレンダー

カレンダーに議事録を載せる

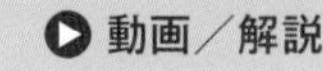

カレンダーの予定を作成する際、議事録を予定に添付できるように設定します。会議中、あるいは会議後に参加者が議事録を添付して参加者間で共有することができます。後から見返すときに便利です。

予定を作成する

❶ 会議の予定を登録する

▶ Googleカレンダーが表示されている

1 予定を登録したい日をクリック

2 予定を登録する

MEMO

カレンダーの該当する日付をクリックすると、予定の新規作成画面が表示されます。

❷ 出席者を招待して参加者リストを作成する

1 ［ゲストを追加］欄に会議参加者のメールアドレスを入力する

❸ 会議メモを作成する

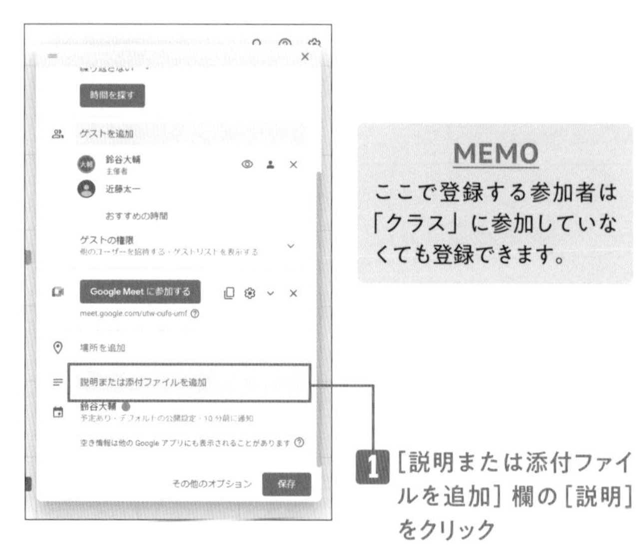

1 ［説明または添付ファイルを追加］欄の［説明］をクリック

MEMO

ここで登録する参加者は「クラス」に参加していなくても登録できます。

▶ どのような予定なのか書き込める欄が表示された

2 [会議メモを作成]をクリック

▶ 会議メモが自動で作成、添付された

3 [保存]をクリック

▶ [Googleカレンダーのゲストに招待メールを送信しますか?]画面が表示された

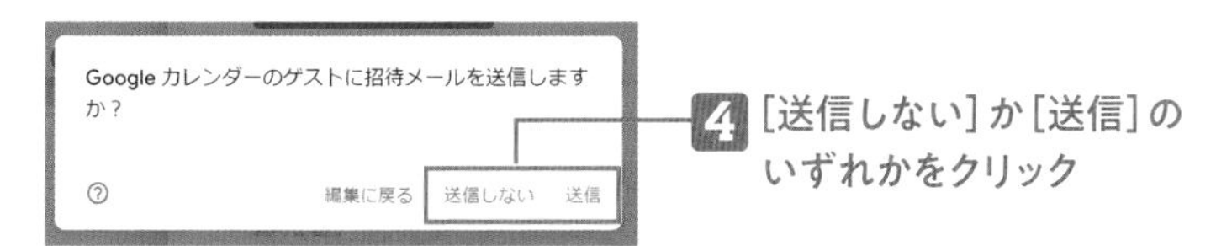

4 [送信しない]か[送信]のいずれかをクリック

▶ [会議]メモを作成しますか?]画面が表示された

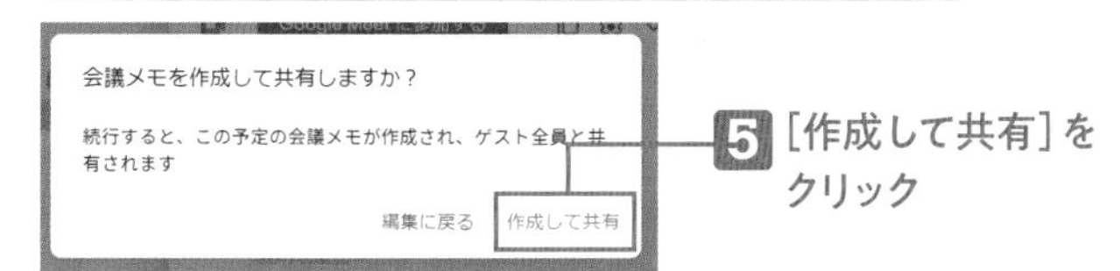

5 [作成して共有]をクリック

MEMO

会議メモを添付した予定が作成されました。

4 会議メモの内容について

▶ 共有されたGoogleドキュメントが表示されている

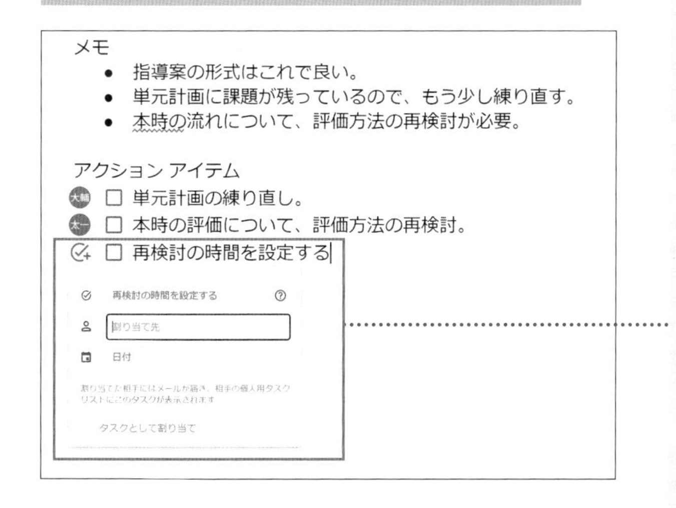

MEMO

会議メモはゲストリストに追加されている人ならば誰でも編集できるように権限が自動で付与されています。

MEMO

日付や参加者リスト（ゲストリスト）の後に、メモ欄とアクションアイテム欄（やること）があります。サンプルとして記入してみました。アクションアイテム欄はチェックマークの左側をクリックすると、誰にいつまでのタスクを設定するのかという所まで記入ができます。

MEMO

別で作成したドキュメントやPDFを予定に添付することもできます。

Googleカレンダー

予約スケジュールで個人面談の予約を受け付ける

▶ 動画／解説

Google カレンダーの「予約スケジュール」機能では、個人面談の予約を受け付けることができます。予定表を作ったり、担任側でスケジュール調整をしたりという業務も省略することができます。

予約スケジュールを作成する

❶ 予約スケジュールを表示する

▶ Googleカレンダーが表示されている

1 ここをクリック

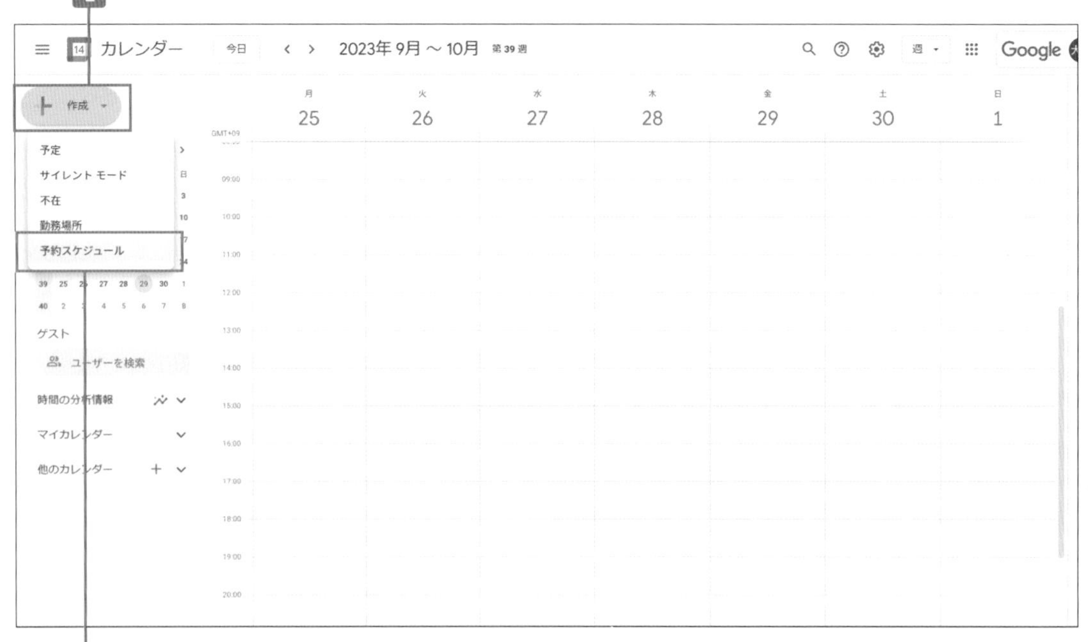

2 ［予約スケジュール］をクリック

MEMO

学校向けのアカウントで、［予約スケジュール］ではなく、［予約枠］となっている場合は、設定画面から切り替えましょう。

予約スケジュールではなく予約枠が表示される場合

❶ カレンダーの設定を変更する

▶ カレンダーが表示されている

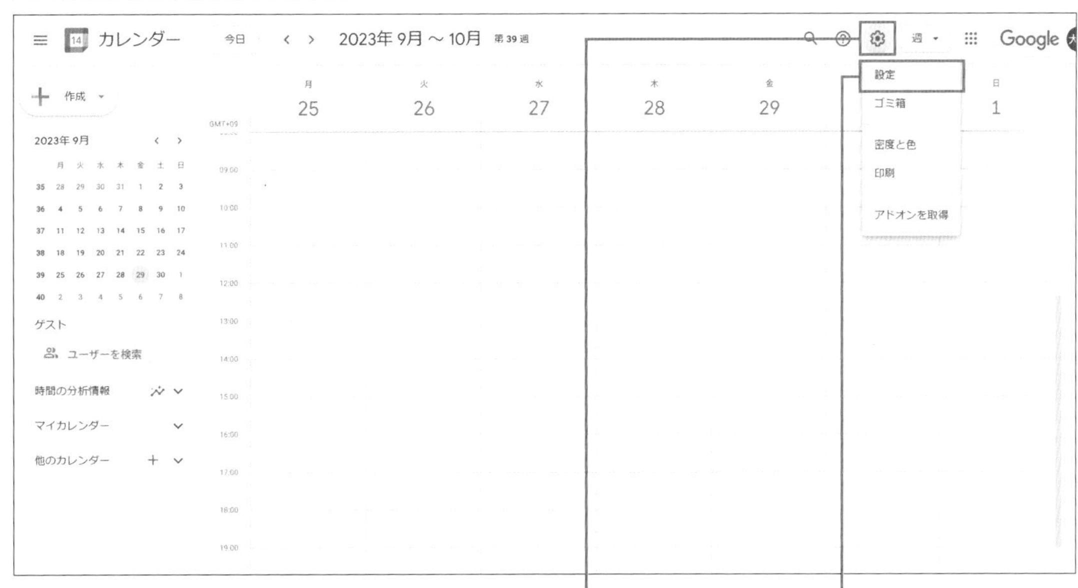

❷ ［予約枠の代わりに予約スケジュールを作成］にチェックを入れる

▶ ［設定］画面が表示された

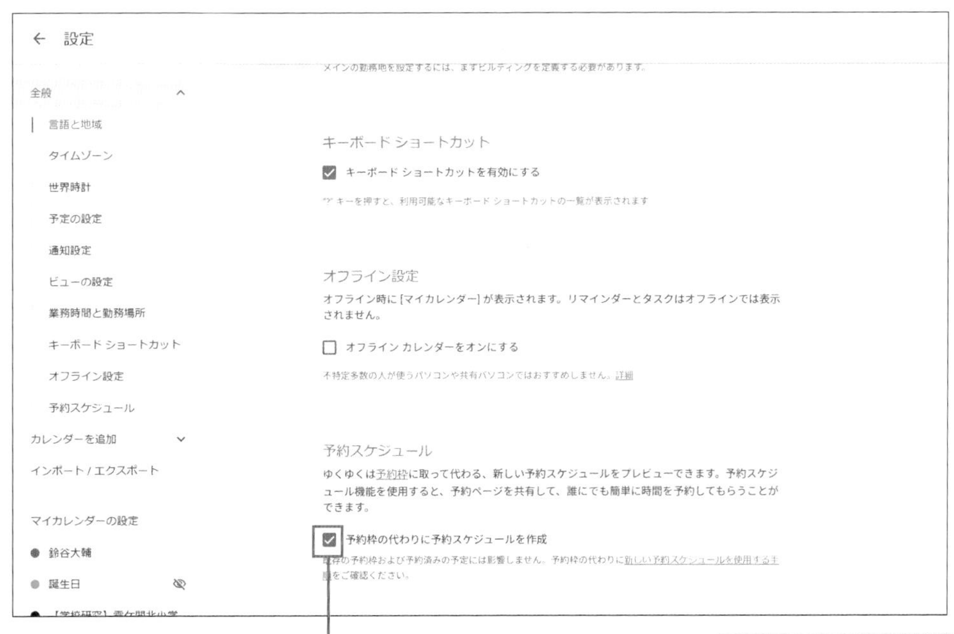

MEMO

以前は「予約枠」という機能がありましたが、ここではより多機能な「予約スケジュール」で解説します。

❷ 予約スケジュールの基本設定を入力する

▶ 予約スケジュールを作成する画面が表示された

予約スケジュールの設定画面

次の条件の予約スケジュールを設定する
・9月16日～20日の5日間　14時から16時30分の設定
・一人あたり15分間、間には5分間の調整時間を設定

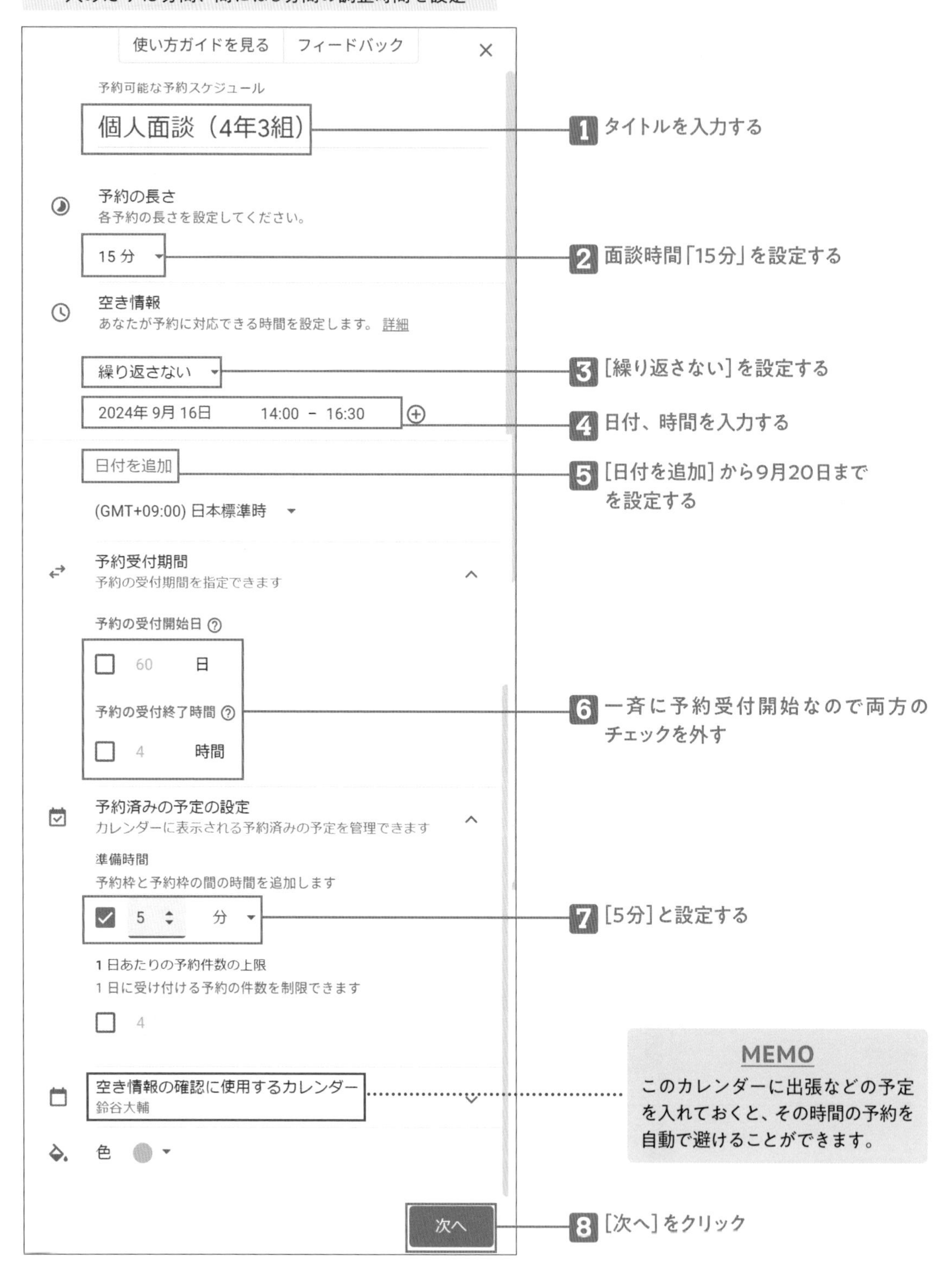

MEMO
このカレンダーに出張などの予定を入れておくと、その時間の予約を自動で避けることができます。

❸ 予約スケジュールの詳細設定を入力する

▶ 詳細情報を設定する画面が表示された

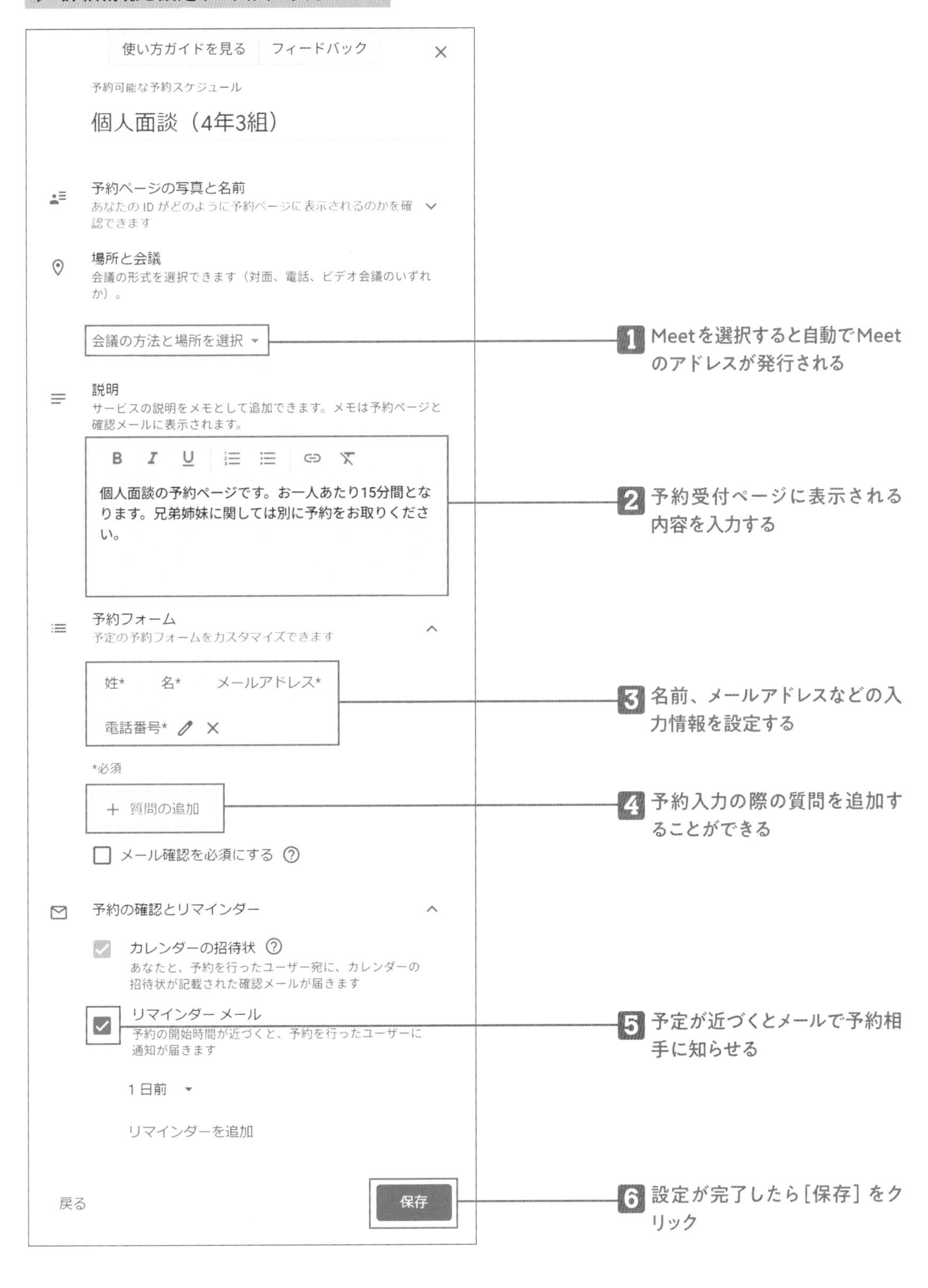

「予約ページ」を共有して予約を受け付ける

❶「予約ページ」を共有する

▶ Googleカレンダーが表示されている

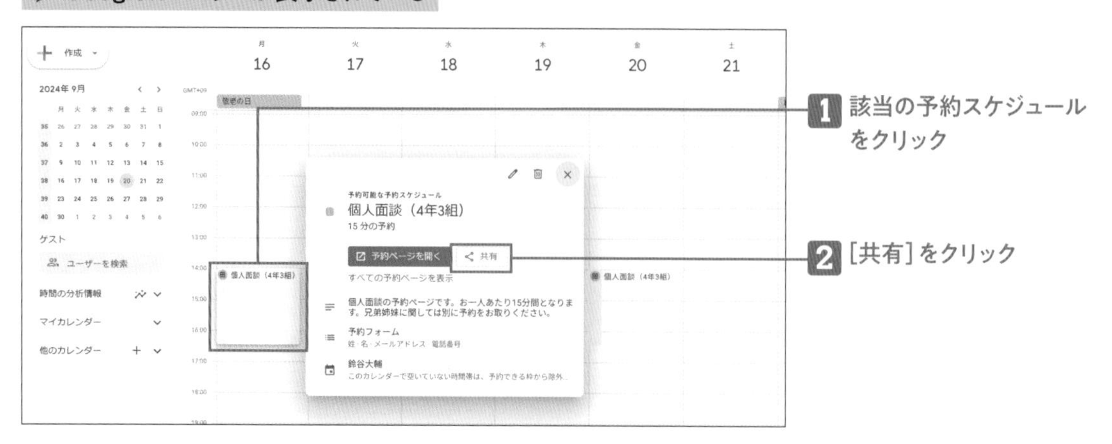

▶ [予約ページを共有]画面が表示された

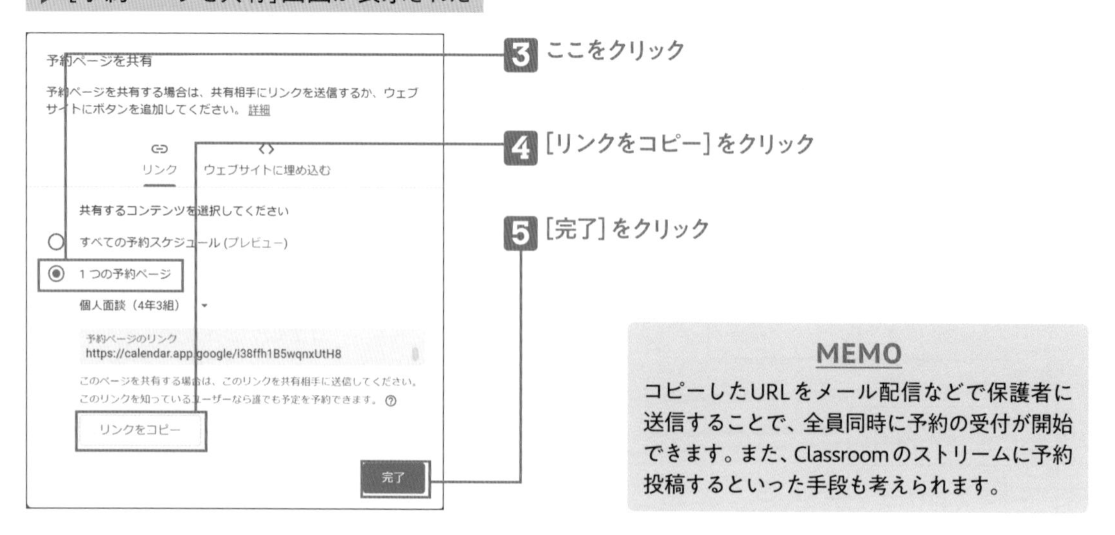

MEMO

コピーしたURLをメール配信などで保護者に送信することで、全員同時に予約の受付が開始できます。また、Classroomのストリームに予約投稿するといった手段も考えられます。

❷ 面談を予約する

▶ 共有したURLから予約ページが表示されている

保護者側の画面

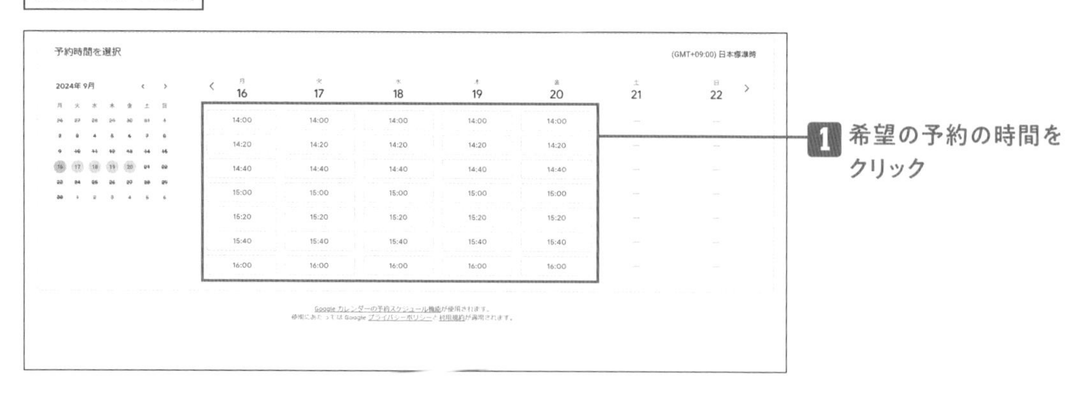

▶ 連絡先情報を入力する画面が表示された

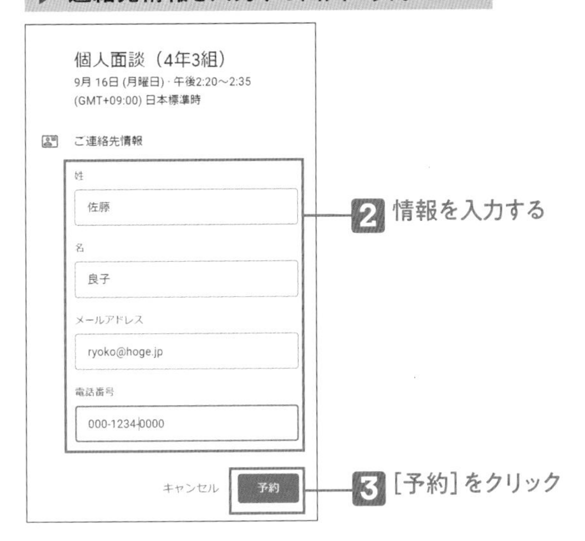

MEMO

先着順で予約が行われ、重複することはありません。また、予約が入ると教師側のカレンダーにも反映されます。

教師側の画面

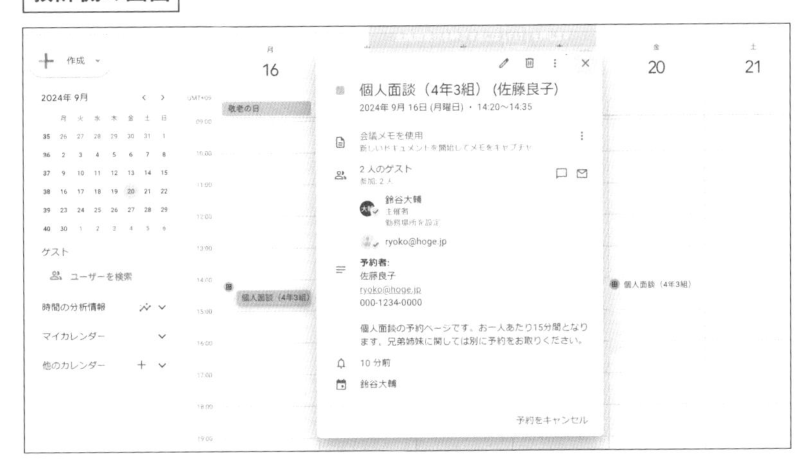

MEMO

予約の申し込み状況が反映された。

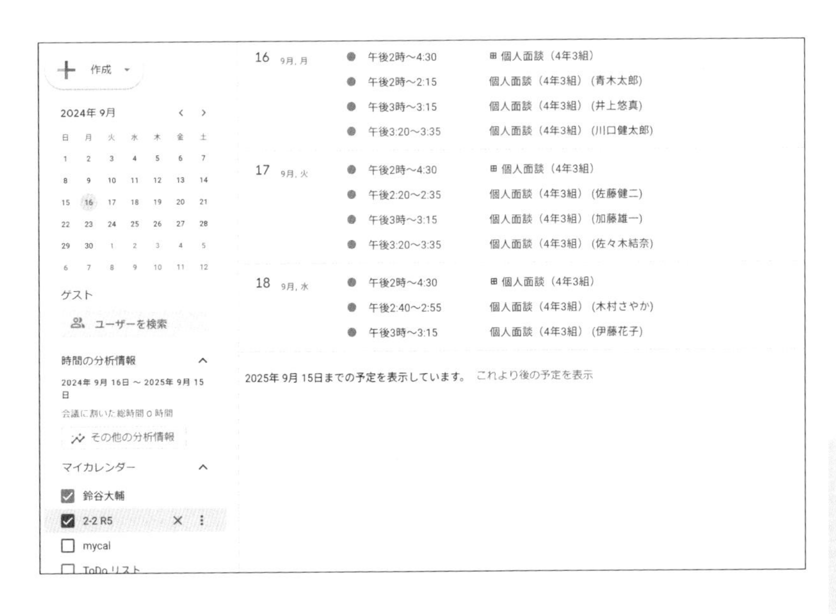

MEMO

カレンダーのビューを［月］から［スケジュール］に変更すると、予定が一覧で表示されます。

Googleカレンダー

出発時刻や経路を登録する

▶動画／解説

Google カレンダーでは、行先までの経路を登録することができます。出張の予定が決まったら、予定をカレンダーに登録した後、経路も登録しておくと便利です。

出張の予定をカレンダーに登録する

❶ 予定の名称と時間を入力する

▶ Googleカレンダーが表示されている

MEMO
出張の予定が決まったら、カレンダーに登録しましょう。

▶ 予定の名称と時間が入力された

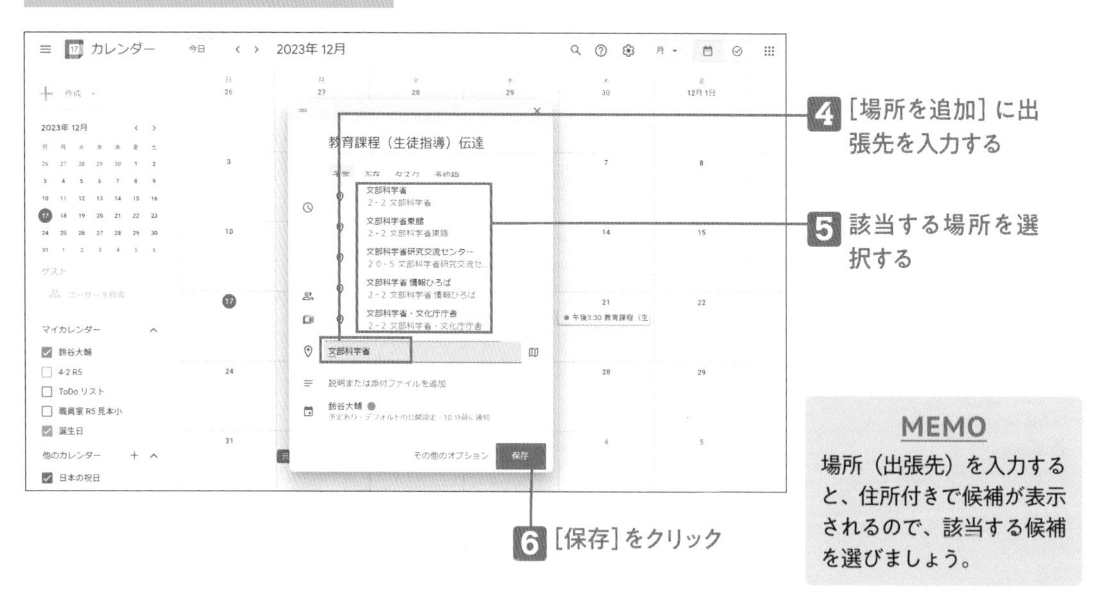

MEMO
場所（出張先）を入力すると、住所付きで候補が表示されるので、該当する候補を選びましょう。

❷ 出張先までの経路を登録する

▶ 予定が保存されている

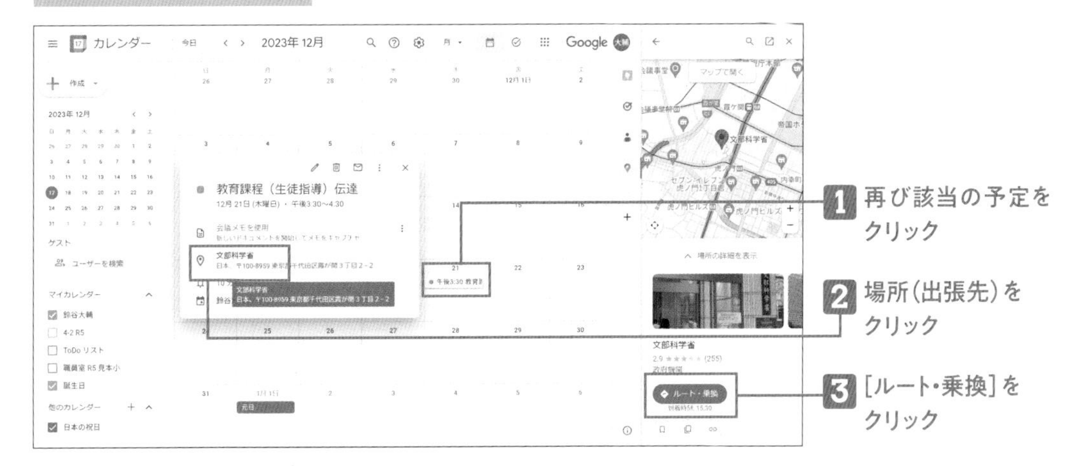

▶ 地図上に行き先の場所が表示されている

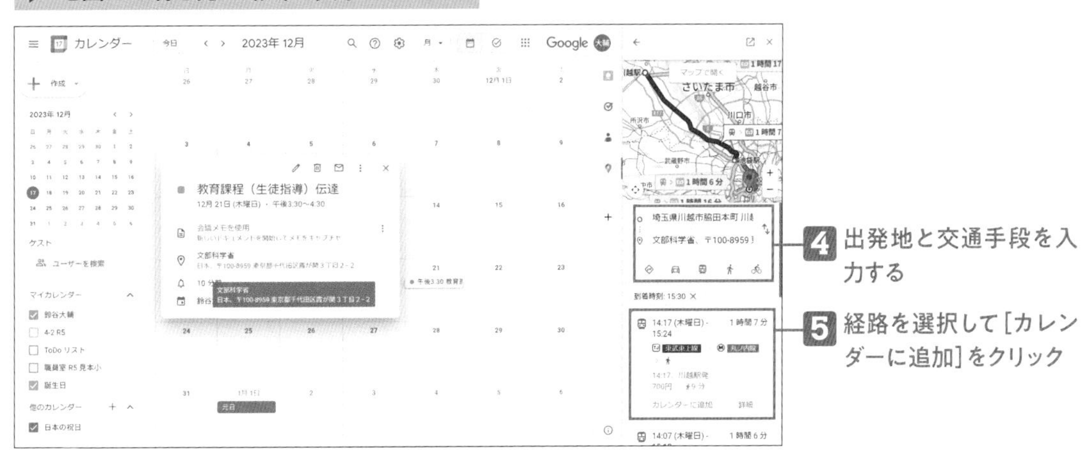

▶ 予定がカレンダーに自動で追加された

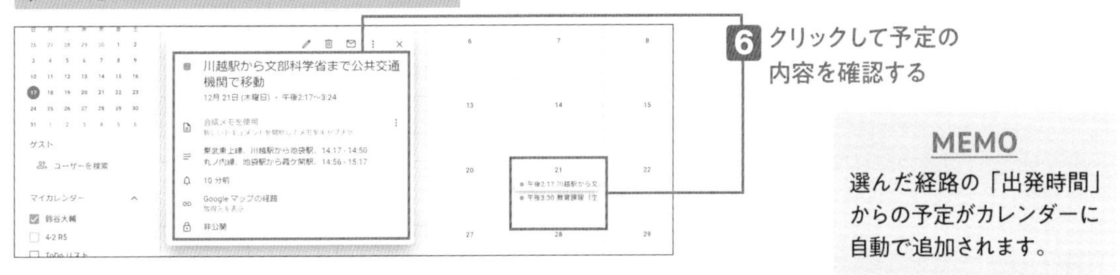

MEMO

選んだ経路の「出発時間」からの予定がカレンダーに自動で追加されます。

POINT

スマートフォンにアプリを入れるとさらに便利に

自分のスマートフォンにGoogleカレンダーアプリを入れると、スマートフォンで通知を確認できます。さらにスマートスピーカー（インターネット接続型のスピーカー）と連携させると、起床時にその日の予定を読み上げさせることも可能です。いろいろと幅広い応用が利くので、ぜひ調べて試してみてください。

Googleフォーム　サンプルあり

欠席連絡フォームを運用する

▶ 動画／解説

保護者面談などで、従来の電話や連絡帳による欠席連絡では、特に電話の対応に時間がかかります。そこでGoogle フォームを利用した連絡へと変更してみましょう。フォームを利用すると、電話対応が減るだけではなく、連絡内容が記録され、職員なら誰でも共有できるなど、多くのメリットがあります。今回はお手本となるテンプレート（フォームとGoogle スプレッドシート）を用意しました。その運用方法について解説します。

フォームとスプレッドシートをダウンロードする

❶ 特設サイトにアクセスしてコピーを作成する

▶ 本ページのQRコードから特設サイトにアクセスしている

1 ［コピーを作成］をクリック

注意：ドキュメントのコピーは、ログインしているGoogleアカウントに作成されます。学校でお使いのアカウントでログイン、あるいは学校の端末でアクセスしてください。また、個人のGoogleアカウントではプログラムが動作しないので、組織（学校など）に所属しているアカウントで操作するようにしてください。さらに、今回のスプレッドシートは操作を簡単にするためにApps Script（Googleが開発、提供しているプログラミング言語のこと）が組み込まれています。そのため、Apps Scriptが無効になっている組織では動きませんのでご了承ください。

情報を入力してフォームを作成する

❶ 必要な情報を入力する

▶ コピー(ダウンロード)が完了し初期設定画面が表示された

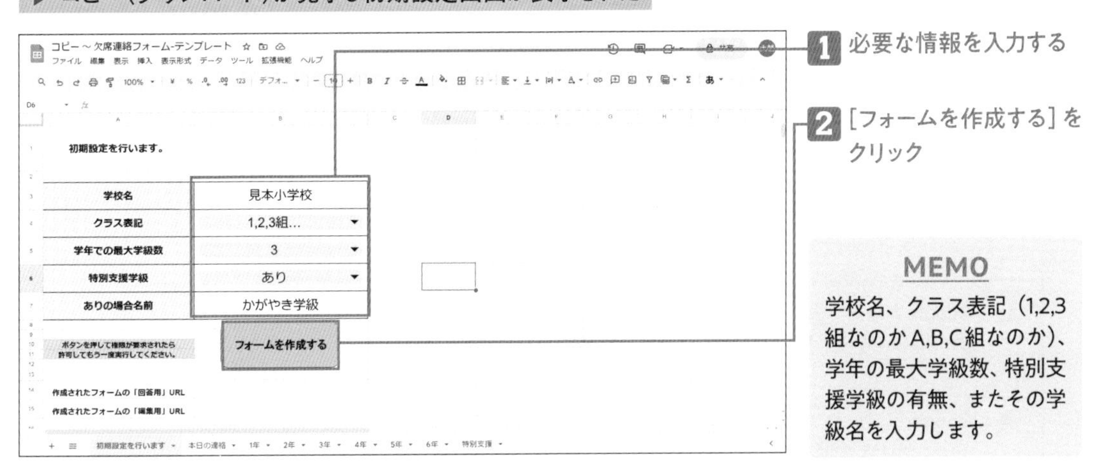

1 必要な情報を入力する

2 [フォームを作成する]をクリック

MEMO

学校名、クラス表記（1,2,3組なのかA,B,C組なのか）、学年の最大学級数、特別支援学級の有無、またその学級名を入力します。

▶ [認証が必要です]画面が表示された

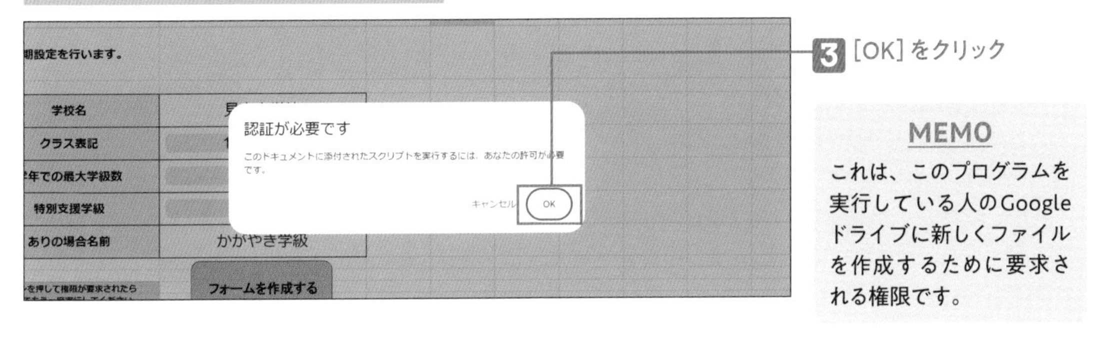

3 [OK]をクリック

MEMO

これは、このプログラムを実行している人のGoogleドライブに新しくファイルを作成するために要求される権限です。

▶ [アカウントを選択してください]画面が表示された

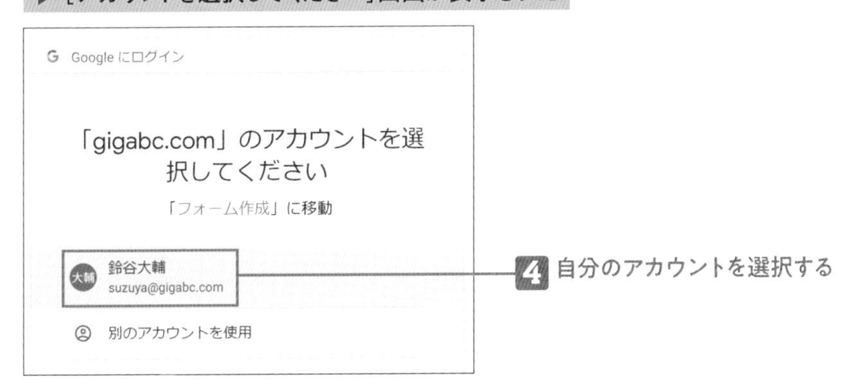

4 自分のアカウントを選択する

❷ フォームを作成する

▶ Googleアカウントへのアクセス認証の画面が表示された

MEMO

[許可] をクリックすると、一度処理が中断されます。手順①の画面が表示されるので、もう一度、[フォーム作成] ボタンを押してください。

▶ 確認画面が表示された

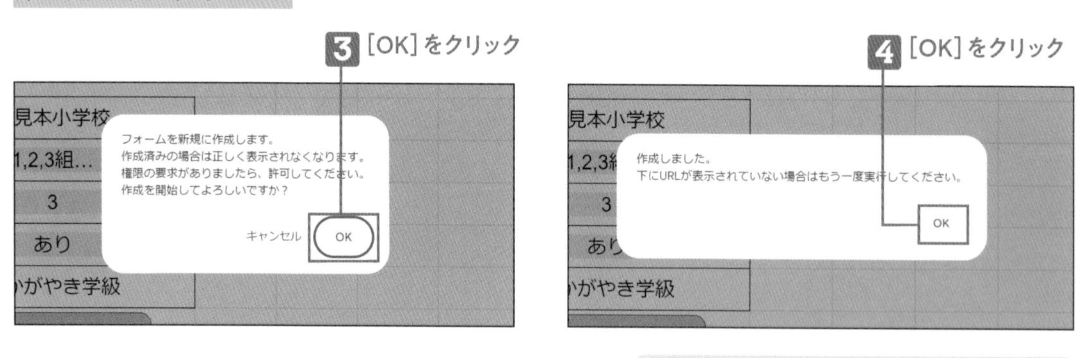

MEMO

フォームの作成が完了すると「作成しました」というメッセージが表示されます。

テンプレートを運用する

❶ 各種のURLを確認する

▶ 初期設定画面が表示されている

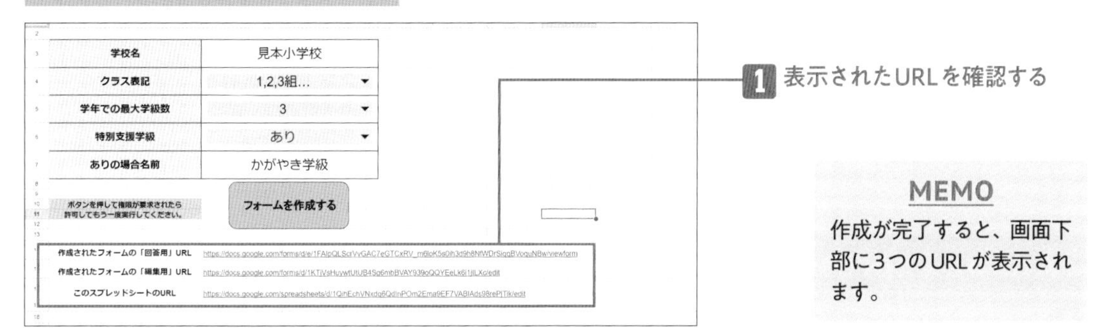

MEMO
作成が完了すると、画面下部に3つのURLが表示されます。

URLの内容と運用方法

フォームの回答用URL
保護者にメール配信などで伝えるためのURLです。このURLを保護者に配信すれば、欠席連絡の運用が開始します。

フォームの編集用URL
文言を修正したい場合はこちらから編集できます。大きく変更を加えると動かなくなることがあるので注意が必要です。

このスプレッドシートのURL
このスプレッドシートに欠席の連絡が入ります。自動で組織全体への閲覧権限がついているので、このアドレスをClassroomなどで共有すれば職員全員で見ることができます。

※組織全体への共有なので、多くの場合、児童もURLがわかると見られることに注意してください。

❷ フォームの回答を確認する

▶ スプレッドシートの「それぞれの学年シート」が表示されている

1	4年								
2	連絡日時	対象日	クラス	名前	連絡種別	理由	遅刻・早退	登校早退時刻	備考
3	2023/12/18 6:15	2023/12/18	2組	佐藤太一	欠席	発熱			日曜日から熱があるため休みます
4									
5									

スプレッドシートの内容

① 「フォームの回答 1」シートには、今まで送られてきた全ての内容が入っています

② 「本日の連絡」シートでは、昨日の15時から当日の10時に送信されたもの（月曜日のみ、金曜日の15時から当日の10時）と、保護者が選んだ日付が本日になっているものを抜き出しています。

③ それぞれの学年および特別支援学級のシートには、本日の連絡から、学年ごとに抜き出したものがクラス順に並んで表示されます。

難易度★☆☆

Adobe Express

ヘッダのデザインを作る

▶ 動画／解説

Adobe が提供する Adobe Express では、たくさんのテンプレートが用意されています。それをもとにして、さまざまなデザインを簡単に作ることができます。今回は Google Classroom のヘッダ画像を作ってみましょう。今回は導入が簡単な一般向けライセンスを用いて解説します。

Adobe Expressのアカウントを作成する

❶ Adobe Express（https://new.express.adobe.com/）の新規登録画面が表示されている

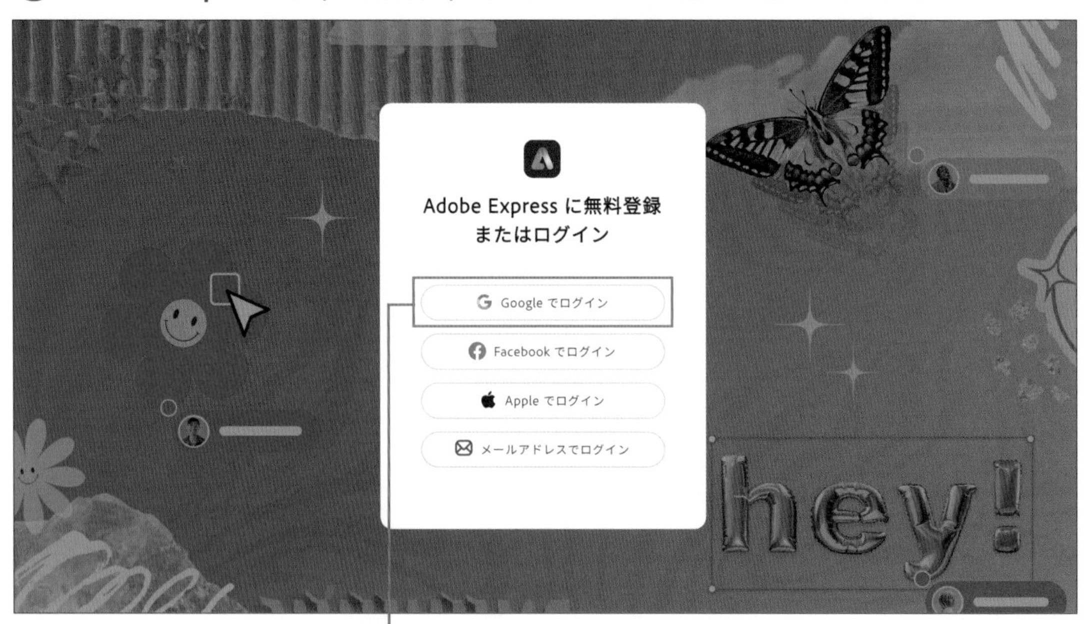

1 ［Googleでログイン］をクリック

MEMO

Adobe Expressでは一般向けライセンスのほかに、申し込みの必要な教育機関向けライセンスがあります。教育機関向けライセンスは小中高校で無料で利用でき、機能追加や児童・生徒に適切な制限がかけられています。詳しくは、AdobeのGIGAスクール情報サイト（https://adobe-edu.net/gigaschool/）で確認しましょう。

▶［アカウントの選択］画面が表示された

2 自分のアカウントを選択する

▶アカウントを作成する画面が表示された

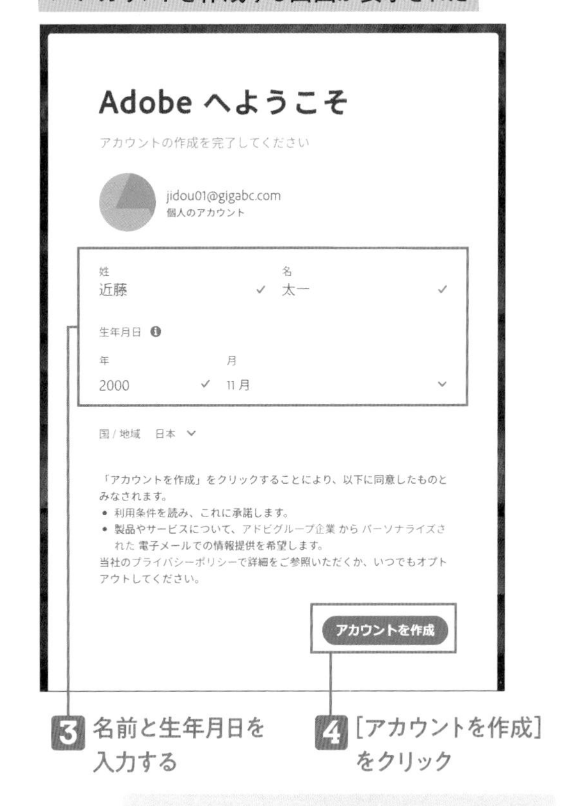

3 名前と生年月日を入力する

4［アカウントを作成］をクリック

MEMO

13歳未満のアカウント作成は教育版の申請をしないと作ることができません。児童が利用する場合は必ず前述のサイトから教育版を申し込みましょう。

▶アカウントの作成が完了しました

Classroomのヘッダ画像を作成する

❶ Classroomのテンプレートを検索する

▶ Adobe Expressのホーム画面が表示されている

1 検索窓に「Classroom」と入力する

▶ 検索結果が表示された

2 [テンプレート]をクリック

▶ 検索結果の中からテンプレートだけが表示された

3 好きなデザインのテンプレートを選択する

MEMO
横細長の画像がClassroomのヘッダ画像に使えるテンプレートです。

MEMO
王冠マークがついている素材は、有料のAdobe Creative Cloudライセンスでないと使用できませんので注意してください。

▶ 選択したテンプレートが表示された

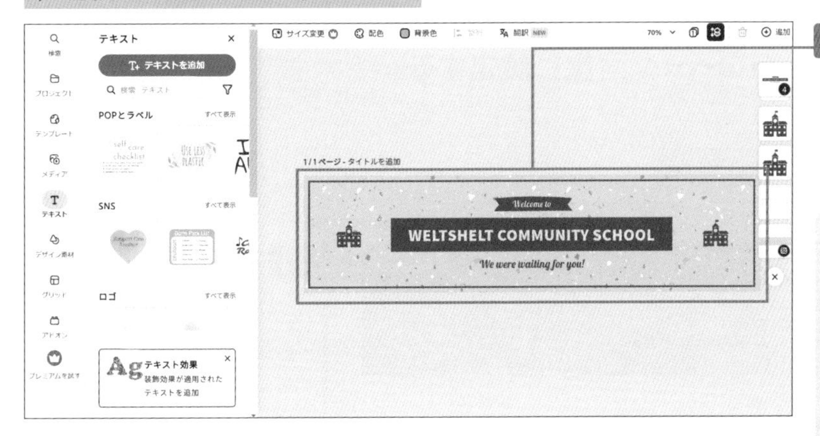

4 ここをクリックしテキストとフォント(書体)を変更する

MEMO
操作は非常に簡単で、テンプレートを選んだら手直ししたい部分をダブルクリックして自分好みに変えていくだけです。画像素材も豊富にあるので、好きなものを選んで使いましょう。

▶ テキストとフォントが変更された

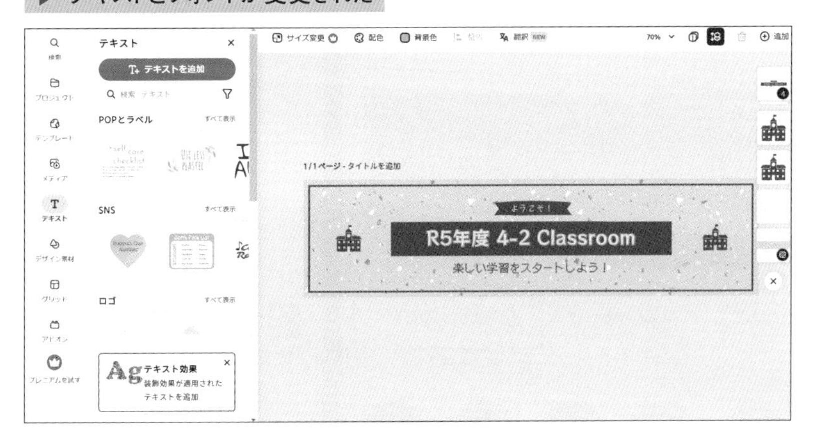

ダウンロードしてClassroomのヘッダに貼り付ける

❶ ダウンロードする

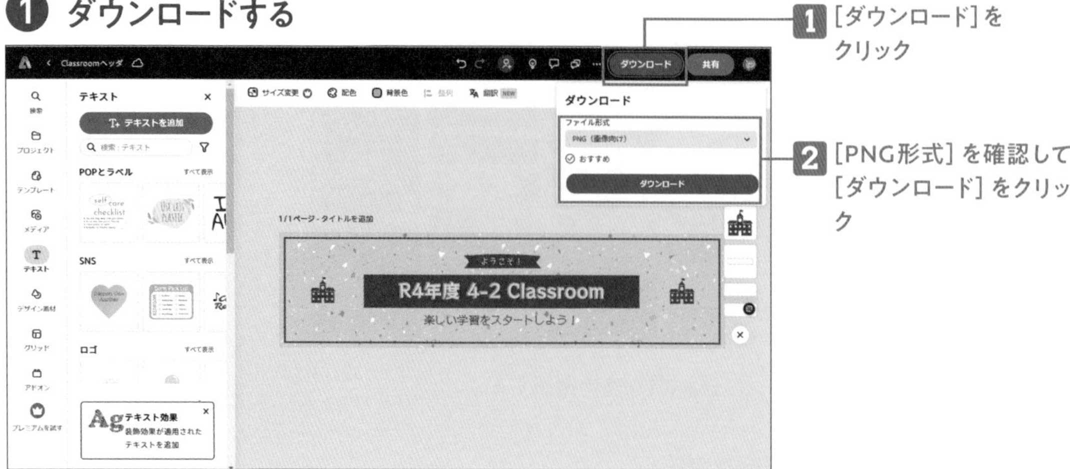

1 [ダウンロード]をクリック

2 [PNG形式] を確認して[ダウンロード] をクリック

❷ Google Classroomのヘッダ画像に設定する

▶ ダウンロードが完了した

▶ Classroomのクラスが表示されている

1 [カスタマイズ]をクリック

▶ [デザインをカスタマイズ]画面が表示された

2 [写真をアップロード]をクリック

▶ 画像がアップロードされた

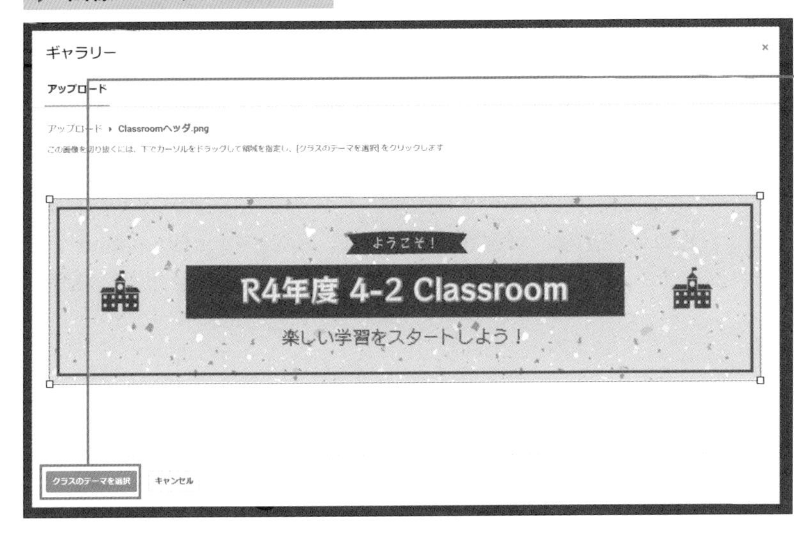

3 最大サイズにして［クラスのテーマを選択］をクリック

MEMO
貼り付ける範囲を設定する際は、ちょうどよいサイズで仕上がるので、最大サイズで設定します。

▶ ［デザインをカスタマイズ］画面が表示された

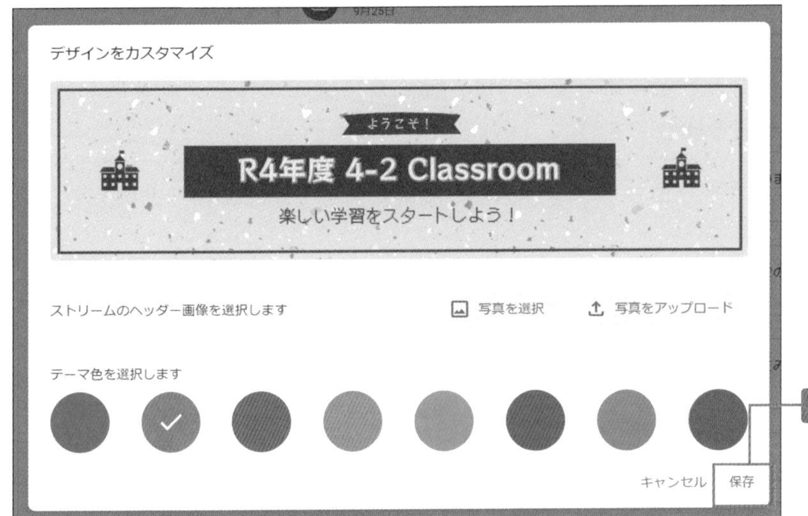

4 ［保存］をクリック

▶ Classroomのヘッダ画像が変更された

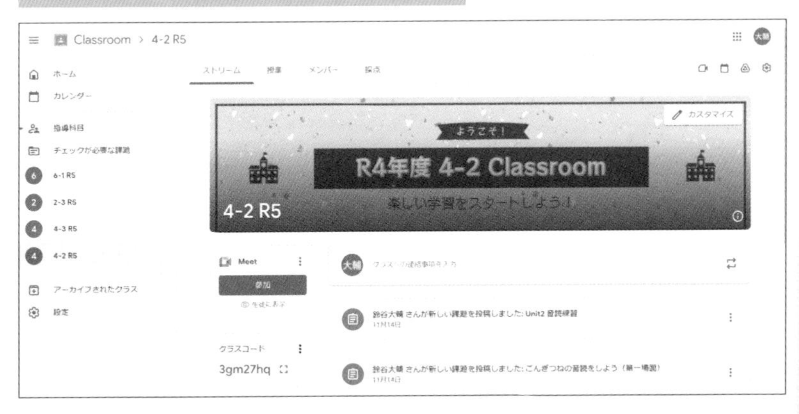

MEMO
素敵なClassroomになりました。ヘッダ画像は、Classroomの一覧にも表示されるので、目立つ画像にしておくとすぐに自分のクラスがわかります。

Googleチャット

チャットツールで連絡をスムーズに取る

Google チャットは、連絡ツールとしてだけではなく、Google ドライブ上にあるファイルの共有や、Meet による教師間の打ち合わせ設定などが容易にできます。Google for Education をしっかり運用しているのであれば、チャットを利用することで教師間の情報共有が非常に便利になります。

チャットで使われる名称を知っておこう

チャットでは、メッセージを送る先として、「ダイレクトメッセージ」と「スペース」の2つがあります。

ダイレクトメッセージ…その名の通り、特定の人に対してメッセージを送る機能です。
スペース…所属やプロジェクトごとに寄り集まって、何人かで構成されるグループに対してメッセージを送る機能です。

特定の人に送るのか、集まりやプロジェクトといった属性に対して送るのか、という使い分けをするとよいでしょう。

チャットでメッセージを送る

① ダイレクトメッセージを送る

▶ Google チャットが表示されている

1 ［チャットを新規作成］をクリック

▶ ダイレクトメッセージなのか、スペースを作るか選ぶ画面が表示された

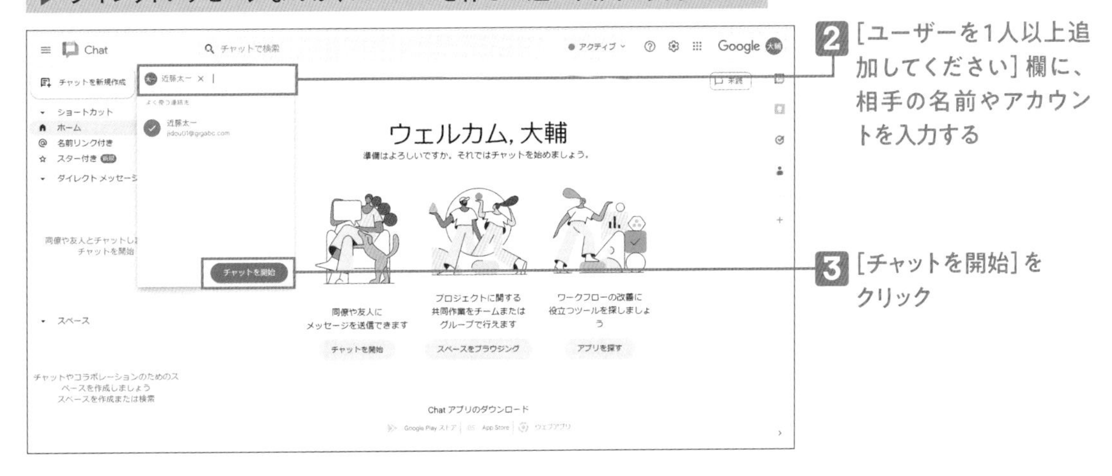

2 ［ユーザーを1人以上追加してください］欄に、相手の名前やアカウントを入力する

3 ［チャットを開始］をクリック

▶ ダイレクトメッセージの画面が表示された

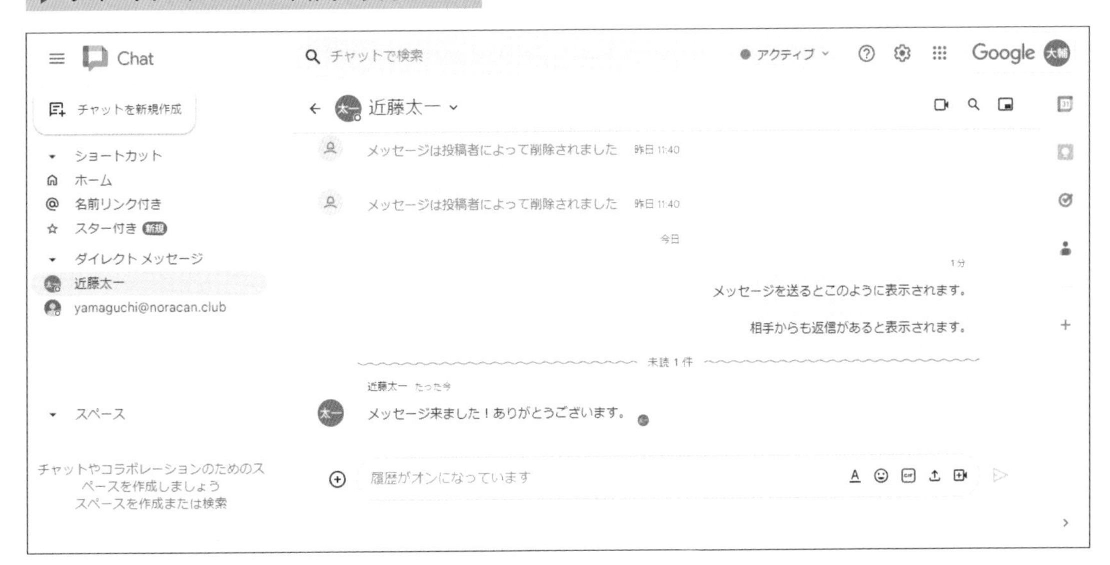

❷ スペースを作成してメッセージを送る

▶ ダイレクトメッセージなのか、スペースを作るか選ぶ画面が表示されている

1 ［スペースを作成］をクリック

▶ [スペースを作成]画面が表示された

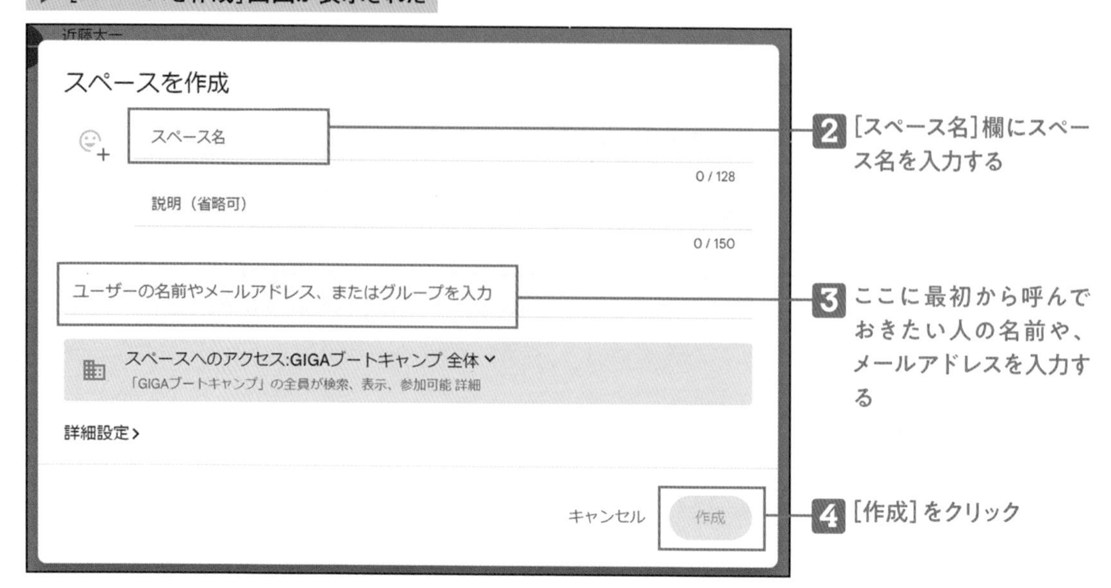

MEMO

画面内の［スペースへのアクセス］で［全体］を選ぶと、その組織に所属している人なら誰でも途中から入ることが可能になります。「制限」を選ぶと、スペースを作った管理者が招待した人しか入ることができなくなります。

▶ スペースが作成された

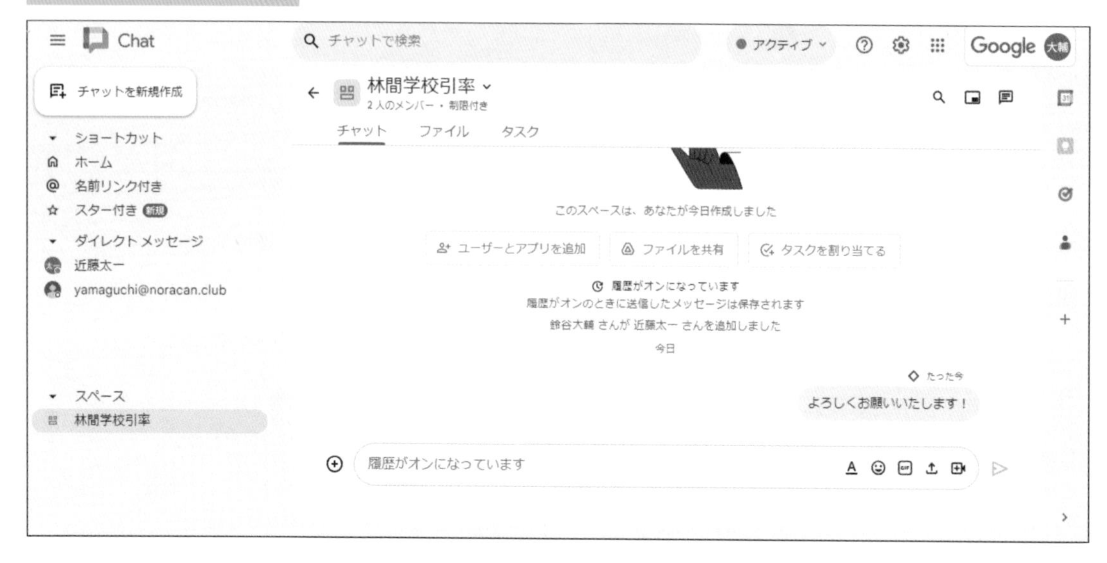

チャットの基本操作

❶ メッセージを入力する

▶［スペース］画面が表示されている

1 ここにメッセージを入力する

2 ここからGoogleドライブにアップロードされているファイルを添付したり、カレンダーの予定に対してその人を招待する招待状を送ったりすることができる

3 ここから、「書式設定」「絵文字の選択」「GIF画像（動きのある画像）の送信」「ファイルをアップロードして送る」「Google Meetの会議への招待」ができる

アクセス権限の付与

Google ドライブにあるファイルを送る際に、アクセス権限が相手方にない場合にはその場で付与することができます。

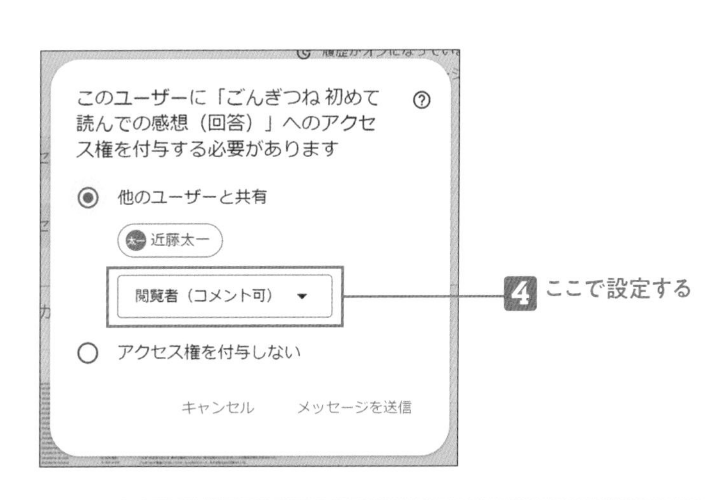

4 ここで設定する

POINT

Googleチャットの利用はスマホアプリの導入がお勧め

Google チャットは即時性が求められる場面も多いと思います。例えば修学旅行の行程でお互いに連絡を取り合うときなどにはChromebookよりもスマートフォンの方が便利です。そのようなときに備えてスマホアプリを導入しておくとよいでしょう。

Google Keep

ちょっとしたメモを残す

動画／解説

Google Keepを使うと、ちょっと思いついたことやWebサイトの内容のメモ、タスクリストなど、いろいろな「ちょっとしたメモ」を残しておくことができます。

Keepにメモを残す

❶ メモを作成する

▶ Keepが表示されている

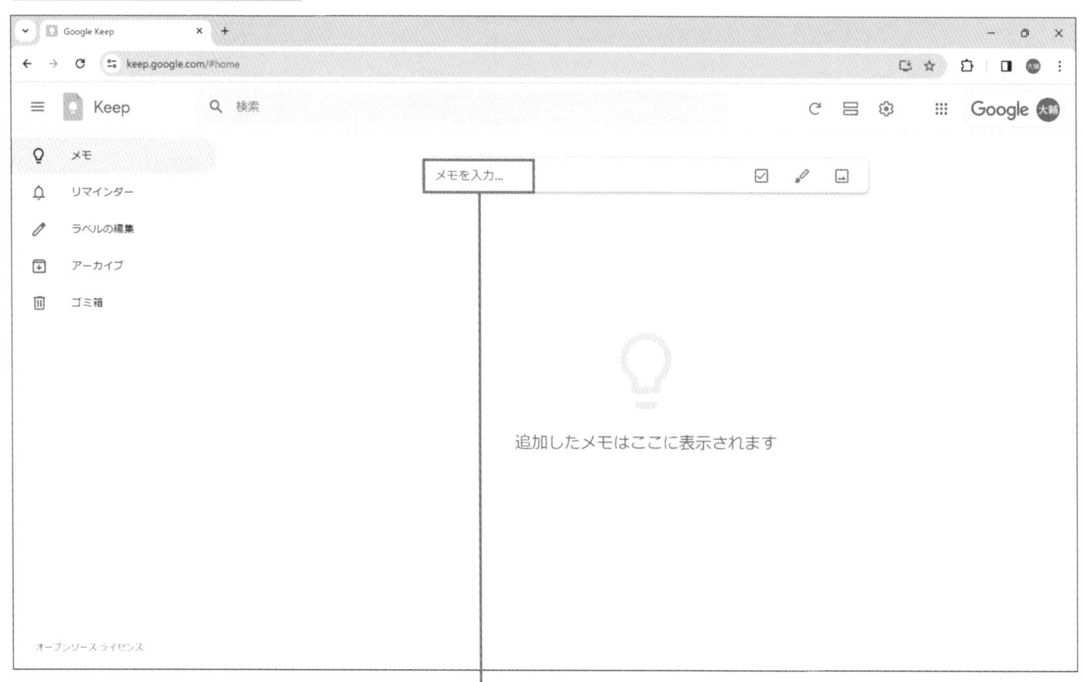

1 ［メモを入力…］欄にメモを入力する

MEMO

メモの入力を始めると、文字主体のメモを入力する画面が表示されます。

❷ 便利な機能を活用する

▶ メモ作成画面が表示されている

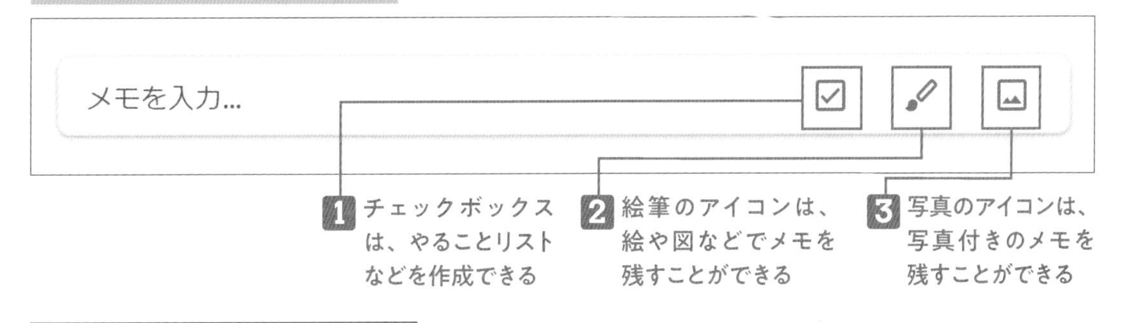

「メモを入力…」に入力を開始した場合

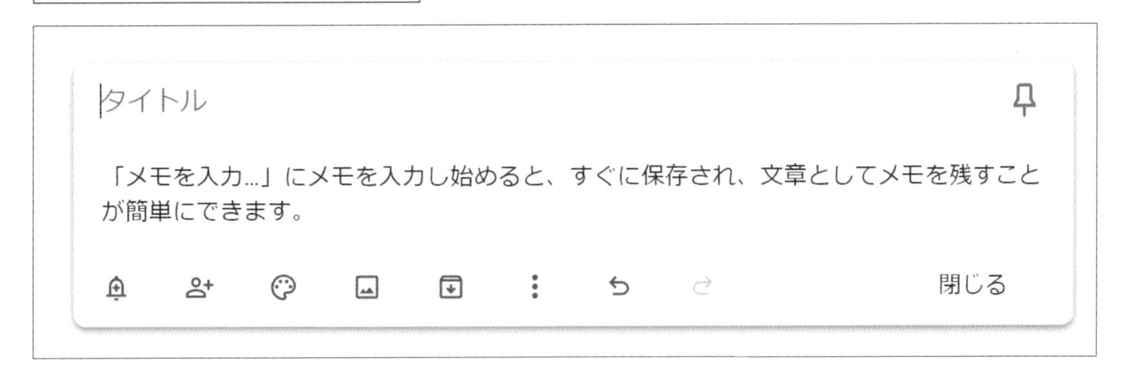

MEMO
メモを入力する画面が表示されます。

チェックボックスをクリックした場合

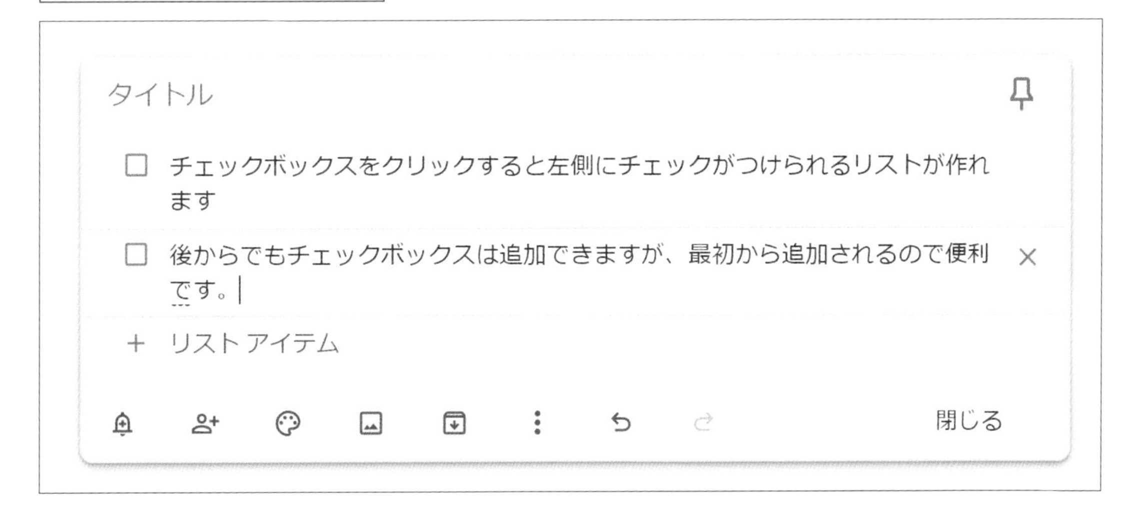

MEMO
チェックボックス付きの箇条書きメモが作成できます。チェックを入れると作業完了となるので、「ToDoリスト」での利用に便利です。

絵筆のアイコンをクリックした場合

MEMO
マウスポインタでイラストが書き込めるようになります。色も付けられます。

写真のアイコンをクリックした場合

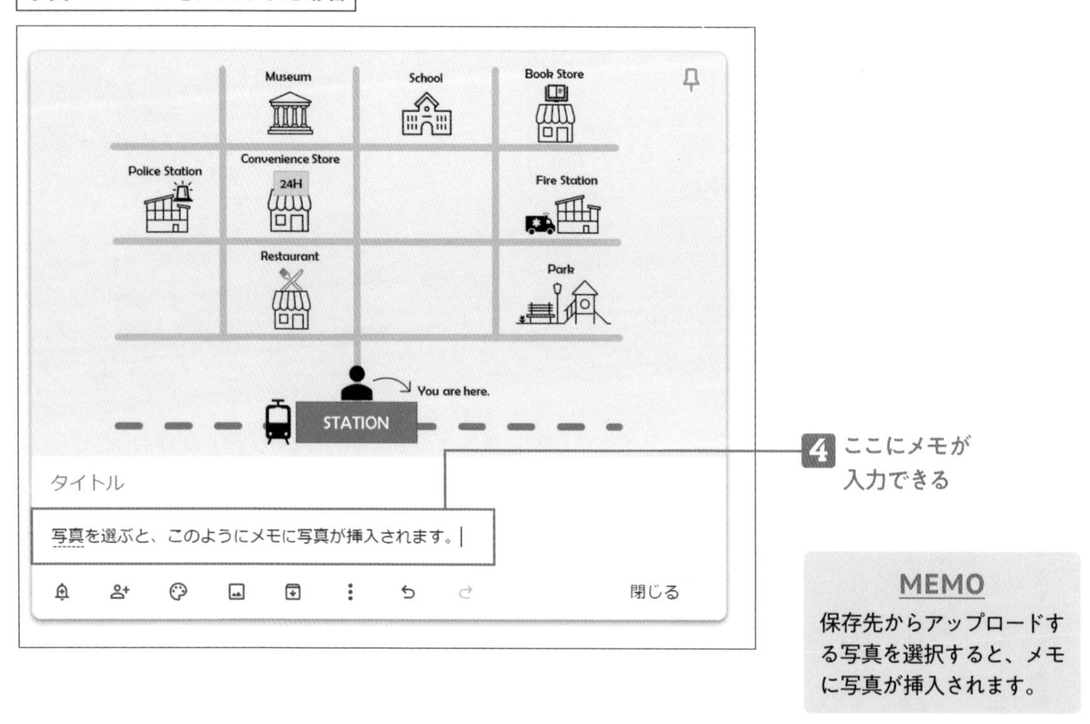

MEMO
保存先からアップロードする写真を選択すると、メモに写真が挿入されます。

POINT

スマホにアプリを入れておくと便利

何を考えずとも、メモはクラウドに自動保存されるので、特に保存の操作は必要ありません。スマホにアプリを入れておくと、メモをいつでもどこでも作成、確認することができます。

手書きメモや写真メモを検索する

❶ 検索ワードを入力する

▶ Keepが表示されている

手書きのメモを検索する

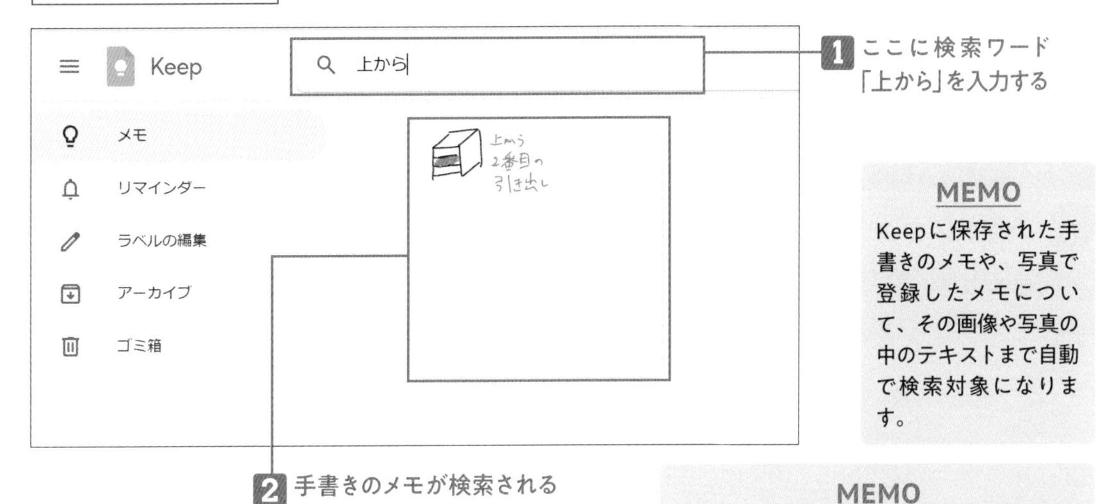

MEMO

Keepに保存された手書きのメモや、写真で登録したメモについて、その画像や写真の中のテキストまで自動で検索対象になります。

MEMO

「上から」で検索すると、「上から2番目の引き出し」と手書きで書いたメモが検索結果に表示されます。

写真入りのメモを検索する

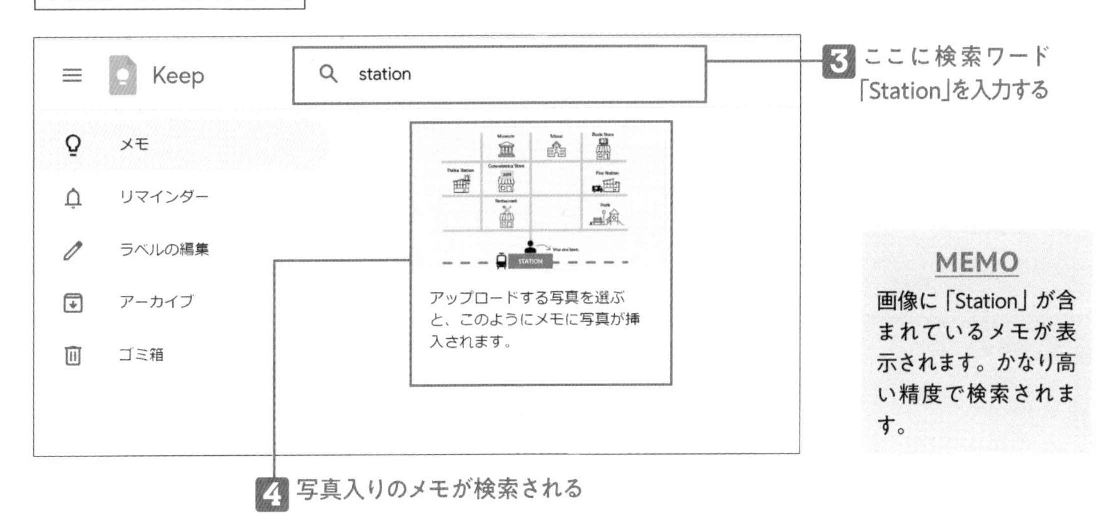

MEMO

画像に「Station」が含まれているメモが表示されます。かなり高い精度で検索されます。

POINT

メモは一カ所に集約しよう

メモを探すという時間が一番もったいない時間です。いろいろなところにメモするのではなく、Keepに集約することを心がけるとよいでしょう。手書きの付箋メモも撮影して写真入りのメモとしてKeepに入れておくと、検索対象になるのでお勧めです。

難易度★★☆

Google Keep

ToDoリストを作る

▶ 動画/解説

Google Keep の基本的な使い方を一歩進めて、ToDo リストを作ってみましょう。リマインダーを設定することでやり忘れも防止できます。

ToDoリストを作成する

❶ チェックボックスでリストアイテム形式のメモを作成する

▶ Googl Keepが起動している

▶ チェックボックスでメモが作成されている

❷ リストアイテムの順番を入れ替える

▶ チェックリストのメモが表示されている

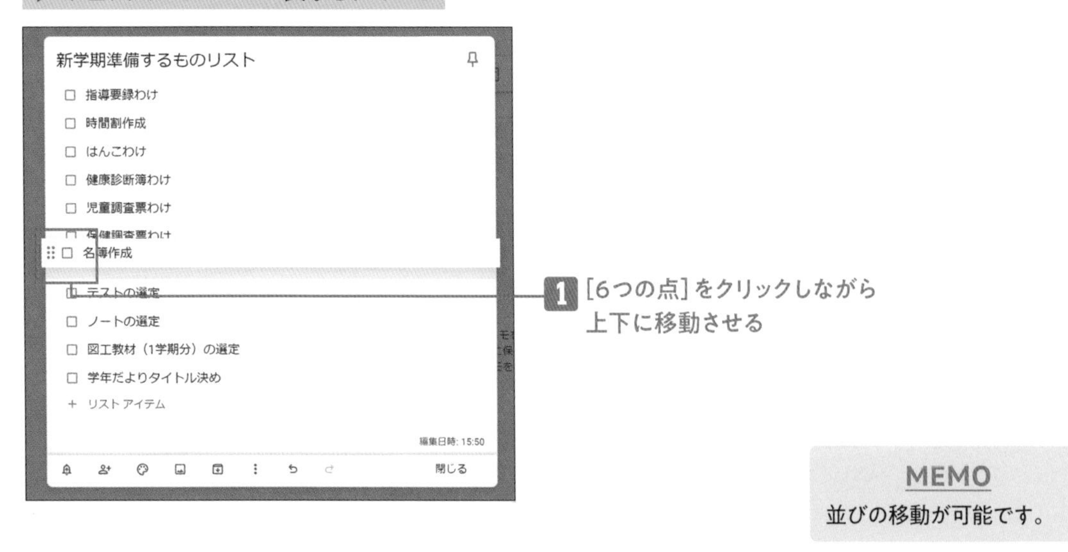

MEMO

並びの移動が可能です。

❸ リストアイテムの階層を変更する

▶ チェックリストのメモが表示されている

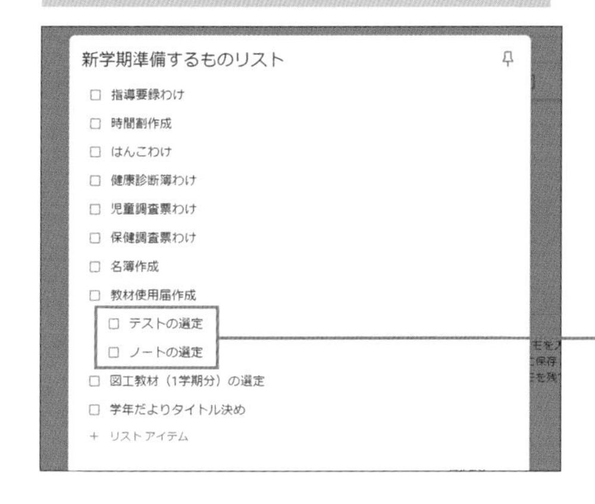

1 [6つの点] をクリックしながら左右に移動させる

MEMO
左右に動かすことで、大きな括りの中で小さなタスクがあることを明示できます。

リマインダーを登録する

❶ リスト全体に対してのリマインダーを設定する

▶ チェックリストのメモが表示されている

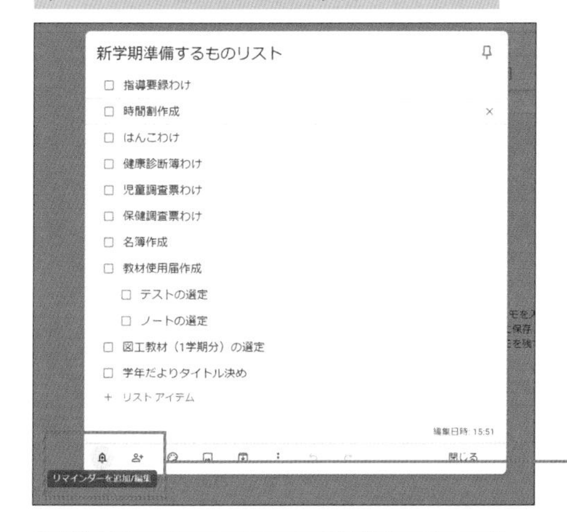

1 「ベル」のアイコンをクリック

MEMO
このリスト全体に対してのリマインダーが設定できます。項目ごとに別の日や、別の時間にリマインドしてほしい場合は、別のメモとして作る必要があります。

▶ リマインダーの設定画面が表示された

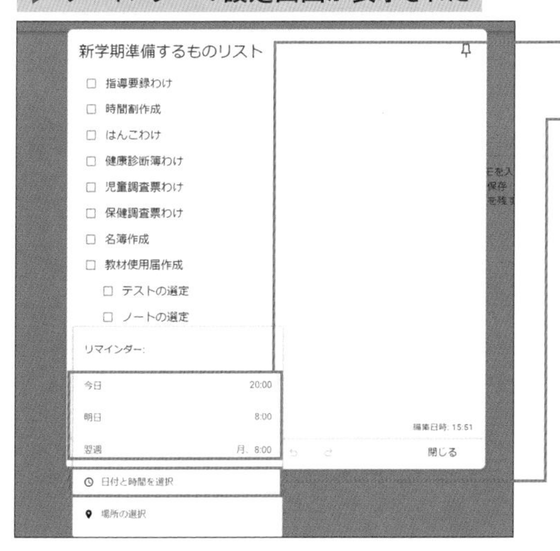

2 お勧めの日時が表示されるので、よければ該当の日時をクリック

3 任意に設定したい場合には[日付と時間を選択]をクリックして設定する

MEMO
[場所の選択] を選択すると、設定した場所に近づいたときにリマインダーが起動します。
例えば、ホームセンターの買い出しリストを作って、場所をホームセンターにしておくと、ホームセンターの近くに来たときにリマインダーが出てきます。(場所の認識のためにはスマートフォンアプリの使用が必要です)
自分なりのToDoリストを作って、効率的にタスクを消化しましょう。

Google Keep

ToDoリストを学年で共有する

Google Keepはメモを共有することができます。「学年で共有するToDoリスト」を作成すれば、学年の教諭全員がタスクを把握でき、進捗状況も共有できます。

ToDoリストを作成して皆で共有する

❶ ToDoリストを作成する

▶ Google Keepが起動している

▶ チェックボックスでリストアイテム形式のメモが作成されている

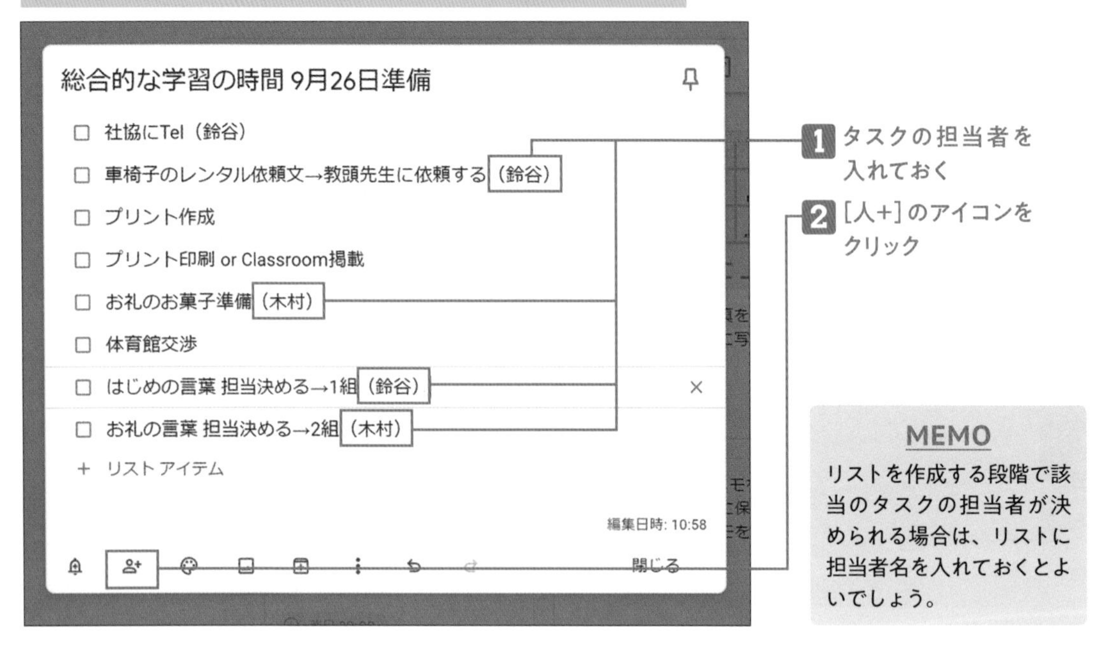

MEMO

リストを作成する段階で該当のタスクの担当者が決められる場合は、リストに担当者名を入れておくとよいでしょう。

❷ ToDoリストを共有する

▶ [共同編集者]画面が表示された

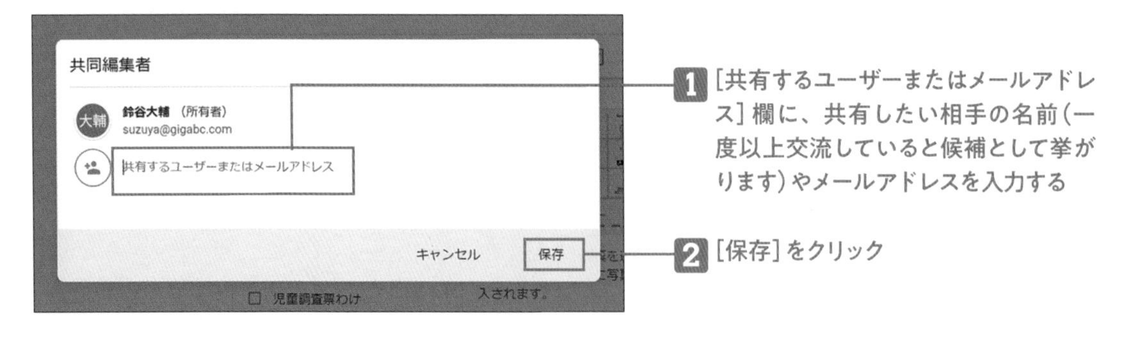

▶ 共有相手とメモが共有された

共有相手側の画面

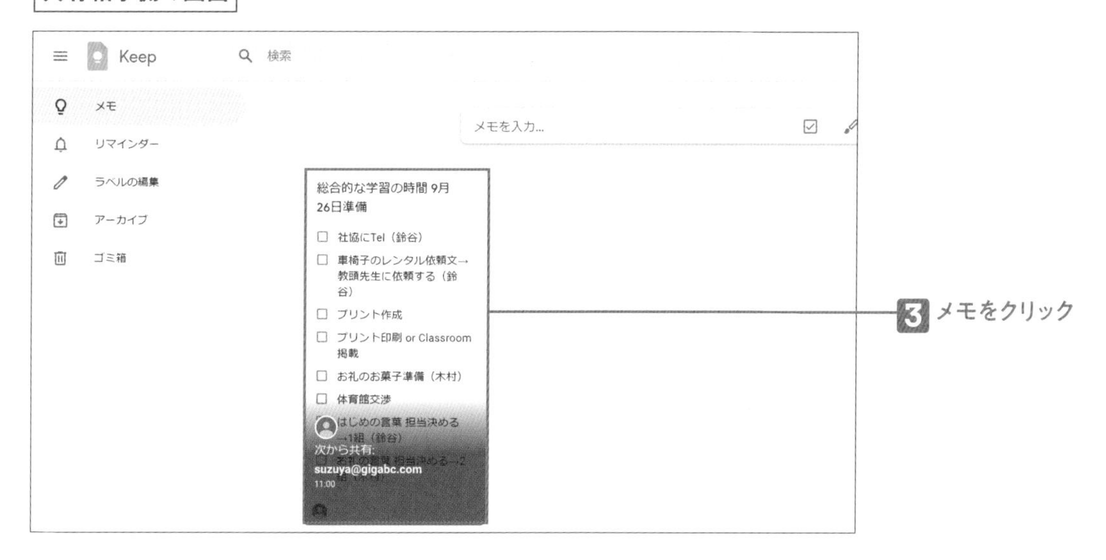

▶ 共有したメモが表示された

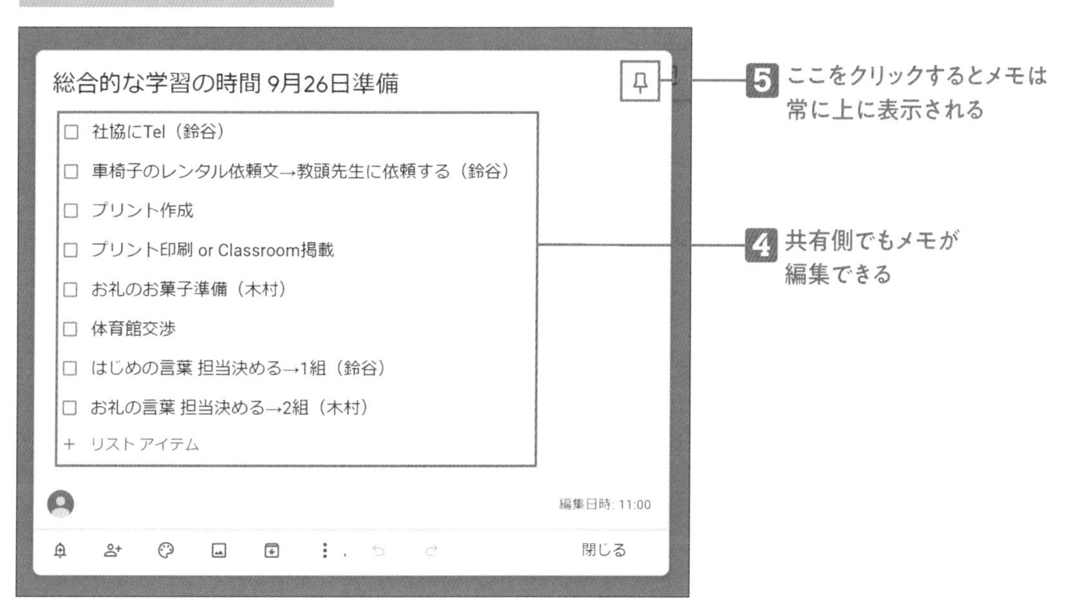

POINT

ToDoリストを共有して校務を効率化する

KeepでToDoリストを共有すると、いつでもどこでも参照することができます。作業が完了したものにチェックを入れることで進捗状況が可視化され、同じ作業を重複して行うことも無くなります。今回は学年の1つのプロジェクトのToDoを共有する例を挙げましたが、学年で常に何でも書き込めるようなToDoリストを一つ共有しておき、必要であれば追加していくようにすると、校務の効率化が図れるでしょう。

メモの右上のピンをクリックしてピン留めすると、そのメモは常に上に表示されます。この機能も上手に活用してみましょう！

先生たちからのよくある質問 Q&A

▶動画／解説

Chromebookやタブレットが授業に導入されたことで、便利になったこともあれば、トラブルになることもありまあす。ここでは、多くの先生方からよく寄せられる質問に対しての解答を紹介します。

Q. 授業中に児童が授業とは関係ないサイトを見ていることがあります。授業中に児童が見ている画面の様子を常に確認する方法はありますか？

A. Google for Educationのツールだけでは対応できません。先生が机間指導で回りながら確認するのが一番確実でしょう。

PCスキルが高い児童は机間指導に対応した対策を立ててしまいます。よく使われるのは、Chromebookの仮想画面「デスク」を増やしておいて、教師がそばに来たときに「デスク」を切り替えるという方法です。こうした場合、Chromebookのウィンドウは、ウィンドウ表示キー（▭Ⅱ）を押すと、表示されている「デスク」の一覧が確認できるので、対応は可能です。

どうしても確認したい場合は、参加者全員のPC画面をタイル状に一覧表示できる、「TFabTile」というアプリがあります。こちらを利用することも検討してみましょう。

（https://tile.tfabworks.com/）※無料版あり

Q. 児童同士でファイルを共有しているのですが、やはりトラブルに発展してしまうことが気がかりです。児童同士で共有しているファイルの内容を教員が確認する方法はあるでしょうか？

A. プライバシーの問題もあり、そのような対応は、教師ひとりの権限では行えません。トラブルが起きた場合には、教育委員会の担当者などにより、すべてのファイルを調査のために検索することもあります。トラブルを防ぐため、児童同士のファイル共有は授業中のみにするなどのルール作りが必要です。

Q. ファイルを誰が、どのように編集したのか、履歴を確認する方法はあるでしょうか？

A. 「ドキュメント」「スプレッドシート」「スライド」では、ファイルを開いた後のメニュー設定で、【ファイル】→【変更履歴】→【変更履歴を表示】とすると、確認することができます。

Q. ファイルをいつ、誰が閲覧したのかを確認する方法はあるでしょうか？

A. 「ドキュメント」「スプレッドシート」「スライド」では、ファイルを開いた後のメニュー設定で、【ツール】→【アクティビティ ダッシュボード】とすると、確認することができます。

Q. Chromebookから書類などを印刷したいのですが、どのようにしたらよいでしょうか？

A. Chromebookで印刷する場合は、対応しているプリンターを用意する必要があります。「プリンターが校務用のネットワークにはあるものの、教育用のネットワークにはない」という場合には、USBケーブルを用いて直接繋ぐことで印刷できることがあります。

Q. Chromebookの画面の色が反転してしまうのですが、元に戻すにはどうしたらよいでしょうか？

A. 「ハイコントラストモード」の状態になっています。【Ctrl + 検索 + H】というキーを同時に押すと切り替えられます。

Q. Chromebookを電子黒板に繋ぐと、壁紙だけ表示されてしまいます？

A. デスクトップと電子黒板とで別々の「デスク」が表示されている状態です。「ミラーリングモード」にすると、Chromebookと同じ画面が電子黒板にも映し出されます。【Ctrl + 全画面（□）】というキーを同時に押すと切り替えられます。

Q. Chromebookの画面の上3分の1くらいに拡大された画面が出続けるのですが、どうしたらよいでしょうか？

A. 「拡大鏡機能」がONになっています。【Ctrl + 検索 + D】というキーを同時に押すと切り替えられます。

お勧めの書籍

著者がお勧めする書籍をまとめました。
本書で解説したアプリケーションをはじめ、教育現場で利用できる
アプリケーションについて理解が深まるよう、広く紹介しています。

GIGA スクール構想など、教育とICT について知ることができる

『PC1人1台時代の 間違えない学校ICT 』

（堀田 龍也著、2020年発行、小学館）

GIGA スクール構想が本格的に始まる前に、同構想の大枠について書かれた書籍です。導入に至るまでの全体の流れを知ることができます。どのような流れで導入されたのかを俯瞰的に知りたい方にお勧めです。

『まんがで知る デジタルの学び』シリーズ（2冊）

（前田 康裕著、2021年・2023年発行、さくら社）

GIGA スクール構想が始まって戸惑いを覚える人も含めて、「デジタルの学び」についてより詳しく知りたい人にお勧めの書籍です。ICT 活用だけでなく、学級経営についても言及されており、学級へのICT 活用の導入方法という点が、まんがでわかりやすく解説されています。

Google for Education 全般について知ることができる

『いちばんやさしいGoogle for Educationの教本 人気教師が教える教育のリアルを変えるICT活用法』

（庄子寛之・二川佳祐・古矢岳史著、2021年発行、インプレス）

現役の先生がわかりやすく、Google for Education の活用について解説しています。事例も多数掲載されており、授業で真似してみたい内容が豊富に収載されています。これから始めようと考えている人の道しるべとなる一冊です。

豊富な事例を知ることができる

『小学校・中学校 Google Workspace for Educationで創る 10X授業のすべて』

（イーディーエル株式会社 等、2021年発行、東洋館出版社）

とにかく事例数が多いことが大きな特徴の書籍です。今すぐに真似できる事例も豊富なので、授業でのICT 活用を検討している人にお勧めの書籍です。

校務に生かしたい

『生産性が爆上がり！さる先生の「全部ギガでやろう！」』

（坂本 良晶著、2023年発行、学陽書房）

「さる先生」という名称で有名な著者の書籍です。ICT を活用するとこうしたこともできる、ということが理解できる書籍です。できるところから始めてみると、端末活用の面白さに気付くことができるかもしれません。

特定のアプリケーションについて知ることができる

『先生のためのCanvaハック60＋α 全仕事に役立つ万能ツール活用術』

（前多 昌顕著、2024年発行、明治図書出版）

YouTube でほぼ毎日、ICT 活用法の解説動画をアップしている著者が、アプリ「Canva」に絞って解説している書籍です。定番の活用法から、目からうろこの活用法まで、著者ならではの事例を解説動画付きで紹介しています。

『事例と動画でやさしくわかる！小学校プログラミングの授業づくり』

（Type_T・堀田 龍也著、2021年発行、学陽書房）

Scratch をはじめ多くのプログラミング教材がある中で、授業での活用はどのように行えばよいのか、という点に絞って解説している書籍です。定番の活用法から発展的な活用法まで、解説動画付きで幅広く紹介しています。

組織内でのICT 活用の広め方を知ることができる

『ICT主任になったら読む本 実務がうまくいく心構え＆仕事術35』

（小池 翔太・鈴木 秀樹・佐藤 牧子著、2022年発行、明治図書出版）

著者は、コロナ渦でも学びを止めないために奔走した3人の教師です。この書籍では、学校内でのICT 活用の広め方にフォーカスを当て、解説しています。どのようにICT 活用広めたらよいのかと悩む人をサポートしてくれます。

索引

英数字

あ

さ

た

は

ら

著者
鈴谷大輔（すずや　だいすけ）
埼玉県公立小学校教諭。特定非営利活動法人タイプティー代表理事。子どもも先生もワクワクしながらプログラミング教育に取り組める国にすることをミッションとして活動中。プログラミング教育関連のイベント運営に複数携わる。放送大学「Scratchプログラミング指導法」ゲスト出演。
特定非営利活動法人タイプティー
・ホームページ　https://typet.jp/
・YouTubeチャンネル　https://www.youtube.com/@typetedu
著者のYouTubeチャンネル（GIGAブートキャンプ）
https://www.youtube.com/@gigabc

ナツメ社Webサイト
https://www.natsume.co.jp
書籍の最新情報（正誤情報を含む）はナツメ社Webサイトをご覧ください。

STAFF
本文デザイン　谷由紀恵
校正／動作チェック　株式会社エディポック
編集協力　株式会社エディポック
編集担当　柳沢裕子（ナツメ出版企画株式会社）

本書に関するお問い合わせは、書名・発行日・該当ページを明記の上、下記のいずれかの方法にてお送りください。電話でのお問い合わせはお受けしておりません。
・ナツメ社WEBサイトの問い合わせフォーム
https://www.natsume.co.jp/contact
・FAX（03-3291-1305）
・郵送（下記、ナツメ出版企画株式会社宛て）
なお、回答までに日にちをいただく場合があります。
正誤のお問い合わせ以外の書籍内容に関する解説・個別の相談は行っておりません。あらかじめご了承ください。

授業、校務に役立つ！
はじめてのGoogle for Education あんしんガイド

2024年4月4日　初版発行

著　者　鈴谷大輔
発行者　田村正隆

発行所　株式会社ナツメ社
東京都千代田区神田神保町1-52　ナツメ社ビル1F（〒101-0051）
電話　03-3291-1257（代表）　FAX　03-3291-5761
制　作　ナツメ出版企画株式会社
東京都千代田区神田神保町1-52　ナツメ社ビル3F（〒101-0051）
電話　03-3295-3921（代表）
印刷所　広研印刷株式会社

ISBN978-4-8163-7514-9　Printed in Japan
〈定価はカバーに表示してあります〉〈落丁・乱丁本はお取り替えします〉